"十二五"职业教育国家规划教材

路由与交换
（第二版）

主　编　沈海娟

副主编　宣乐飞　富众杰

编写者（以姓氏笔画为序）

　　　　吴兴法　吴培飞　沈海娟

　　　　赵　刚　宣乐飞　富众杰

浙江大学出版社
ZHEJIANG UNIVERSITY PRESS

图书在版编目(CIP)数据

路由与交换 / 沈海娟主编. —2版. —杭州:浙江大学出版社,2015.12(2020.1重印)
ISBN 978-7-308-15298-3

Ⅰ.① 路… Ⅱ.① 沈… Ⅲ.①计算机网络—路由选择 ②计算机网络—信息交换机 Ⅳ.①TN915.05

中国版本图书馆 CIP 数据核字(2015)第 260826 号

内容简介

本教材以组建和维护园区网络为主线,面向实际工程应用,按照项目化课程模式的要求组织编排。全书共分七个项目,每个项目都有明确的工作目标、工作任务、实现过程和知识点分析,力求做到教、学、做一体,从而更好地激发学生的学习兴趣,培养学生的动手能力。

本教材可作为各类高职高专院校相关专业的计算机网络课程教材,也可以作为计算机网络知识的技能培训教程,还可供计算机网络爱好者和工程技术人员学习参考。

为便于教师和学生使用,凡购买本书的读者,均可免费登录国家精品课程网站(http://www.icourses.cn/coursestatic/course_3815.html),并索取相关配套学习软件(电子版),电话:0571-88925938,E-mail:shigh888888@163.com。

路由与交换(第二版)

沈海娟　主编

责任编辑	石国华
责任校对	余梦洁
封面设计	刘依群
出版发行	浙江大学出版社
	(杭州天目山路148号　邮政编码310007)
	(网址:http://www.zjupress.com)
排　　版	杭州星云光电图文制作有限公司
印　　刷	杭州良诸印刷有限公司
开　　本	787mm×1092mm　1/16
印　　张	15.75
字　　数	393 千
版 印 次	2015 年 12 月第 2 版　2020 年 1 月第 4 次印刷
书　　号	ISBN 978-7-308-15298-3
定　　价	48.00 元

版权所有　翻印必究　印装差错　负责调换

浙江大学出版社市场运营中心联系方式:0571-88925591;http://zjdxcbs.tmall.com

序

近年来我国高等职业教育规模有了很大发展,然而,如何突显特色已成为困扰高职发展的重大课题;高职发展已由规模扩充进入了内涵建设阶段。如今已形成的基本共识是,课程建设是高职内涵建设的突破口与抓手。加强高职课程建设的一个重要出发点,就是如何让高职生学有兴趣、学有成效。在传统学科知识的学习方面,高职生是难以和大学生相比的。如何开发一套既适合高职生学习特点,又能增强其就业竞争能力,是高职课程建设面临的另一重大课题。要有效地解决这些问题,建立能综合反映高职发展多种需求的课程体系,必须进一步明确高职人才培养目标、其课程内容的性质及组织框架。为此,不能仅仅满足于对"高职到底培养什么类型人才"的论述,而是要从具体的岗位与知识分析入手。高职专业的定位要通过理清其所对应的工作岗位来解决,而其课程特色应通过特有的知识架构来阐明。也就是说,高职课程与学术性大学的课程相比,其特色不应仅仅体现在理论知识少一些,技能训练多一些,而是要紧紧围绕课程目标重构其知识体系。

项目课程不失为一个有价值与发展潜力的选择,而教材是课程理念的物化,也是教学的基本依据。项目课程的理念要大面积地转化为具体的教学活动,必须有教材做支持。这些教材力图彻底打破以知识传授为主要特征的传统学科课程模式,转变为以工作任务为核心的项目课程模式,让学生通过完成具体项目来构建相关理论知识,并发展职业能力。其课程内容的选取紧紧围绕工作任务完成的需要来进行,同时又充分考虑高职教育对理论知识学习的需要,并融合相关职业资格证书对知识、技能和态度的要求。每个项目的学习都要求按以典型产品为载体设计的活动来进行,以工作任务为中心整合理论与实践,实现理论与实践的一体化。为此,有必要通过校企合作、校内实训基地建设等多种途径,采取工学交替、半工半读等形式,充分开发学习资源,给学生提供丰富的实践机会。教学效果评价可采取过程评价与结果评价相结合的方式,通过理论与实践相结合,重点评价学生的职业能力。

该教材采用了全新的基于工作过程的项目化教材开发范式,教材编排注重学生职业能力培养和实际工作任务的解决和完成,理论内容围绕职业能力展开,突出了对学生可持续发展的能力与职业迁移能力的培养。由于项目课程教材的结构和内容与原有教材差别很大,因此其开发是一个非常艰苦的过程。为了使这套教材更能符合高职学生的实际情况,我们坚持编写任务由高职教师承担,项目设计由企业一线人员参与,他们为这套教材的成功出版付出了巨大努力。实践变革总是比理论创造复杂得多。尽管我们尽了很大努力,但所开发的项目课程教材还是有局限性的。由于这是一项尝试性工作,在内容与组织方面也难免有不妥之处,尚需在实践中进一步完善。但我们坚信,只要不懈努力,不断发展和完善,最终一定会实现这一目标。

徐国庆

前　　言

　　计算机网络是现代信息社会的基础,人们的生产和生活越来越依赖于网络,随着互联网在全球的迅速普及,急需大量的计算机网络建设和管理人才。高职教育在经过蓬勃发展后正处于转型时期,高职的教育模式和教学方法必须体现培养高素质技能型人才的特点,为适应高职教学的需要,本书组织一线教师和行业专家采用项目化的方式组织编排教材内容,以期缩小在校学习和实际工作岗位需求之间的距离,体现职业性的特点。

　　本教材依据行业专家对计算机通信工作领域的任务和技能分析,确定了以下网络系统设计和实施的一般步骤:用户网络需求分析、网络结构设计、网络物理连接、网络逻辑连接、设备配置,并依据工作任务来组织课程内容,避免了从概念、理论、定义入手的理论课程组织模式,教材从开始就引入一个典型的案例,按照现实中工程施工的规范和流程,从用户需求调查和分析入手,得出一个总体建设目标,再分解该目标为若干个前后相关的工作步骤,再根据这些步骤,拟定实施计划。在计划实施时,随时检查和验证计划的执行情况,在所有步骤都完成以后,必须要有评估和优化过程。

　　本教材以如何组建一个园区网作为一个完整的工程项目,在整体任务之内,各子项目设计为积木式的主题学习单元,各单独的模块也可成为一个相对独立的工作过程。通过任务引领型的项目活动,旨在使学生掌握设计和组建园区网的基本知识和技能,包括网络拓扑设计、IP地址规划、路由及路由器、交换及交换机、ACL及其他网络安全技术、初步的网络故障排除和优化等相关知识以及园区网络工程实施中的网络设备配置和联调能力。在"做"中培养学生的工程规范意识和团队合作精神。

　　本教材内容针对性强,主要针对园区网络组建与维护的工作任务,内容取舍上完全以该任务为中心,侧重于OSI参考模型的底三层,学生面对的是完整的通信系统,包括接入、传输、交换;在教材内容编排上,依照组建园区网络工作步骤来组织内容,并实现能力的递进,符合认知规律。学习本教材的内容将为进一步学习园区网互联技术,从而备考CCNA(思科认证网络工程师)或H3CNE(H3C认证网络工程师)奠定良好基础。

　　本教材共分七个项目,其中项目一由富众杰编写,项目二由吴培飞编写,项目三、项目七由沈海娟编写,项目四由宣乐飞编写,项目五由吴兴法编写,项目六由赵刚编写,全书由沈海娟负责统稿。在本书编写过程中,来自企业的张宗勇网络工程师、陈亚猜网络规划设计师提供了大量的素材及实例,并对本书的大纲编写提出了宝贵的建议;郝阜平副教授、申毅老师、孙霖老师为本书的撰写付出了辛勤的劳动;同时在编写过程中参考了国内外有关计算机网络的文献,在此对帮助本书编写的老师及相关文献的作者一并表示感谢。

　　本教材所对应的课程《路由与交换》是2007年浙江省精品课程、2008年国家精品课程。

　　由于编者水平有限,书中错误或不妥之处在所难免,衷心希望各位读者能提出宝贵意见和建议,邮箱hzycisco@163.com,联系电话:0571－56700192。

编　者
2015年5月

目　　录

项目一　规划园区网络 ……………………………………………………………（ 1 ）

　　模块 1　用户需求分析 ……………………………………………………（ 2 ）

　　模块 2　园区网络功能分析 ………………………………………………（ 6 ）

　　模块 3　选择网络设备 ……………………………………………………（ 9 ）

　　模块 4　设计园区网络拓扑 ………………………………………………（ 18 ）

　　常用术语 ……………………………………………………………………（ 28 ）

项目二　规划网络地址 ……………………………………………………………（ 29 ）

　　模块 1　划分子网 …………………………………………………………（ 30 ）

　　模块 2　规划 VLSM 网络 …………………………………………………（ 35 ）

　　常用术语 ……………………………………………………………………（ 40 ）

　　习　题 ………………………………………………………………………（ 41 ）

项目三　配置静态路由 ……………………………………………………………（ 43 ）

　　模块 1　路由器基本配置 …………………………………………………（ 43 ）

　　模块 2　配置静态路由 ……………………………………………………（ 73 ）

　　常用术语 ……………………………………………………………………（ 84 ）

　　习　题 ………………………………………………………………………（ 85 ）

项目四　配置动态路由协议 ………………………………………………………（ 89 ）

　　模块 1　配置 RIP 动态路由协议 …………………………………………（ 89 ）

　　模块 2　配置 OSPF 动态路由协议 ………………………………………（ 99 ）

　　模块 3　配置 EIGRP 动态路由协议 ………………………………………（109）

　　模块 4　配置路由协议重分配 ……………………………………………（130）

　　常用术语 ……………………………………………………………………（138）

　　习　题 ………………………………………………………………………（138）

项目五　网络访问控制与流量过滤 ………………………………………………（142）

　　模块 1　部署访问列表实现流量管理 ……………………………………（143）

模块2　部署访问列表实现流量过滤 …………………………………………（153）
　　模块3　实现防火墙的安全特性 ……………………………………………（163）
　　常用术语 ………………………………………………………………………（179）
　　习　　题 ………………………………………………………………………（179）

项目六　设计交换网络 ……………………………………………………………（186）
　　模块1　划分虚拟局域网（VLAN）……………………………………………（186）
　　模块2　实现跨交换机的VLAN管理 ………………………………………（195）
　　常用术语 ………………………………………………………………………（207）
　　习　　题 ………………………………………………………………………（208）

项目七　实现三层交换 ……………………………………………………………（210）
　　模块1　配置三层交换机基本参数 …………………………………………（211）
　　模块2　配置三层交换机VLAN间路由 ……………………………………（223）
　　模块3　配置三层交换机上的流量和访问控制 ……………………………（236）
　　常用术语 ………………………………………………………………………（242）
　　习　　题 ………………………………………………………………………（243）

项目一　规划园区网络

　　本项目主要以春晖中学为背景,以组建春晖中学校园网为切入点而展开。该中学内部有3栋楼(行政楼、教学楼和实验楼),楼间隔为600m,楼与楼之间用三层交换机和光缆互连。校园网出口路由连接各公网地址为202.110.16.192/30。在行政楼中有20个行政办公室和一个信息中心(校园服务器);在教学楼中有30个教室、6个文科组办公室和8个理科组办公室;在实验楼中有8个物理实验室、6个化学实验室和5个生物实验室。根据实际网络项目工程要求并根据用户需求调研和分析、网络规划(拓扑规划、设备选型、VLAN规划、IP规划等)、内网部署、路由部署、网络安全部署等方面的要求完成春晖中学校园网的组建工作。

　　如何进行需求调研、需求分析和规划网络拓扑是园区网组建工程的首要工作,也是网络工程项目中的重中之重。

一、教学目标

　　最终目标:掌握用户需求分析的基本方法,能用 PowerPoint 或 Visio 的绘图工具绘制出标准的网络拓扑结构图。

　　促成目标:

　　1. 理解用户需求调研的作用;

　　2. 掌握用户需求分析的基本方法;

　　3. 了解错误理解用户需求的常见表现;

　　4. 理解企业网络的总体需求;

　　5. 掌握企业各部分网络的功能,分析各功能模块的可行性;

　　6. 熟悉网络设备的功能特性;

　　7. 能用 PowerPoint 或 Visio 的绘图工具绘制出标准的网络拓扑结构图。

二、工作任务

　　1. 分析自己身边熟悉的园区"网络",通过类比生活中的各种网络,重点勾勒计算机网络的组成部分,总结计算机网络的概念和主要组成部分;

　　2. 学会对网络用户需求的具体调研,掌握用户需求分析的基本方法;

　　3. 理解园区网络的总体需求;掌握园区各部分网络的功能,分析各功能模块的可行性;

　　4. 掌握网络线缆和设备的基本属性,根据实际的网络需求选择传输介质和网络设备;

　　5. 用 PowerPoint 或 Visio 绘图工具绘制出标准的网络拓扑结构图。

模块1　用户需求分析

一、教学目标

最终目标：调研园区网络，分析用户的网络业务需求。

促成目标：

1. 理解用户需求调研的作用；
2. 掌握用户需求分析的基本方法；
3. 了解错误理解用户需求的常见表现；
4. 掌握网络的拓扑结构知识。

二、工作任务

1. 收集、整理用户的网络功能需求，并填写用户需求分析表；
2. 准确分析用户的网络业务需求。

三、相关知识点

1. 什么是网络需求分析

需求分析是从软件工程和管理信息系统引入的概念，是任何一个工程实施的第一个环节，也是关系一个网络工程成功与否的重要环节。如果网络工程应用需求分析做得透，网络工程方案的设计就会赢得用户青睐。同时网络系统体系结构架构得好，网络工程实施及网络应用实施就相对容易得多。反之，如果网络工程设计方没有对用户的需求进行充分的调研，不能与用户达成共识，那么随意需求就会贯穿整个工程项目的始终，并破坏工程项目的计划和预算。从事信息技术行业的技术人员都清楚，网络产品与技术发展非常快，通常是同一档次网络产品的功能和性能在提升的同时，产品的价格却在下调。这也就是为什么网络工程设计方和用户在论证工程方案时，一再强调的工程性价比。

因此，网络工程项目是贬值频率较快的工程，贵在速战速决，使用户投入的有限的网络工程资金尽可能快地产生应用效益。如果用户资金遭受网络项目长期拖累，迟迟看不到网络系统应用的效果，网络集成公司的利润自然也就降到了一个较低的水平，甚至可能到了赔钱的地步。一旦网络集成公司不盈利，用户的利益自然难以得到保证。因此，要把网络应用的需求分析作为网络系统集成中至关重要的步骤来完成。应当清楚，反复分析尽管不可能立即得出结果，但它却是网络工程整体战略的一个组成部分。

需求分析阶段主要完成用户网络系统调查，了解用户建设网络的需求，或用户对原有网络升级改造的要求。需求分析包括网络工程建设中的"路""车""货""驾驶员"（"路"表示综合布线系统，"车"表示网络环境平台，"货"表示网络资源平台，"驾驶员"表示网络管理者和网络应用者）等方面的综合分析，为下一步制订适合用户需求的网络工程方案打好基础。

需求分析是整个网络设计过程中的难点，需要由经验丰富的系统分析员来完成。

网络需求调研的目的是从用户网络建设的需求出发,通过对用户现场实地调研,了解用户的要求、现场的地理环境、网络应用及工程预计投资等情况,使网络工程设计方获得对整个工程的总体认识,为系统总体规划设计打下基础。

2. 网络用户调查

网络用户调查是与需要建网的企事业单位的信息化主管、网络信息化应用的主要部门的用户进行交流。一般情况下可以把用户的需求归纳为以下几个方面:

(1) 网络延迟与可预测响应时间;

(2) 可靠性/可用性,即系统(包含路由器、核心层交换机、汇聚层交换机等设备)不停机运行;

(3) 伸缩性,即网络系统能否适应用户不断增长的需求;

(4) 高安全性,即保护用户信息和物理资源的完整性,包括数据备份、灾难恢复等。

概括起来,系统分析员对网络用户调查可通过填写调查表来完成。

3. 网络应用调查

企事业单位网络建设的目的是变革传统的管理模式,通过信息化提高工作和生产效率。不同的行业有不同的应用要求,切不可"张冠李戴"。应用调查就是要弄清用户建设网络的真正目的。

一般的网络应用的范围:从企事业单位的 OA 系统、人事档案、工资管理到企事业单位的 MIS 系统、ERP(企业资源规划)等,从文件信息资源共享到 Intranet/Internet 信息服务(WWW、E-mail、FTP 等),从数据流到多媒体的音频、视频和多媒体流传输应用等。只有对用户的实际需求进行细致的调查,并从中得出用户的应用类型、数据量的大小、数据源的重要程度、网络应用的安全性及可靠性、实时性等要求,才能设计出适合用户实际需要的网络工程方案。实际上,每一个网络工程都应该按照用户的需求,进行"量体裁衣"式的打造。

应用调查通常是由网络系统工程师深入现场,以会议或走访的形式,邀请用户代表发表意见,并填写网络应用调查表。网络应用调查表设计要注意网络应用的细节问题,但如果不涉及应用开发,则不要过细,只要能充分反映用户比较明确的需求、没有遗漏即可。

4. 网络工程综合布线调查

网络工程综合布线调查主要是了解用户建筑楼群的地理环境与几何中心、建筑楼内的布线环境与几何中心,由此来确定网络的物理拓扑结构、综合布线系统材料预算。通过对用户实施综合布线的相关建筑物进行实地考察,由用户提供建筑工程图,从而了解相关建筑结构,分析施工难易程度,并估算大致费用。需了解的其他数据包括:中心机房的位置、信息点数、信息点与中心机房的最远距离、电力系统状况、建筑楼情况等。

综合布线需求分析主要包括以下 3 个方面:

(1) 根据造价、建筑物距离和带宽要求确定光缆的芯数和种类;

(2) 根据用户建筑楼群间距离、马路隔离情况、电线杆、地沟和道路状况,确定建筑楼群间光缆的敷设方式,可分为架空、直埋或是地下管道敷设等;

(3) 对各建筑楼的信息点数进行统计,用以确定室内布线方式和配线间的位置。当建筑物楼层较低、规模较小、点数不多时,只要所有的信息点距设备间的距离均在 90m 以内,信息点布线可直通配线间。当建筑物楼层较高、规模较大、点数较多时,即有些信息点距主配线间的距离超过 90m 时,可采用信息点到中间配线间、中间配线间到主配线间的分布式布线。

5. 网络安全、可靠性分析

（1）网络可用性、可靠性需求

校园网、企业网等对网络系统可用性要求很高，网络系统的崩溃或数据丢失会造成巨大损失。可用性要求相应的网络具有高可用性设计来保障，如服务器采用磁盘镜像（RAID 1）或磁盘容错（RAID 5）、双机容错、异地备份等措施。另外，还可采用大中小型 UNIX 主机，如 IBM、HP、SUN 和富士通的 UNIX 服务器等。

（2）网络安全性需求

一个完整的网络系统应该渗透到用户业务的各个方面，其中包括比较重要的业务应用和关键的数据服务器，如公共 Internet 出口或 Modem 拨号上网，这就使得网络在安全方面有着普遍的强烈需求。安全需求分析具体表现在以下几个方面：

①分析存在的弱点、漏洞与不当的系统配置；
②分析网络系统阻止外部攻击行为和防止内部员工违规操作行为的策略；
③划定网络安全边界，使园区网络系统和外界的网络系统能安全隔离；
④确保租用线路和无线链路的通信安全；
⑤分析如何监控园区网络的敏感信息，包括技术专利等信息；
⑥分析工作桌面系统的安全。

为了全面满足以上安全系统的需求，必须制订统一的安全策略，使用可靠的安全机制与安全技术。安全不单纯是技术问题，而是策略、技术与管理的有机结合。

6. 网络工程预算分析

首先要设法弄清建网单位的投资规模，即用户能拿出多少钱来建设网络。一般情况下，用户能拿出的建网经费与用户的网络工程的规模及工程应达到的目标是一致的。也就是常说的"有多少钱就办多大的事"，切不可一味地攀比。一样的网络工程规模和建设目标，采用国际名牌还是国内品牌，其价格相差较大。网络技术经过数年的发展，国内网络产品的质量性能也在稳步上升，某些国内品牌中低档产品完全可以取代进口设备，如：华为、锐捷、神州数码等品牌。对于网络工程项目，用户都希望花费最省、工期最短、工程质量最好、网络应用效果最佳。如今的网络工程市场，可谓是竞争十分激烈，往往是一个工程招标，就有数十个系统集成商前来竞标，经过一番残酷的竞争，到最后也只有 1～3 个系统集成商入围。这种局面对用户来说自然是好事情，但用户也不可一味地杀价。用户在确定合作时，要对系统集成商的工程方案、工程质量、工程效率、工程服务、工程价格等进行全面、综合的考虑。

网络工程项目费用主要包括以下方面：

（1）网络通信设备：交换机、路由器、拨号访问服务器、集线器、网卡等；
（2）服务器及客户设备硬件：服务器群、网络存储设备、网络打印机、客户机等；
（3）网络基础设施：UPS 电源、机房装修、综合布线系统及器材等；
（4）软件：网络操作系统、网管系统、计费系统、数据库、外购应用系统、集成商开发软件等；
（5）网络安全系统：网络安全与防病毒软件、防火墙、上网行为管理系统等；
（6）线路：远程通信线路或电信租用线路费用；
（7）系统集成费用：包括网络设计、网络工程项目集成和布线工程施工费用；
（8）培训费和网络维护费。

只有明确用户对网络投入的预算，才能确定网络硬件设备和系统集成服务的"档次"，产生与此相配的网络设计方案。

对于系统集成商的利润,一般包括硬件差价、系统集成费、综合布线施工费用和软件开发费用四部分。

四、实践操作

1. 实践目标

(1)我们以春晖中学校园网络为例,来实践项目开始之前的调研工作。

(2)背景知识/准备工作:

①在本实验操作中,你将使用一台 PC 在互联网上查询有用信息。

②本实验需要以下资源:

一台预装 Windows XP Professional 系统的 PC;能够正常访问的 Internet。

2. 主要要求

(1)信息点分布情况:主要填写行政楼、教学楼和实验楼的每个房间墙壁上的网线插座的个数,并统计总数;

(2)综合布线情况:主要填写行政楼、教学楼和实验楼原有的布线情况,简要画出拓扑图,并能设计出 3 栋楼之间和整个校园网络的布线;

(3)用户上网需求:根据对具体用户的调研,填写用户的主要上网需求;

(4)用户容量:主要填写 3 栋楼网络的用户的数量。

3. 用户需求调查

请根据实际的调研认真填写春晖中学校园网需求表(见表 1-1)。

表 1-1 用户需求调查

春晖中学校园网整体需求	信息点分布情况	行政楼	1. 楼层数	总信息点数
			2. 每楼层的房间数	
			3. 每个房间的信息点数	
		教学楼	1. 楼层数	总信息点数
			2. 每楼层的房间数	
			3. 每个房间的信息点数	
		实验楼	1. 楼层数	总信息点数
			2. 每楼层的房间数	
			3. 每个房间的信息点数	
	综合布线情况	楼层内的布线情况	行政楼	
			教学楼	
			实验楼	
		3 栋楼之间的布线情况		
		整个校园网络的布线情况		
	用户对象上网需求与用户容量	行政楼	主要上网需求:	用户最大容量数
		教学楼	主要上网需求:	用户最大容量数
		实验楼	主要上网需求:	用户最大容量数

模块 2　园区网络功能分析

一、教学目标

最终目标：理解园区网络的总体需求。

促成目标：

1. 会根据调研结果，撰写园区网络的总体需求报告；
2. 能准确划分企业网络模块。

二、工作任务

会根据调研结果，撰写园区网络的总体需求报告。

三、相关知识点

1. 园区网络项目的建设流程

网络从立项、设计、采购、建设、调试到投入运行，是一项复杂的系统工程。如何减少失误、保护投资、提高效益，是工程建设过程中需要重点考虑的问题。网络的设计和实施必须有一整套完整的实施方法和步骤。良好的系统设计方法是保证系统成功的前提，一般要遵循以下步骤：

（1）网络用户需求调查分析

网络需求分析的目的是充分了解组建网络应当达到的目标（包括近期目标和远期目标）。进行用户需求调研，需掌握以下几个方面的内容。

①了解联网设备的地理分布，包括联网设备的数目、位置和间隔距离，用户群组织，以及特殊的需求和限制；

②联网设备的软硬件，包括设备类型、操作系统和应用软件等；

③所需的网络服务，如电子邮件、WWW 服务、视频服务、数据库管理系统、办公自动化、CMIS 系统集成等；

④实时性要求、用户信息流量等。

（2）系统可行性分析

系统可行性分析的目的是说明组建网络在技术、经济和社会条件等方面的可行性，以及评述为了合理地达到目标而可能选择的各种方案，并说明和论证最终选择的方案。本阶段的成果是提出可行性分析报告，供领导决策。

（3）网络总体设计

网络总体设计就是根据网络规划中提出的各种技术规范和系统性能要求，以及网络需

求分析的要求,制订出一个总体计划和方案。网络总体设计包括以下主要内容:

①网络流量分析、估算和分配;

②网络拓扑结构设计;

③网络功能结构设计。

本阶段的成果是确定一个具体的网络系统实施的总体方案——网络的物理结构和逻辑关系结构。

(4) 网络详细设计

网络详细设计实质上就是分系统进行设计。一个网络由很多部分组成,我们把每个部分称为一个系统(或子系统),这样便于进行设计,能确保设计的精度。对于一个园区网而言,网络的详细设计包括以下内容:

①网络主干设计;

②子网设计;

③网络的传输介质和布线设计;

④网络安全和可靠性设计;

⑤网络接入互联网设计;

⑥网络管理设计,包括网络管理的范围、管理的层次、管理的要求,以及网络控制的能力;

⑦网络硬件和网络操作系统的选择。

(5) 设备配置、安装和调试

根据网络系统实施的方案,选择性价比高的设备,通过公开招标等方式和供应商签订供货合同,确定安装计划。

网络系统的安装和调试主要包括系统的结构化布线、系统安装、单机测试和互连调试等。在设备安装调试的同时开展用户培训工作。用户培训和系统维护是保证系统正常运行的重要因素。通过用户培训使用户尽可能地掌握系统的原理和使用技术,以及出现故障时的一般处理方法。

(6) 网络系统维护

网络组建完成后,还存在着大量的网络维护工作,包括对系统功能的扩充和完善,各种应用软件的安装、维护和升级等。另外,网络的日常管理也十分重要,如配置和变动管理、性能管理、日志管理和计费管理等。

2. 网络规划的基本原则

先期的网络规划对网络建设和使用至关重要。网络规划的任务就是为即将建立的网络系统提出一套完整的设想和方案,对建立一个什么形式、多大规模、具备哪些功能的网络系统做出全面科学的论证,并对建立网络系统所需的人力、财力和物力投入等做出一个总体的计划。在网络规划方面,应着重考虑以下几个要素,它们也是网络规划和网络建设的基本原则。

(1) 采用先进、成熟的技术

在规划网络、选择网络技术和网络设备时,应重点考虑当今主流的网络技术和网络设备。只有这样,才能保证建成的网络有良好的性能,从而有效地保护建网投资,保证网络设备之间、网络设备和计算机之间的互连,以及网络的尽快投入使用、可靠运行。

（2）遵循国际标准，坚持开放性原则

网络的建设应遵循国际标准，采用大多数厂家支持的标准协议及标准接口，从而为异种机、异种操作系统的互连提供极大的便利和可能。

（3）网络的可管理性

具有良好可管理性的网络，网管人员可借助先进的网管软件，方便地完成设备配置、状态监视、信息统计、流量分析、故障报警、诊断和排除等任务。

（4）系统的安全性

一般的网络包括内部的业务网和外部网。对于内部用户，可分别授予不同的访问权限，同时对不同的部门（或工作组）进行不同的访问及连通设置。对于外部的互连网络，要考虑网络"黑客"和其他不法分子的破坏，防止网络病毒的传播。有些网络系统，如金融系统对安全性和保密性有着更加严格的要求。网络系统的安全性包括两个方面的内容，一是外部网络与本单位网络之间互连的安全性问题；二是本单位网络系统管理的安全性问题。

（5）灵活性和扩充性

网络的灵活性体现在连接方便，设置和管理简单、灵活，使用和维护方便。网络的可扩充性表现在数量的增加、质量的提高和新功能的扩充。网络的主干设备应采用功能强、扩充性好的设备，如模块化结构、可升级的软件，实现信息传输高速度、大吞吐量。可灵活选择快速以太网、千兆以太网、FDDI、ATM 网络模块进行配置，关键元件应具有冗余备份的功能。

（6）系统的稳定性和可靠性

选择网络产品和服务器时，最重要的一点应考虑它们的稳定性和可靠性，这也是我们强调选择技术先进、成熟的产品的重要原因之一。关键网络设备和重要服务器的选择应考虑是否具有良好的电源备份系统、链路备份系统，是否具有中心处理模块的备份，系统是否具有快速、良好的自愈能力等。不应追求那些功能大而全但不可靠或不稳定的产品，也不要选择那些不成熟和没有形成规范的产品。

（7）经济性

网络的规划不但要保质保量按时完成，而且要减少失误、杜绝浪费。

总之，网络规划是一项非常复杂的技术性活动，要完成一个高水平的网络规划，必须由专门的计算机网络技术人员从事这项工作。他们不但对计算机网络的软件和硬件有深入的认识，而且对组网的过程与技术有全面的理解和相当多的实践经验。这一点对于成功组建一个计算机网络系统来说，同样十分重要。

四、实践操作

1. 实践目标

（1）我们以春晖中学校园网络为例，分析其校园网络的功能模块。

（2）背景知识/准备工作：

①在本实验操作中，你将使用一台 PC 在互联网上查询有用信息。

②本实验需要以下资源：

一台预装 Windows XP 系统的 Professional PC；能够正常访问的 Internet。

2．主要要求

（1）接入网技术：主要填写学校网络采用哪种或哪几种接入网的技术，并指出该接入网技术的主要特点。

（2）网络设备的选型：主要填写校园网络中使用网络设备的型号、功能和价格。

（3）网络拓扑结构：主要填写园区网络使用的物理拓扑结构和逻辑拓扑结构，并简要的画出网络拓扑结构图。

（4）整体网络安全策略：主要填写内网访问外网的策略、防火墙的使用情况和服务器的访问策略。

3．技术分析

请根据实际的调研并经过自身的需求分析，认真填写春晖中学校园网组建技术分析概况表（见表1-2）。

表1-2 技术分析概况

春晖中学校园网组建情况	接入网技术		接入网的类型	该接入网类型主要采用的技术	
		1			
		2			
		3			
	网络设备型号		型号	具体功能（使用的地方）	价格（元）
		1			
		2			
		3			
		4			
	网络拓扑结构	物理拓扑结构	采用的物理拓扑结构	简单画出拓扑结构图	
		逻辑拓扑结构	采用的逻辑拓扑结构	功能	
	整体网络安全策略	内网访问外网策略			
		防火墙			
		服务器访问策略			

模块3 选择网络设备

一、教学目标

最终目标：能根据实际的网络需求选择网络传输介质和网络设备。

促成目标：
1. 掌握网络线缆的基本属性；
2. 熟悉 Cisco 网络设备的功能特性；
3. 能根据实际的网络需求选择网络传输介质和网络设备。

二、工作任务

1. 根据实际的网络需求选择合适的传输介质；
2. 根据实际的网络需求选择合适的网络设备。

三、相关知识点

任何信息传输和共享都需要有传输介质，计算机网络也不例外。网络传输介质是指在网络中传输信息的载体，常用的传输介质分为有线传输介质和无线传输介质两大类，本节主要介绍有线传输介质。

有线传输介质是指在两个通信设备之间实现的物理连接部分，它能将信号从一方传输到另一方，有线传输介质主要有双绞线、同轴电缆和光纤。双绞线和同轴电缆传输电信号，光纤传输光信号。

1. 有线传输介质

每一种线缆有不同的规格和特性，对于性能来说主要考虑的是：

数据传输速度： 比特流，通过线缆传输的速度是极其重要的，不同的线缆类型对数据的传输速度有很大影响。

数据传输的是数字信号还是模拟信号，数字信号的基带传输与模拟信号的基带传输需要不同的线缆类型。

信号在传输过程中是会衰减的，如果信号衰减到一定程度，网络设备将无法接收和解码信号，一般来说，信号传输的距离越远，衰减就越严重，另外信号通过线缆时的衰减还与线缆的类型有关。常用的传输介质有：双绞线、同轴电缆、光纤电缆，如图 1-1 所示。

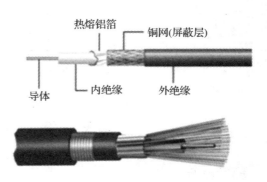

图 1-1　有线传输介质

(1) 双绞线

对于目前使用铜线的以太网布线方案,构成连接的两个组件是:RJ-45 连接器及 UTP 线缆。线缆中共有 8 条导线(4 对)。为了保证使信号在连接头和插座间被正确传输,双绞线的线序须遵守 EIA/TIA-568-A 和 EIA/TIA-568-B 的标准。EIA/TIA-568-A 标准中线缆的色序是:"绿白、绿、橙白、蓝、蓝白、橙、棕白、棕";EIA/TIA-568-B 标准中线缆的色序是:"橙白、橙、绿白、蓝、蓝白、绿、棕白、棕",如图 1-2 所示。线缆两端的针脚排列的实施方案有两种类型:直通和交叉。

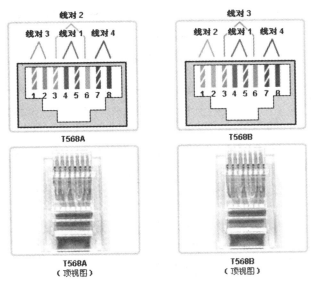

图 1-2　EIA/TIA-568-A 和 EIA/TIA-568-B 标准

直通线缆一端的针脚 1 连接到另一端的针脚 1,一端的针脚 2 对应另一端的针脚 2,以此类推,如图 1-3 所示。直通线缆用于数据终端设备(Data Terminal Equipment,DTE)到数据通信设备(Data Communications Equipment,DCE)的连接。术语 DTE 和 DCE 通常用于 WAN 连接,其中 DCE 提供时钟同步。

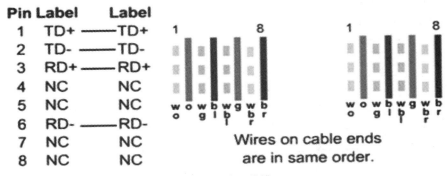

图 1-3　直通线缆

下面是应该使用直通线缆的情况:
- 集线器到路由器、PC 或文件服务器;

- 交换机到路由器、PC或文件服务器；

所连接的两个接口，如图 1-4 所示，其中一个有"X"标记。

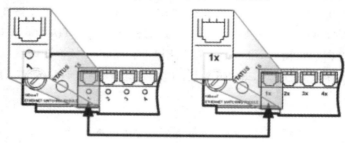

图 1-4　连接思科设备的线缆

交叉线缆将两对线缆交叉：一端的针脚 1 连接到另一端的针脚 3 而针脚 2 连接到针脚 6，如图 1-5 所示。交叉线缆应该用于连接一台 DTE 到另一台 DTE 或者一台 DCE 到另一台 DCE。

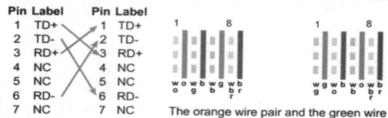

图 1-5　交叉线缆

以下情况应该使用交叉线缆：
- 集线器到另一台集线器；
- 交换机到另一台交换机；
- 集线器到交换机；
- 路由器到另一台路由器；
- PC 或文件服务器到另一台 PC 或文件服务器。

如图 1-6 所示，两个接口都有或都没有"X"标记。

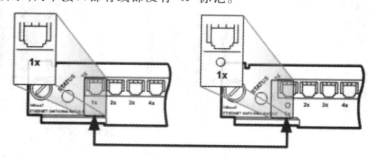

图 1-6　连接思科设备的线缆

（2）光纤

光纤是光导纤维的简写，是一种利用光在玻璃或塑料制成的纤维中的全反射原理而制成的光传导工具。

微细的光纤封装在塑料护套中,使得它能够弯曲而不至于断裂。通常,光纤的一端的发射装置使用发光二极管或一束激光将光脉冲传送至光纤,光纤的另一端的接收装置使用光敏元件检测脉冲。

在日常生活中,由于光在光导纤维的传导损耗比电在电线传导的损耗低得多,光纤被用作长距离的信息传递。

① 多模光纤

中心玻璃芯较粗($50\mu m$ 或 $62.5\mu m$),可传多种模式的光,但其模间色散较大,这就限制了传输数字信号的频率,而且随距离的增加带宽减少会更加严重。例如,600MB/km 的光纤在 2km 时就只有 300MB 的带宽了。因此,多模光纤传输适用的距离比较近,一般只有几公里。

② 单模光纤

中心玻璃芯很细(芯径一般为 $9\mu m$ 或 $10\mu m$),只能传一种模式的光。因此,其模间色散很小,适用于远程通信。

以下是一些目前比较常见的光纤连接器:

(a) FC 型光纤连接器

FC 类型的连接器外部加强方式是选用金属套,可插拔次数比塑料要多,紧固方式为螺丝扣。参见图 1-7。

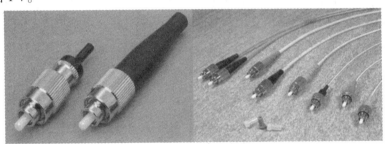

图 1-7　FC 型光纤连接器/跳线

(b) SC 型光纤连接器

SC 型光纤连接器外壳呈矩形,所采用的插针与耦合套筒的结构尺寸与 FC 型完全相同。其中插针的端面多采用 PC 型或 APC 型研磨方式;紧固方式是采用插拔销闩式,不需旋转。此类连接器价格低廉,插拔操作方便,介入损耗波动小,抗压强度较高,安装密度高。

SC 接头是标准方型接头,采用工程塑料,具有耐高温、不容易氧化的优点。传输设备侧光接口一般用 SC 接头。参见图 1-8。

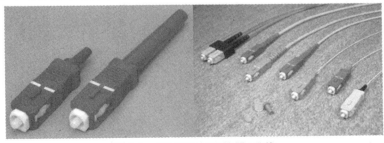

图 1-8　SC 型光纤连接器/跳线

(c) ST 型光纤连接器

ST 型光纤跳线由两个高精度金属连接器和光缆组成。连接器外部件为精密金属件,包含推拉旋转式卡口卡紧机构。此类连接器插拔操作方便,插入损耗波动小,抗压强度较高,安装密度高。

ST 型光纤连接器外壳呈圆形,所采用的插针与耦合套筒的结构尺寸与 FC 型完全相同,其中插针的端面多采用 PC 型或 APC 型研磨方式;紧固方式为螺丝扣。参见图 1-9。

图 1-9 ST 型光纤连接器/ST 跳线

(d) MT-RJ 型连接器

MT-RJ 型连接器带有与 RJ-45 型 LAN 电连接器相同的闩锁机构,通过安装于小型套管两侧的导向销对准光纤,为便于与光收发信机相连,连接器端面光纤为双芯(间隔 0.75mm)排列设计,是主要用于数据传输的下一代高密度光纤连接器。参见图 1-10。

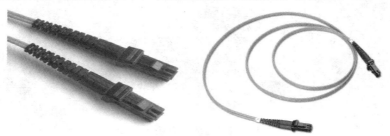

图 1-10 MT-RJ 型光纤连接器/跳线

(e) LC 型连接器

LC 型连接器采用操作方便的模块化插孔(RJ)闩锁机理制成。其所采用的插针和套筒的尺寸是普通 SC、FC 等所用尺寸的一半,为 1.25mm。这样可以提高光纤配线架中光纤连接器的密度。目前,在单模 SMF 方面,LC 类型的连接器实际已经占据了主导地位,在多模方面的应用也增长迅速。LC 型连接器见图 1-11。

图 1-11 LC 型光纤连接器/跳线

(f) MU 型连接器

MU 连接器采用 1.25mm 直径的套管和自保持机构,其优势在于能实现高密度安装。利用 MU 的 1.25mm 直径的套管,NTT 已经开发了 MU 连接器系列。它们有用于光缆连接的插座型连接器(MU-A 系列);具有自保持机构的底板连接器(MU-B 系列)以及用于连接 LD/PD 模块与插头的简化插座(MU-SR 系列)等。随着光纤网络向更大带宽更大容量方向的迅速发展和 DWDM 技术的广泛应用,对 MU 型连接器的需求也将迅速增长。

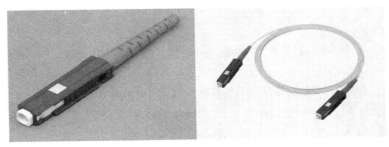

图 1-12 MU 型光纤连接器/跳线

(g) E2000 型连接器

E2000 连接器系列是少有的几种装有弹簧的闸门的光纤连接器,这样可以保护插针不受灰尘的污染,减少磨损。当拔出连接器时,闸门就会自动关闭,以防止污染,因此保护了因网络故障和有害激光造成的损害。E2000 型连接器参见图 1-13。

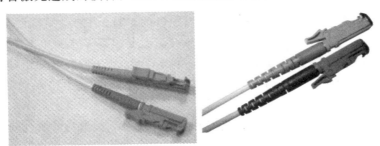

图 1-13 E2000 型光纤连接器/跳线

2. 网络通信设备

(1) 集线器(Hub)

集线器又称为 Hub,属于数据通信系统中的基础设备,它和双绞线等传输介质一样,是一种不需任何软件支持或只需很少管理软件管理的硬件设备。它被广泛应用到各种场合。集线器工作在局域网(LAN)环境,应用于开放系统互连(OSI,Open System Interconnection)参考模型第一层,因此又被称为物理层设备。集线器内部采用了电器互联,当维护 LAN 的环境是逻辑总线或环型结构时,完全可以用集线器建立一个物理上的星型或树型网络结构。在这方面,集线器所起的作用相当于多端口的中继器。其实,集线器实际上就是中继器的一种,其区别仅在于集线器能够提供更多的端口服务,所以集线器又叫作多口中继器。

集线器的主要功能是对接收到的信号进行再生整形放大,以扩大网络的传输距离,同时把所有节点集中在以它为中心的节点上。它工作于 OSI 参考模型第一层,即"物理层"。集线器与网卡、网线等传输介质一样,属于局域网中的基础设备,采用 CSMA/CD(一种检测协议)访问方式。

普通的集线器提供两类端口:

①用于连接结点的 RJ-45 端口,此类端口数量可以是 8、12、16、24 等;

②向上连接端口,即用于连接粗缆的 AUI 端口及用于连接细缆的 BNC 端口,也可以是光纤端口。

集线器分类:

①按集线器支持的传输速率,可以分为 10Mbps 集线器、100Mbps 集线器、10/100Mbps 自适应集线器;

②按集线器是否能够堆叠,可以分为普通集线器、可堆叠集线器;

③按集线器是否支持网管功能,可以分为简单集线器、带网管功能的智能集线器。

(2)交换机(Switch)

交换和交换机最早起源于电话通信系统(PSTN),我们现在还能在老电影中看到这样的场面:首长(主叫用户)拿起话筒来一阵猛摇,局端是一排插满线头的机器,戴着耳麦的话务小姐接到连接要求后,把线头插在相应的出口,为两个用户端建立起连接,直到通话结束。这个过程就是通过人工方式建立起来的交换。当然现在我们早已普及了程控交换机,交换的过程都是自动完成。

在计算机网络系统中,交换概念的提出是对于共享工作模式的改进。我们以前介绍过的 Hub 就是一种共享设备,Hub 本身不能识别目的地址,当同一局域网内的 A 主机给 B 主机传输数据时,数据包在以 Hub 为架构的网络上是以广播方式传输的,由每一台终端通过验证数据包的头地址信息来确定是否接收。也就是说,在这种工作方式下,同一时刻网络上只能传输一组数据帧,如果发生碰撞还得重试。这种方式就是共享网络带宽。

交换机拥有一条很高带宽的背部总线和内部交换矩阵。交换机的所有的端口都挂接在这条背部总线上,控制电路收到数据包以后,处理端口会查找内存中的地址对照表以确定目的 MAC(网卡的硬件地址)的 NIC(网卡)挂接在哪个端口上,通过内部交换矩阵迅速将数据包传送到目的端口,目的 MAC 若不存在才广播到所有的端口,接收端口回应后交换机会"学习"新的地址,并把它添加入内部地址表中。

使用交换机也可以把网络"分段",通过对照地址表,交换机只允许必要的网络流量通过交换机。通过交换机的过滤和转发,可以有效地隔离广播风暴,减少误包和错包的出现,避免共享冲突。

交换机在同一时刻可进行多个端口对之间的数据传输。每一端口都可视为独立的网段,连接在其上的网络设备独自享有全部的带宽,无须同其他设备竞争使用。当节点 A 向节点 D 发送数据时,节点 B 可同时向节点 C 发送数据,而且这两个传输都享有网络的全部带宽,都有着自己的虚拟连接。假使这里使用的是 10Mbps 的以太网交换机,那么该交换机这时的总流通量就等于 2×10Mbps=20Mbps,而使用 10Mbps 的共享式 Hub 时,一个 Hub 的总流通量也不会超出 10Mbps。

总之,交换机是一种基于 MAC 地址识别,能完成封装转发数据包功能的网络设备。交换机可以"学习"MAC 地址,并将其存放在内部地址表中,通过在数据帧的始发者和目标接收者之间建立临时的交换路径,使数据帧直接由源地址到达目的地址。

(3)路由器(Router)

路由器是互联网络中必不可少的网络设备之一。路由器是一种连接多个网络或网段的网络设备,它能将不同网络或网段之间的数据信息进行"翻译",以使它们能够相互"读"懂对方的数据,从而构成一个更大的网络。路由器有两大典型功能,即数据通道功能和控制功能。数据通道功能包括转发决定、背板转发以及输出链路调度等,一般由特定的硬件来完成;控制功能一般用软件来实现,包括与相邻路由器之间的信息交换、系统配置、系统管理等。

要解释路由器的概念,首先要介绍什么是路由。所谓"路由",是指把数据从一个地方传送到另一个地方的行为和动作,而路由器,正是执行这种行为动作的机器,它的英文名称为 Router。路由器的基本功能如下:

①网络互连:路由器支持各种局域网和广域网接口,主要用于互连局域网和广域网,实现不同网络互相通信;

②数据处理:提供包括分组过滤、分组转发、优先级、复用、加密、压缩和防火墙等功能;

③网络管理:路由器提供包括路由器配置管理、性能管理、容错管理和流量控制等功能。

四、实践操作

1. 实践目标

(1)以春晖中学校园网络为例,分析其校园网络功能,并上网搜索选用的网络设备型号。

(2)背景知识/准备工作:

①在本实验操作中,你将使用一台 PC 在互联网上查询有用信息。

②本实验需要以下资源:

一台预装 Windows XP Professional 系统的 PC;能够正常访问的 Internet。

2. 主要要求

(1)进入中国 Cisco 公司官方网站:http://www.cisco.com/web/CN/index.html;

(2)浏览 Cisco 公司的产品介绍,包括路由器和交换机等网络设备的型号。

3. 设备选择

请根据实际的调研并经过网络信息搜索,认真填写春晖中学校园网设备选型表(见表 1-3)。

表 1-3 设备选择

	设备类型	序号	型号	用途	价格
春晖中学校园网设备选型表	行政楼 集线器	1			
		2			
	行政楼 交换机	1			
		2			
		3			
	行政楼 路由器	1			
		2			
	教学楼 集线器	1			
		2			
	教学楼 交换机	1			
		2			
		3			
	教学楼 路由器	1			
		2			
	实验楼 集线器	1			
		2			
	实验楼 交换机	1			
		2			
		3			
	实验楼 路由器	1			
		2			
	信息室 交换机	1			
	信息室 路由器	1			
	介质类型	序号	类型	用途	长度
	有线传输介质	1			
		2			
		3			

模块 4　设计园区网络拓扑

一、教学目标

最终目标：能用 PowerPoint 和 Visio 绘制网络拓扑图。
促成目的：
1. 熟悉 PowerPoint 2003 绘图工具的使用；
2. 学会使用 Visio 2003 工具绘制网络拓扑图；
3. 根据调研结果绘制春晖中学园区网络拓扑图。

二、工作任务

使用 PowerPoint 2003 和 Visio 2003 绘图工具绘制网络拓扑图，并根据调研的情况和自己分析的结果绘制出春晖中学园区网络拓扑图。

三、实践操作

1. 实践目标

（1）我们以春晖中学网络为例，使用 PowerPoint 和 Visio 绘图工具绘制网络拓扑结构。
（2）学习 PowerPoint 和 Visio 画图方法/准备工作：
①在本实验操作中，你将使用一台 PC 在互联网上查询有用信息。
②本实验需要以下资源：
一台预装 Windows XP Professional 系统的 PC；能够正常访问的 Internet。

2. 用 PowerPoint 工具创建网络拓扑结构图的方法

本例利用 PowerPoint 中的自选图形和剪辑库中的元素完成网络结构图的绘制。在绘制过程中，将会涉及图形的效果处理、放置与对齐、组合效果、连接效果等知识点的分析与讲解。利用剪辑库中的元素绘制网络拓扑结构图是本模块的要点，希望读者能够认真学习，重点掌握。用 PowerPoint 工具创建网络拓扑结构图需要掌握的方法如下：

- 在网站上下载 Cisco 设备图标库；
- 在 PowerPoint 中插入网络设备的示意图片；
- 放置与对齐图片；
- 填充图片颜色；
- 设置图片背景色；
- 添加文本；
- 组合图片与文字；
- 图片与图片链接。

（1）新建"一张幻灯片"，在幻灯片板式任务窗格中选择只有标题的幻灯片版式，然后在幻灯片中输入标题"网络拓扑结构图"，并将其调整到合适的位置，如图 1-14 所示。

图 1-14 新建"一张幻灯片"

(2) 单击绘图工具栏中的"自选图形"→"其他自选图形"命令,打开剪贴画任务窗格,在下面的列表框中选择"台式计算机"。

(3) 此时,幻灯片中选中刚插入的剪贴画,单击鼠标右键,在弹出的快捷菜单中单击"设置自选图形格式"命令,打开"设置自选图形格式"对话框中的"颜色和线条"选项卡。在填充选项区域中的"颜色"下拉列表框中选择填充效果,打开"填充效果"对话框中的"图片"选项卡。

(4) 单击"选择图片"按钮,打开"选择图片"对话框,在"查找范围"下拉列表框中选择合适的路径后,在下面的列表框中选择所需的图片,如图1-15所示。

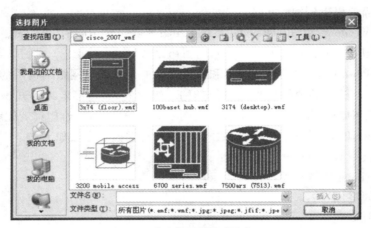

图1-15 "选择图片"对话窗口

(5) 单击"插入"按钮,回到填充效果对话框。然后,单击"确定"按钮,回到"设置图片格式"对话框,如图1-16所示,单击"确定"按钮,最后,调整该剪贴画的大小和位置。

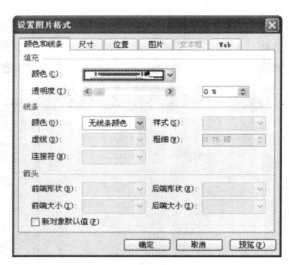

图1-16 "设置图片格式"对话窗口

(6) 在"剪贴画"任务窗格中选择"立式计算机",随之,选中幻灯片的剪贴画,单击鼠标右键,在弹出的快捷菜单中单击"设置自选图形格式"命令,打开"设置自选图形格式"对话框中的"颜色和线条"选项卡。在填充选项区域中的"颜色"下拉列表框中选择填充效果,打开"填充效果"对话框中的"渐变"选项卡。

（7）在"颜色"选项区域中选择"单色"单选框,在旁边的"颜色1"下拉列表框中选择"其他颜色",打开"颜色"对话框,并选择如图1-17所示的颜色。

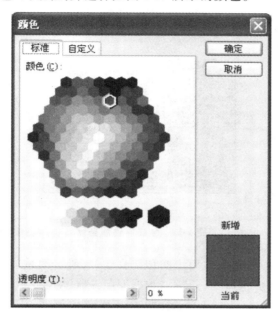

图1-17　"颜色"对话窗口

（8）单击"确定"按钮,回到"填充效果"对话框。在"底纹样式"选项区域中选择"垂直",在"变形"选项区域中选择第二行第一列的样式,如图1-18所示。单击"确定"按钮,回到"设置自选图形"对话框,再单击"确定"按钮。

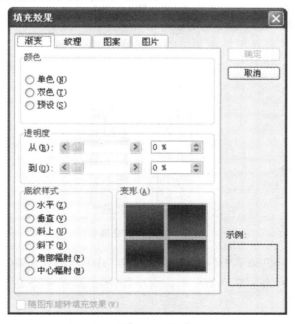

图1-18　"填充效果"对话窗口

(9)将设置好的剪贴画拖曳到"台式计算机"旁边,并调整其大小。然后在剪贴画下面输入文字"文件服务器",并设置文字的属性为"宋体""18"。

(10)分别选中"台式计算机""立式计算机"和"文件服务器"文本框,单击"绘图"工具栏中"绘图、组合"命令,将其组合成一个整体对象。最终,该整体对象的效果如图1-19所示。

文件服务器

图 1-19　创建文件服务器

(11)同样的方法,再分别创建两个类似于图1-19所示的整体对象,然后只需将文字"文件服务器"分别更改为"WEB服务器""数据库服务器"等。

(12)在"剪贴画"任务窗格中选择名为"MODEM,调制解调器"的剪贴画,将其插入到幻灯片中,并调整该剪贴画的大小和位置。然后在剪贴画下面输入文字"路由器",最后将剪贴画和文字组合成一个整体对象,如图1-20所示。

(13)在剪贴画任务窗格中选择名为"大型机"的剪贴画,将其插入到幻灯片中,调整该剪贴画的大小和位置后,选中该剪贴画,单击"格式"工具栏的"复制"按钮,然后单击"粘贴"按钮,将所复制的剪贴画拖曳到相应的位置,并输入文字"交换机",最后将剪贴画和文字组合成一个整体对象,如图1-21所示。

(14)选中"剪贴画"任务窗格中的"工作站"剪贴画,对其进行图1-17所示的颜色填充效果设置,并调整其大小和位置,然后输入文字"工作站",最后将剪贴画和文字组合成一个整体对象,如图1-22所示。

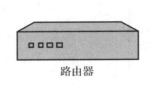

路由器

图 1-20　创建路由器

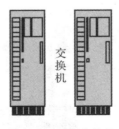

交换机

图 1-21　创建交换机

工作站

图 1-22　创建工作站

(15)选择"插入"下拉菜单中的图片选项,选择"来自文件"选项,选择"三层交换机"图片将其插入到幻灯片中,并调整该剪贴画的大小和位置,如图1-23所示。

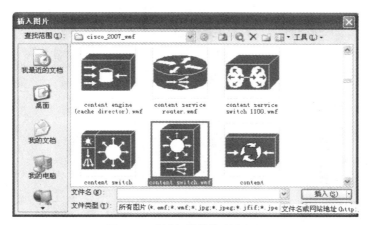

图 1-23 "插入图片"对话窗口

（16）在图片下方输入文字"三层交换机"，并将图片和文字组合起来，然后选中设置好的三级交换机的图片对象，再复制两个一样的图形并将其拖曳到幻灯片的相应位置。

（17）再插入名为"计算机"的剪贴画，调整该其大小和位置，再复制5个一样的图形并将其拖曳到幻灯片的相应位置，选中所有"计算机"剪贴画，单击"绘图"工具栏中的"绘图""对齐或分布""底端对齐命令"，此时的幻灯片界面如图1-24所示。

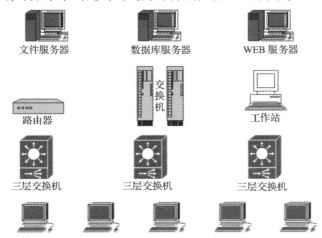

图 1-24 幻灯片界面

（18）单击"绘图"工具栏中的"自选图形"→"连接符"→"肘形箭头连接符"命令，在幻灯片的相应位置绘制一根连接线。

（19）选中所绘制的连接线，单击鼠标右键，在弹出的快捷菜单中单击"设置自选图形命令"，打开"设置自选图形格式"对话框中的"颜色和线条"选项卡。在线条选项区域中的"颜色"下拉列表框中选择"浅橙色"，在"粗细"文本框中输入"2"，单击"确定"按钮。

（20）在绘制好的连接线旁边利用文本框输入文字"光纤"，并将该连接线和文字组合成一个整体。

（21）单击"绘图"工具栏中的"自选图形""连接符""肘形箭头连接符"命令，在文字"WEB服务器"下方绘制连接线，并对其进行相应的属性设置，然后，输入文字"光纤"，如图1-25所示。

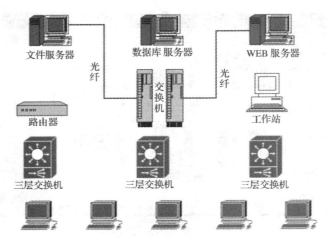

图 1-25　绘制连接线

(22) 类似的,在不同的图形元素之间绘制相应的连接线,并对其进行与步骤(19)中相同的属性设置,分别在连接线旁边输入相应的文字说明,再将连接线和相应的文字说明组合成一个整体对象。最终完成一个完整的网络拓扑图绘制。

(23) 根据需求分析规划,用 Powerpoint 工具绘制出春晖中学网络拓扑结构图。根据上述学习的方法,结合自身调研的结论,利用 PowerPoint 工具画出春晖中学网络拓扑结构图。参考拓扑结构如图 1-26 所示。

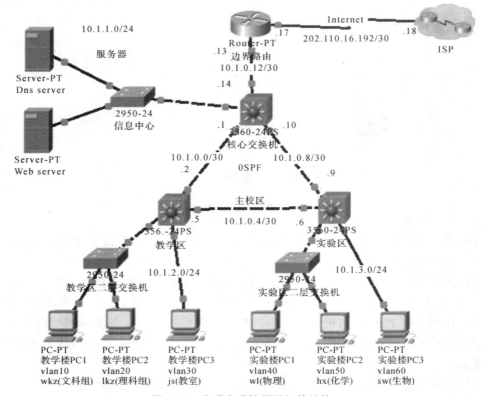

图 1-26　春晖中学校园网拓扑结构

3. 用 Visio 2003 工具创建网络拓扑结构图的方法

本例利用 Visio 2003 中的自选图形和剪辑库中的元素完成网络结构图的绘制。在绘制的过程中,还将会涉及图形的效果处理、放置与对齐、组合效果、连接效果等知识点的分析与讲解。利用剪辑库中的元素绘制网络拓扑结构图是本项目的要点,希望读者能够认真学习,重点掌握。用 Visio 2003 工具创建网络拓扑结构图需要掌握的方法如下:

- 在 FTP 站点上下载 Cisco 设备图标库;
- 在 Visio 2003 中插入网络设备的示意图片;
- 放置与对齐图片;
- 填充图片颜色;
- 设置图片背景色;
- 添加文本;
- 组合图片与文字;
- 图片与图片链接。

(1) 打开模板

使用模板开始创建 Microsoft Office Visio 图表。模板是一种文件,用于打开包含创建图表所需的形状的一个或多个模具。模板还包含适用于该绘图类型的样式、设置和工具。

(2) 新建网络图

在"文件"菜单上,单击"新建",然后指向"网络",选择"详细网络图"。如图 1-27 所示。

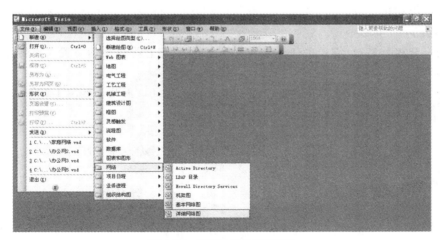

图 1-27 "新建网络图"窗口

(3) 添加形状

通过将"形状"窗口中模具上的形状拖到绘图页上,可以将形状添加到图表中。将网络设备形状拖到绘图页上时,可以使用动态网格(将形状拖到绘图页上时显示的虚线)快速将形状与绘图页上的其他形状对齐。也可以使用绘图页上的网格来对齐形状。打印图表时,这两种网格都不会显示。如图 1-28 所示。

26　路由与交换

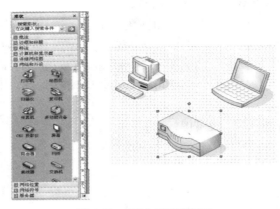

图 1-28　"添加形状"窗口

(4) 删除形状

删除形状很容易。只需单击形状,然后按 Delete 键。

注意:不能将形状拖回"形状"窗口中的模具上进行删除。

(5) 放大和缩小绘图页

①图表中的形状太小而不便使用时,希望放大形状。要放大图表中的形状,按下 Ctrl+Shift 键的同时拖动形状周围的选择矩形。指针将变为一个放大工具,表示可以放大形状。

②使用大型的图表时,可能需要缩小图表以便可以看到整个视图。要缩小图表以查看整个图表外观,将绘图页在窗口中居中,然后按 Ctrl+w 组合键。

③还可以使用工具栏上的"显示比例"框与"扫视和缩放"窗口来缩放绘图页。

(6) 移动一个形状

移动形状很容易:只需单击任意形状选择它,然后将它拖到新的位置。单击形状时将显示选择手柄。

还可以单击某个形状,然后按键盘上的箭头键来移动该形状。如图 1-29 所示。

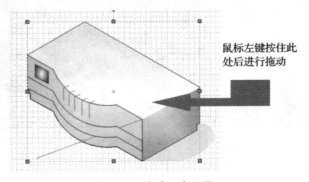

图 1-29　移动一个形状

(7) 移动多个形状

要一次移动多个形状,首先选择所有想要移动的形状。

①使用"指针"工具拖动鼠标。也可以在按下 Shift 键的同时单击各个形状。

②将"指针"工具放置在任何选定形状的中心。指针下将显示一个四向箭头,表示可以移动这些形状。

(8) 调整形状的大小

可以通过拖动形状的角、边或底部选择手柄来调整形状的大小。如图 1-30 所示。

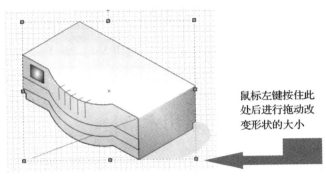

图 1-30　调整形状的大小

(9) 向形状添加、删除文本

双击某个形状然后输入文本,Microsoft Office Visio 会放大以便可以看到所输入的文本。

删除文本:双击形状,然后在文本突出显示后,按 Delete 键。

(10) 添加、删除独立文本

向绘图页添加与任何形状无关的文本,例如标题或列表。这种类型的文本称为独立文本或文本块。只需单击"文本"工具并进行输入。

删除文本:单击"文本"然后按 Delete 键。

(11) 移动独立文本

可以像移动任何形状那样来移动独立文本:只需拖动即可进行移动。实际上,独立文本可以看作一个没有边框或颜色的形状。

(12) 设置文本格式

右击工具栏,使用"设置文本格式"工具栏。

(13) 连接形状

各种图表(如流程图、组织结构图、框图和网络图)都有一个共同点:需要连接形状。在 Visio 中,通过将一维形状(称为连接线)附加或黏附到二维形状来创建连接。移动形状时,连接线会保持黏附状态。例如,移动与另一个形状相连的网络图形状时,连接线会调整位置以保持其端点与两个形状都黏附。

(14) 使用"连接线"工具连接形状

使用"连接线"工具时,连接线会在你移动其中一个相连形状时自动重排或弯曲。"连接线"工具会使用一个红色框来突出显示连接点,表示可以在该点进行连接。

从第一个形状上的连接点处开始,将"连接线"工具拖到第二个形状顶部的连接点上,连接线的端点会变成红色。这是一个重要的视觉提示。如果连接线的某个端点仍为绿色,请使用"指针"工具将该端点连接到形状。如果想要形状保持相连,两个端点都必须为红色。

(15) 使用模具中的连接线连接形状

拖动"直线-曲线连接线",并调整其位置。

(16) 向连接线添加文本

可以将文本与连接线一起使用来描述形状之间的关系。向连接线添加文本的方法与向任何形状添加文本的方法相同：只需单击连接线并输入文本。

(17) 画出拓扑结构图

根据上述学到的方法,结合自身调研的结论,利用 Visio 2003 工具画出春晖中学网络拓扑结构图。参考拓扑图如图 1-26 所示。

常用术语

1. 局域网(LAN,Local Area Network)：高速、低差错率的数据网,它覆盖一个相对较小的地区(最多几千平方米)。局域网在一个单独的大楼内或其他有限区域内单独连接工作站、外部设备、终端及其他装置。以太网、FDDI(光纤分布式数据借口)及令牌环是典型的局域网技术。

2. 城域网(MAN,Metropolitan Area Network)：横跨一个城市区域的网络。一般来说,MAN 所覆盖的范围要比 LAN 大,比 WAN 小。

3. 广域网(WAN,Wide Area Network)：指的是能在很大的地理区域内为用户服务的数据通信网络,此网络通常由电信运营商负责运行维护。

4. 企业内部网(Intranet)：采用 Internet 技术建立的企业内部网络,是 Internet 技术(如 TCP/IP、WWW 技术等)在企业内部的应用。

5. 企业外联网(Extranet)：Extranet 是 Intranet 对企业外特定用户的安全延伸,其利用 Internet 技术和公共通信系统,使指定并通过认证的用户分享公司内部网络部分信息和部分应用的半开放式的专用网络。

项目二 规划网络地址

在 TCP/IP 网络中,每台主机必须具有独立的 IP 地址,有了 IP 地址的主机才能与网络上的其他主机进行通信。

IP 地址是如同电话号码或邮政区号的分级地址。它提供了一种比 MAC 地址更好的组织计算机地址的方式。MAC 地址是固化到硬件中的,而 IP 地址可以由软件设定,具有更大的灵活性。举例来说,IP 地址就像邮件地址一样,邮件地址描述了收发者的位置,包括邮政编码、国家、省、城市、街道、门牌号,最后还要有收件人名字。IP 寻址使得数据可以通过 Internet 的网络介质找到其目的端。

一旦你接触到了网络,那你就会不知不觉地用到 IP 地址,因为任何子网之间的通信或者子网工作站之间的通信,都是通过 IP 地址来将数据从源主机发送到目的主机。任何一个子网的 IP 地址空间通常都是网络管理人员根据子网规模以及近期发展规划来合理分配的,因为每一个子网中包含的工作站数量可能不相同,或许有的子网包含有数量较多的工作站,有的子网仅含两三台计算机,倘若给每一个子网平均分配 IP 地址空间的话,将会造成有的子网络中 IP 地址资源比较紧张,有的子网络中 IP 地址资源处于闲置状态。因此,我们要有效地为不同子网正确划分好 IP 地址空间,让每个子网都能合理地用好有限的 IP 地址资源。

一、教学目标

最终目标:掌握 IP 地址的基本使用理论,并能进行子网划分。
促成目标:
1. 掌握 IP 地址、子网掩码的概念;
2. 掌握子网划分步骤;
3. 了解路由协议对定长掩码的影响;
4. 了解路由协议对不定长掩码的影响;
5. 掌握 VLSM 划分的步骤。

二、工作任务

1. 通过调研了解学校各部门的主机所处的位置及数量;
2. 通过调查各部门的 IP 地址,形成表格;
3. 进行定长子网划分,提交一份子网划分报告,包括网络拓扑图;

4. 进行 VLSM 子网划分,提交一份子网划分报告,包括网络拓扑图。

模块 1　划分子网

一、教学目标

最终目标:掌握 IP 地址的基本概念,会进行子网划分。
促成目标:
1. 掌握 IP 地址、子网掩码的概念;
2. 掌握子网划分步骤;
3. 了解路由协议对定长掩码的影响。

二、工作任务

1. 通过调研了解学校各部门的主机所处的位置及数量;
2. 通过调查各部门的 IP 地址,形成表格;
3. 进行定长子网划分,提交一份子网划分报告,重点包括网络拓扑图。

三、相关知识点

1. IP 地址

IP 地址也可以称为 Internet 地址,用来标识 Internet 上每台计算机一个唯一的逻辑地址。人们给 Internet 中每台主机分配了一个专门的地址,每台联网计算机都依靠 IP 地址来标识自己,类似于电话号码,通过电话号码可以找到相应的电话而且没有重复,IP 地址也是一样的。

2. IP 地址表示

IP 地址由 32 位二进制数组成,为了使用方便,一般把二进制数地址转变为人们更熟悉的十进制数地址,十进制数地址由四部分组成,每部分数字对应于一组 8 位二进制数,各部分之间用小数点分开,也称为点分十进制数。

点分十进制数表示的某一台主机 IP 地址可以书写为:192.168.0.1,见表 2-1。

表 2-1　IP 地址两种表示方法

第一字节	第二字节	第三字节	第四字节
11000000	10101000	00000000	00000001
192	168	0	1

与电话号码类似,一个 IP 地址主要由两部分组成:一部分用来标识该地址所属的网络;

另一部分用来指明网络中某台设备的主机号,见表 2-2。网络号由 Internet 管理机构分配,目的是保证网络地址的全球唯一性。主机地址由各个网络的管理员统一分配,这样通过网络地址的唯一性与网络内主机地址的唯一性,确保了 IP 地址的全球唯一性。

表 2-2　IP 地址的组成

	第一字节	第二字节	第三字节	第四字节
IP 地址	192 11000000	168 10101000	0 00000000	1 00000001
网络掩码	255 11111111	255 11111111	255 11111111	0 00000000
主机地址	192	168	0	1
	网络部分			主机部分

3. IP 地址分类

为了给不同规模的网络提供必要的灵活性,点分十进制数的 IPV4 地址分成几类,以适应大型、中型等不同的网络。这些不同类的地址不同之处在于,用于表示网络地址的位数与用于表示主机地址的位数之间的差别。

IP 地址的设计者,将 IP 地址的空间划分为 5 个不同的地址类别,即 A、B、C、D、E。其中的 A、B、C 3 类是可供主机使用的 IP 地址,而 D、E 类是特殊用途的 IP 地址,见图 2-1。

A 类地址以 0 开头,前一个字节表示网络地址,后三个字节表示主机地址;
B 类地址以 10 开头,前两个字节表示网络地址,后两个字节表示主机地址;
C 类地址以 110 开头,前三个字节表示网络地址,后一个字节表示主机地址;
D 类地址以 1110 开头,是组播地址,不能分配给主机使用;
E 类地址以 11110 开头,作为保留地址,供实验室研究使用,没有分配使用。

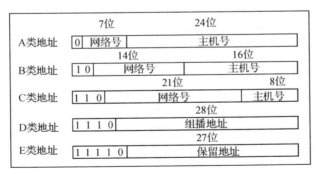

图 2-1　IP 地址类别

4. 子网掩码(Subnet Mask)

IP 地址是一组二进制数,那么如何确定哪部分是网络地址,哪部分是主机地址呢?即 IP 地址的网络号和主机号是如何划分的。在一个 IP 地址中,计算机是通过子网掩码来决定 IP 地址中的网络地址和主机地址。地址规划组织委员会规定,"1"代表网络部分,"0"代表主机部分。

确定网络号的方法就是将 IP 地址与子网掩码按位进行逻辑"与",产生的结果就是网络号,见表2-3。

表2-3 网络号的计算

	第一字节	第二字节	第三字节	第四字节
IP 地址	192 11000000	168 10101000	0 00000000	1 00000001
子网掩码	255 11111111	255 11111111	255 11111111	0 00000000
网络号	11000000 192	10101000 168	00000000 0	00000000 0

确定主机号的方法则是将子网掩码取反再与IP地址逻辑"与"(AND)后得到的结果即为主机号,见表2-4。

表2-4 主机号的计算

	第一字节	第二字节	第三字节	第四字节
IP 地址	192 11000000	168 10101000	0 00000000	1 00000001
子网掩码	255 11111111	255 11111111	255 11111111	0 00000000
子网掩码取反	00000000	00000000	00000000	11111111
主机号	00000000 0	00000000 0	00000000 0	00000001 1

5. 特殊含义的地址

(1) 广播地址

TCP/IP 协议规定,主机部分各位全为"1"的 IP 地址用于广播。所谓广播地址指同时向网上所有的主机发送报文的地址。如136.78.255.255 就是 B 类地址中的一个广播部分,将信息送到此地址,就是将信息送给网络地址为136.78.0.0 的所有主机。

(2) 回送地址

A 类网络地址中第一段十进制数为127 的是保留地址,用于网络测试和本地机进程间通信,称为回送地址(loopback address)。一旦使用回送地址发送数据,协议软件立即返回信息,不进行任何网络传输。网络地址为127 的分组不能出现在任何网络上,只用于本地进程间通信测试。

(3) 网络地址

TCP/IP 协议规定,主机位全为"0"的网络地址被解释成"本网络",如192.168.1.0 地址。

(4) 私有地址

IP 地址中规划出一组地址,Internet 管理委员会规定,私有地址只能自己组网使用,不能在 Internet 上使用,Internet 没有这些地址的路由,使用这些地址的计算机要接入 Internet 必须转换为合法的 IP 地址,也称为公网地址,才能进行和外部网络的计算机通信。

以下列出留用的私有网络地址:

- A 类　10.0.0.0—10.255.255.255
- B 类　172.16.0.0—172.31.255.255
- C 类　192.168.0.0—192.168.255.255

6. IP 地址与路由的关系

为了提高 IP 地址使用效率及路由效率,在通用的 IP 地址分类上对 IP 编址进行了相应改进。

(1) 子网编址

一般 32 位的 IP 地址被分为两部分,即网络号和主机号。为提高 IP 地址的使用效率,子网编址的思路是将主机号部分进一步划分为子网号和主机号,即 IP 地址 = 网络号 + 子网号 + 主机号。

在原来的 IP 地址模式中,网络号部分只标识一个独立的物理网络,而引入子网模式后,网络号部分加上子网号就能全局唯一地标识一个物理网络。子网编址使得 IP 地址具有一定的内部层次结构,这种层次结构便于 IP 地址分配和管理。使用的关键在于选择合适的层次结构——既能适应各种现实的物理网络规模,又能充分地利用 IP 地址空间,即从何处分隔子网号和主机号。

(2) 子网路由

在子网编址模式下,仅凭地址类别提取地址的网络号和主机号是不正确的,而必须在路由表的每一个表目中加入子网掩码,于是子网编址模式下的路由表条目变为:{目的网络地址,子网掩码,下一路由器地址},这样可以用子网掩码的设置来区分不同的情况,使路由算法更为简单。子网号的位数是可变的,为了反映有多少位用于子网号,采用子网掩码来区分。二进制表示的掩码是一系列连续的"1",紧跟着一系列连续的"0"。为"1"的部分代表网络号码,而为"0"的部分代表主机号码。我们以 10.0.0.1 为例,网络掩码 255.0.0.0,这样就把 IP 地址分成了网络部分 10 和主机部分 0.0.1。于是,每个 A、B 和 C 类地址都有一个默认掩码,它是由每类地址的网络和主机部分的确切定义产生的掩码。可以根据掩码和 IP 地址计算出来:子网号 = 子网掩码与 IP 地址做逻辑"与"运算的结果。

(3) VLSM 可变长子网掩码

可变长子网掩码(VLSM,Variable Length Subnet Mask),是一种产生不同大小子网的网络分配机制,指一个网络可以配置不同的掩码。开发可变长度子网掩码的想法就是在每个子网上保留足够的主机数的同时,把一个网分成多个子网时有更大的灵活性。如果没有 VLSM,一个子网掩码只能提供给一个网络,这样就限制了要求的子网数上的主机数。VLSM 技术对高效分配 IP 地址(较少浪费)以及减少路由表大小都起到非常重要的作用。但是需要注意的是使用 VLSM 时,所采用的路由协议必须能够支持它,这些路由协议包括 RIPv2、OSPF、EIGRP 和 BGP。

(4) CIDR 无类别编址

1992 年引入了 CIDR 技术,它意味着在路由表层次的网络地址"类"的概念已经被取消,代之以"网络前缀"的概念。Internet 中的无类别域间路由(CIDR,Classless Inter Domain Routing)的基本思想是取消地址的分类结构,取而代之的是允许以可变长分界的方式分配网络数。它支持路由聚合,可限制 Internet 主干路由器中必要路由信息的增长。IP 地址中 A 类已经分配完毕,B 类也已经差不多了,剩下的 C 类地址已经成为大家瓜分的目标。显然对于一个国家、地区、组织来说分配到的地址最好是连续的,那么如何来保证这一点呢? 于是提出了 CIDR 的概念。"无类别"的意思是基于整个 32 位 IP 地址的掩码操作的选路决策,而不管其 IP 地址是 A 类、B 类或是 C 类,都没有什么区别。它的思路是:把许多 C 类地址合起来作 B 类地址分配。采用这种分配多个 IP 地址的方式,使其能够将路由表中的许多表项归并成更少的数目。

(5)专用地址和网络地址的转换(NAT)

为了减慢 IP 地址分配的进程,鉴别不同的连通需要,并有根据地分配 IP 地址是很重要的。大多数组织的连通需要可以分为以下两种类别:全球连通性或专用连通性(总体的或局部的)。全球连通性意味着组织内部的主机既能连通内部主机又能连通 Internet 主机。在这种情况下,主机必须配置组织内和组织外都可识别的全球唯一的 IP 地址,要求全球连通性的组织必须向其服务提供者申请 IP 地址。专用连通性意味着组织内部主机只能连通内部主机,不能连通 Internet 主机。专用主机需要一个组织内部唯一的 IP 地址,但没有必要在组织外也是唯一的。对于这种连通性,IANA 为所谓的"专用 Internet"保留了下列 3 块 IP 地址空间:

- 10.0.0.0—10.255.255.255(一个单独 A 类网络号码)
- 172.16.0.0—172.31.255.255(16 个相邻的 B 类网络号)
- 192.168.0.0—192.168.255.255(256 个相邻的 C 类网络号)

企业可以不经过 IANA 或 Internet 登记处的允许就从上述范围内选择自己的地址。取得专用 IP 地址的主机能和组织内部任何其他主机连接,但是如果不经过一个代理网关就不能和组织外的主机连接。这是因为离开公司的 IP 数据包将有一个源 IP 地址,它在公司外会被混淆,导致外部主机难以回答。由于多个建立专用网络的公司可以使用相同的 IP 地址,这样就可以少分配一些全球唯一的 IP 地址。

网络地址转换(NAT),就是指在一个组织网络内部,根据需要可以使用私有的 IP 地址(不需要经过申请),在组织内部的各计算机间通过私有 IP 地址进行通信,而当组织内部的计算机要与外部 Internet 网络进行通信时,具有 NAT 功能的设备负责将其私有 IP 地址转换为公有 IP 地址,即用该组织申请的合法 IP 地址进行通信。简单地说,NAT 就是通过某种方式将 IP 地址进行转换。Cisco 系统提出了这个办法,作为运行在其路由器上的 Cisco 互联网络操作系统(ISO)软件的一部分。

NAT 设置可以分为静态地址转换、动态地址转换和复用动态地址转换。

①静态地址转换

静态地址转换是将内部本地地址与内部合法地址进行一对一的转换,且需要指定和哪个合法地址进行转换。如果内部网络有 E-mail 服务器或 FTP 服务器等可以为外部用户共用的服务,这些服务器的 IP 地址必须采用静态地址转换,以便外部用户可以使用这些服务。

②动态地址转换

动态地址转换也是将内部本地地址与内部合法地址一对一的转换,但是是从内部合法地址池中动态地选择一个未使用的地址对内部本地地址进行转换。

③复用动态地址转换

复用动态地址转换首先是一种动态地址转换,但是它可以允许多个内部本地地址共用一个内部合法地址。对于只申请到少量 IP 地址但却经常同时有多于合法地址个数的用户上外部网络的情况,这种转换极为有用。

四、实践操作

1. 背景知识

春晖中学将采用 A 类地址 10.0.0.0,实际使用中采用 10.1.0.0/16 的地址,根据需要划分成 6 个子网提供给教学、实验楼的机房和教室使用,每个子网内的主机数量不超过 60 台。

2. 划分子网

(1)首先将子网中要求容纳的主机数"60"转换成二进制,得到 111100。该主机数二进制为 6 位数,即 $n=6$;

(2)将 255.255.255.255 的主机地址位数全部置为"1",然后从后向前将 6 位全部置为"0",即为子网掩码值为:255.255.255.192。

(3)子网的位数:由于 A 类地址原先的主机位数为 8 位。而现在主机位数为 6 位,则子网的位数为:24 − 6 = 18 位。

(4)IP 地址的分配如表 2-5 所示。

表 2-5　IP 地址范围

网络地址		主机号 (6 位)	IP 地址范围
主网络(16 位)	子网(10 位)		
00001010. 00000001.	00000000.00	000000—111111	10.1.0.0—10.1.0.63
00001010. 00000001.	00000000.01	000000—111111	10.1.0.64—10.1.0.127
00001010. 00000001.	00000000.10	000000—111111	10.1.0.128—10.1.0.191
00001010. 00000001.	00000000.11	000000—111111	10.1.0.128—10.1.0.191
00001010. 00000001.	00000001.00	000000—111111	10.1.1.0—10.1.1.63
00001010. 00000001.	00000001.10	000000—111111	10.1.1.64—10.1.1.127

模块 2　规划 VLSM 网络

一、教学目标

最终目标:了解路由协议对不定长掩码的影响,会进行 VLSM 子网划分。
促成目标:

1. 了解路由协议对不定长掩码的影响;
2. 掌握 VLSM 划分的步骤。

二、工作任务

进行 VLSM 子网划分,提交一份子网划分报告,包括网络拓扑图。

三、相关知识点

1. 路由选择协议的分类

一般路由器支持多种路由选择协议,例如静态路由、RIP、IGRP、RIPv2、EIGRP、OSPF 和 BGP 等协议。这些路由选择协议可分为有类路由选择协议和无类路由选择协议。

(1) 有类路由选择协议

一般把路由信息协议(RIP, Router Information Protocols)和内部网关路由选择协议(IGRP, Interior Gateway Routing Protocols)等称为有类路由选择协议。在有类路由选择协议中,只在路由器之间传送路由和它的度量值,对每个转发报文,路由器从报文中取出目的地址,各路由器通过下面 2 种方法判定目的地网络掩码。

① 如果有一个接口连到目的地网络,则使用此接口的网络掩码。隶属网络的所有子网的大小必须相同。

② 否则,使用对应目的地址类的网络掩码。A 类网络使用 8 位掩码,B 类网络使用 16 位掩码,C 类网络使用 24 位掩码。

根据设置掩码的规则,除去目的地址中的"局部操纵"位,在路由选择表中查寻产生的网络地址,转发报文。因为路由选择基于 IP 地址类(有 A 类、B 类、C 类和 D 类 4 类)或与之相连的网络接口来决定远端网络使用的掩码,从而决定目的地的网络地址,故此类路由选择协议被称为有类路由选择协议。

(2) 无类路由选择协议

RIPv2、EIGRP、OSPF 和 BGP 等是一些比较新的路由选择协议,它们在路由更新过程中,将网络掩码与路径一起广播出去,这时网络掩码也称为前缀屏蔽或前缀。例如,如果 C 类 IP 地址 192.168.1.0 的网络掩码为 255.255.255.0,可标识为 192.168.1.0/24。由于在路由器之间传送掩码(前缀),因而没有必要判断地址类型和默认掩码,这就是无类地址及无类路由选择,也是目前 Internet 上所基于的路由选择协议。

在无类路由中,IP 地址之间不再有类型差别,如 A 类地址、B 类地址或 C 类地址等之分,所有地址都由前缀来决定用于网络标识的位数,IP 地址不再归属于某一个类,取而代之的是将它们看作一个地址和掩码对。通过使用无类路由,用户可以更充分地利用已有的 IP 地址空间,从而避免浪费宝贵的 IP 地址资源。另外,新的 IP 编址标准 IPv6 也使用无类路由协议。通过使用无类路由,有助于向下一代 IP 协议过渡。更为重要的是,使用无类路由协议,用户在子网化时非常方便,尤其可以使用可变长子网掩码(VLSM, Variable Length Subnet Mask)进行子网化。

2. 为什么需要子网化

子网化是企业用户在网络设计中经常使用的方法,它将分配给网卡的单一网络地址划分为几个网段,以满足用户的需要。但是,在子网化过程中,有时只使用一种子网掩码可能不能满足用户的需要。例如,用户分配到一个 C 类地址,并需要将它划分为几个网段,而某一个网段地址又需要划分为更小的几个网段,这时用户需要通过使用不同的子网掩码(前缀)来实现。这样,在一个网络中可能会使用不止一个掩码(前缀),因此路由选择协议必须在每个路由器之间传递掩码,只有选择合适的路由选择协议才能实现子网之间的通信,这就是 VLSM 子网设计问题,需要使用支持 VLSM 的路由协议,它是一种无类路由选择协议。

VLSM 子网设计比较容易。首先使用某一掩码产生所需要的最大的子网,然后,从这些最大的子网中抽出一个,再用一个更长的掩码对它子网化。

3. VLSM 可变长子网掩码

可变长子网掩码(VLSM,Variable Length Subnet Mask),是一种产生不同大小子网的网络分配机制,指一个网络可以配置不同的掩码。开发可变长度子网掩码的想法就是在每个子网上保留足够的主机数的同时,把一个网分成多个子网,有更大的灵活性。如果没有 VLSM,一个子网掩码只能提供给一个网络。这样就限制了要求的子网数上的主机数。

VLSM 技术对高效分配 IP 地址(较少浪费)以及减少路由表大小都起到非常重要的作用。但是需要注意的是使用 VLSM 时,所采用的路由协议必须能够支持它,这些路由协议包括 RIPv2、OSPF、EIGRP 和 BGP。

4. 快速计算子网掩码的方法

(1)利用子网数来计算

在求子网掩码之前必须先搞清楚要划分的子网数目,以及每个子网内的所需主机数目。为"1"的位代表网络位,为"0"的位代表主机位。然后按以下基本步骤进行计算:

① 将子网数目转化为二进制来表示;

② 取得子网数二进制的位数,为 n;

③ 取得该 IP 地址类的子网掩码,将其主机地址部分的前 n 位置为"1",即得出该 IP 地址划分子网的子网掩码。

如将 B 类 IP 地址 172.195.0.0 划分成 25 个子网:

首先要划分成 25 个子网,"25"的二进制为"11001";该子网数二进制为五位数,即 $n=5$;

将该 B 类地址的子网掩码 255.255.0.0 的主机号前 5 位全部置为"1",即可得到 255.255.248.0,这就是划分成 25 个子网的 B 类 IP 地址 172.195.0.0 的子网掩码。

(2)利用主机数来计算

利用主机数来计算子网掩码的方法与上类似,基本步骤如下:

① 将子网中需容纳的主机数转化为二进制;

② 如果主机数小于或等于 254(注意要去掉保留的两个 IP 地址),则取得该主机数的二进制位数为 n,这里肯定是 $n<8$,如果大于 254,则 $n>8$,这就是说主机地址将占据不止 8 位。

③ 将 255.255.255.255 的主机地址位数全部置为"1",然后从后向前将 n 位全部置为"0",即为子网掩码值。

如要将一 B 类 IP 地址为 168.195.0.0 的网络划分成若干子网,要求每个子网内主机数为 700 台,则该子网掩码的计算方法如下:

① 首先将子网中要求容纳的主机数"700"转换成二进制,得到 1010111100。该主机数二进制为五位数,即 $n=10$;

② 将 255.255.255.255 的主机地址位数全部置为"1",然后从后向前将 10 位全部置为

"0",即为子网掩码值 255.255.252.0。

四、实践操作

1. 准备工作

(1) 背景知识:

在本节中,你将需要使用 5 台路由器和 4 台交换机,根据春晖中学的网络拓扑结构图,规划网络 IP 子网和地址,并预留部分子网供将来使用。

(2) 本实验需要的资源:
- 2 台 Windows XP Professional PC,各自安装有可以正常运行的网卡(NIC);
- 5 台路由器和 4 台交换机;
- 各类线缆若干。

2. 划分 VLSM 子网

春晖中学采用 10.1.0.0/16 地址划分校园网络各子网,网络拓扑及各子网地址数量需求如图 2-2 所示。

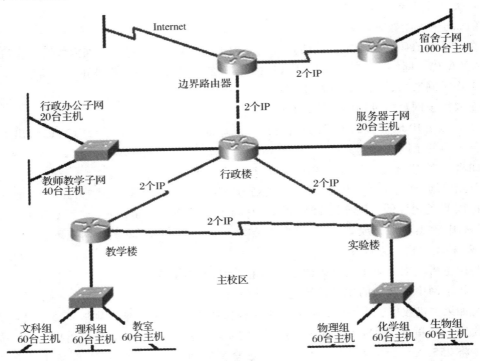

图 2-2 拓扑图

3. 操作步骤

(1) 现在把 10.1.0.0/16 划分成若干个子网,要求如下:

① 宿舍区网络需要 1 个子网,并且需要容纳 1000 台计算机。

② 教学楼、实验楼的机房和教室需要 6 个子网,分别需要容纳 60 台计算机。

③教师教学工作区需要 1 个子网,并且需要容纳 40 台计算机。
④行政办公区和网络管服务器区需要 2 个子网,分别需要容纳 20 台计算机。
⑤所有路由器间的网段共需要 5 个子网,分别需要 2 个 IP 地址。

(2) 确定主机位数:

我们先从所需的主机数最大的子网开始,宿舍区 1 个子网的主机位应为 10 位,$2^{10}-2=1022$,可以满足每个子网 1000 台计算机的需求;

教学楼、实验楼的机房和教室 6 个子网的主机位为 6 位,$2^6-2=62$,可以满足每个子网 60 台计算机的需求;

教师教学工作区 1 个子网的主机位为 6 位,$2^6-2=62$,可以满足每个子网 40 台计算机的需求;

行政办公区和网络管服务器区 2 个子网的主机位为 5 位,$2^5-2=30$,可以满足每个子网 20 台计算机的需求;

路由器间互连的子网主机位为 2 位,$2^2-2=2$,可以满足 2 个地址数量的需要。

(3) 确定子网号。春晖中学需要采用 10.1.0.0/16 地址重新划分各子网,根据需求共需要划分 15 个子网,并适当考虑将来网络的扩展。

(4) 确定 IP 地址范围,地址设计预留了部分地址供将来使用:

① 宿舍区子网络地址:10.1.0.0/22,主机地址范围:10.1.0.1—10.1.3.254,共 1022 个主机地址,如表 2-6 所示。

表 2-6　宿舍区 IP 地址范围

序号	子网地址	子网掩码	IP 地址范围	主机数量	备注
1	10.1.0.0	255.255.252.0	10.1.0.0—10.1.3.254	1022	使用
—	10.1.4.0	255.255.252.0	10.1.4.0—10.1.7.254	1022	备用

② 教学楼、实验楼的机房和教室需要 6 个子网,采用 26 位子网掩码,6 位主机位,子网地址和地址范围如表 2-7 所示。

表 2-7　教学楼、实验楼 IP 地址范围

序号	子网地址	子网掩码	IP 地址范围	主机数量	备注
1	10.1.8.0	255.255.255.192	10.1.8.0—10.1.8.63	62	使用
2	10.1.8.64	255.255.255.192	10.1.8.64—10.1.8.127	62	使用
3	10.1.8.128	255.255.255.192	10.1.8.128—10.1.8.191	62	使用
4	10.1.8.192	255.255.255.192	10.1.8.192—10.1.8.255	62	使用
5	10.1.9.0	255.255.255.192	10.1.9.0—10.1.9.63	62	使用
6	10.1.9.64	255.255.255.192	10.1.9.64—10.1.9.127	62	使用
—	10.1.9.128	255.255.255.192	10.1.9.128—10.1.9.191	62	备用
—	10.1.9.192	255.255.255.192	10.1.9.192—10.1.9.255	62	备用

③ 教师教学工作区需要 1 个子网,采用 26 位子网掩码,6 位主机位提供每个子网 64 个 IP 地址,子网地址和地址范围如表 2-8 所示。

表 2-8　教师教学工作区 IP 地址范围

序号	子网地址	子网掩码	IP 地址范围	主机数量	备注
1	10.1.10.0	255.255.255.192	10.1.10.0—10.1.10.63	62	使用
—	10.1.10.64	255.255.255.192	10.1.10.64—10.1.10.127	62	备用

④行政办公区和网络管服务器区需要 2 个子网,采用 27 位子网掩码,5 位主机位提供每个子网 32 个 IP 地址,子网地址和地址范围如表 2-9 所示。

表 2-9　行政办公区和网管服务器区 IP 地址范围

序号	子网地址	子网掩码	IP 地址范围	主机数量	备注
1	10.1.10.128	255.255.255.224	10.1.10.128—10.1.10.159	30	使用
2	10.1.10.160	255.255.255.224	10.1.10.160—10.1.10.191	30	使用
—	10.1.10.192	255.255.255.224	10.1.10.192—10.1.10.223	30	备用

⑤所有路由器间的网段共需要 5 个子网,分别需要 2 个 IP 地址,采用 30 位子网掩码,2 位主机位提供每个子网 4 个 IP 地址,子网地址和地址范围如表 2-10 所示。

表 2-10　所有路由器间网段 IP 地址范围

序号	子网地址	子网掩码	IP 地址范围	主机数量	备注
1	10.1.10.224	255.255.255.252	10.1.10.224—10.1.10.227	2	使用
2	10.1.10.228	255.255.255.252	10.1.10.228—10.1.10.231	2	使用
3	10.1.10.232	255.255.255.252	10.1.10.232—10.1.10.235	2	使用
4	10.1.10.236	255.255.255.252	10.1.10.236—10.1.10.239	2	使用
5	10.1.10.240	255.255.255.252	10.1.10.240—10.1.10.243	2	备用
—	10.1.10.244	255.255.255.252	10.1.10.244—10.1.10.247	2	备用
—	10.1.10.248	255.255.255.252	10.1.10.248—10.1.10.251	2	备用
—	10.1.10.252	255.255.255.252	10.1.10.252—10.1.10.255	2	备用

常用术语

1.子网掩码(Subnet Mask):子网掩码是由二进制的连续 1 和 0 组成的一个特殊地址,用于定义 IP 地址的一部分以区别网络标识和主机标识,并说明该 IP 地址是主机地址、网络地址或广播地址。

2.子网划分(Subnetting Consideration):子网划分是通过借用 IP 地址的若干位主机位来充当子网地址从而将原网络划分为若干子网而实现的。划分子网时,随着子网地址借用主机位数的增多,子网的数目随之增加,而每个子网中的可用主机数逐渐减少。

3.可变长子网掩码(VLSM,Variable Length Subnet Mask):这是一种产生不同大小子网的网络分配机制,指一个网络可以配置不同的掩码。开发可变长度子网掩码的想法就是在每个子网上保留足够的主机数的同时,把一个网分成多个子网,具有更大的灵活性。如果没有 VLSM,一个子网掩码只能提供给一个网络。这样就限制了要求的子网数上的主机数。

4. 无类别域间路由(CIDR，Classless Inter Domain Routing)："无类别"的意思是现在的选路决策是基于整个 32 位 IP 地址的掩码操作，而不考虑其 IP 地址是 A 类、B 类或是 C 类。它的思想是：把许多 C 类地址合起来作 B 类地址分配。采用这种分配多个 IP 地址的方式，使其能够将路由表中的许多表项归并成更少的数目。

5. 网络地址转换(NAT，Network Address Translation)：就是指在一个组织网络内部，各计算机间根据需要可以使用私有的 IP 地址(不需要经过申请)进行通信；而当组织内部的计算机要与外部 Internet 网络进行通信时，具有 NAT 功能的设备负责将其私有 IP 地址转换为公有 IP 地址，即用该组织申请的合法 IP 地址进行通信。简单地说，NAT 就是通过某种方式将 IP 地址进行转换。

习 题

一、选择题

1. 如果一台主机的 IP 地址为 192.168.0.10，子网掩码为 255.255.255.224，那么主机所在网络的网络号占了 IP 地址的(　　)位。
   A. 24　　　　　　　B. 25　　　　　　　C. 27　　　　　　　D. 28

2. 以下 IP 地址中，属于 B 类地址的是(　　)。
   A. 112.213.12.23　　　　　　　B. 210.123.23.12
   C. 23.123.213.23　　　　　　　D. 156.123.32.12

3. 10.56.81.0/23 的主机范围为(　　)。
   A. 10.56.81.0—10.56.82.255　　　　B. 10.56.81.0—10.56.83.0
   C. 10.56.78.0—10.56.84.255　　　　D. 10.56.80.0—10.56.81.255

4. 下列(　　)地址是网络 172.16.0.0、子网掩码 255.255.0.0 中的广播地址。
   A. 172.255.255.255　　　　　　　B. 172.16.255.255
   C. 172.16.0.255　　　　　　　　D. 172.16.255.0

5. 逻辑地址 202.112.108.158，用 IPv4 二进制表示 32 地址，正确的是(　　)。
   A. 11001010 01110000 01101100 10011110
   B. 10111101 01101100 01101100 10011001
   C. 10110011 11001110 10010001 00110110
   D. 01110111 01111110 01110111 01110110
   E. 以上都不对

6. 下面(　　)是 192.168.10.32/28 网络中的有效的主机地址。
   A. 192.168.10.39　　　　　　　B. 192.168.10.47
   C. 192.168.10.14　　　　　　　D. 192.168.10.54

7. 192.168.10.22/30 的网络地址为(　　)。
   A. 192.168.10.0　　　　　　　B. 192.168.10.16
   C. 192.168.10.20　　　　　　　D. 192.168.0.0

8. 一个 C 类网络 192.168.10.0/28，其可用的子网数目和主机数各为（   ）。
   A. 16、16   B. 14、14   C. 30、6   D. 62、2
9. 一个 C 类网络分成 12 个子网，你将使用下列（   ）作为子网掩码。
   A. 255.255.255.252   B. 255.255.255.248
   C. 255.255.255.240   D. 255.255.255.255
10. 192.168.10.32/29 的广播地址为（   ）。
    A. 192.168.10.40   B. 192.168.10.255
    C. 192.168.255.255   D. 192.168.10.39

二、判断题

1. 一般来说，IP 地址划分为 5 类：A、B、C、D、E。（   ）
2. 私有地址的出现是为了解决网络 IP 地址紧缺的问题。（   ）
3. 把一个 B 类网络地址，分成 510 个子网，其所用的子网前缀应为 /28。（   ）
4. VLSM 允许在一个主类网络上采用不同长度的子网掩码实现大小不同的子网划分。（   ）
5. RIPv1 是有类协议，所以在其路由更新中不包含子网掩码。（   ）
6. 网络 172.21.136.0/24 到 172.21.143.0/24 的汇总地址是 172.21.136.0/20。（   ）
7. 若需要将网络 192.168.0.0/24 划分为 120 台的一个子网和 60 台的两个子网则需要三种不同的子网掩码。（   ）
8. 点到点的广域网链路中最有效的子网掩码是 255.255.255.248。（   ）

三、项目设计与实践

1. 某公司拥有人力资源、计划财务、产品市场营销与推广、大客户部、产品设计、行政管理六个部门，位于一栋三层的楼房内，同一楼层内的最大间距不超过 100m。其中，一层楼上有计划财务、大客户部、行政管理三个部门的各 21 台计算机，二层楼上有产品设计、人力资源两个部门的各 29 台计算机，三层楼上有产品市场营销与推广一个部门的 13 台计算机。

   （1）已知给定的网络地址为 10.1.0.0/24，作为网络规划人员，请你根据上述情况提交一份子网划分报告，包括网络拓扑图。

   （2）填写下表，注意在设计中还要充分考虑企业未来发展带来的网络规模的扩充。

序号	部门名	子网地址	子网掩码	主机地址范围
1	计划财务			
2	大客户部			
3	行政管理			
4	产品设计			
5	人力资源			
6	产品市场营销与推广			

项目三　配置静态路由

路由,是指把数据从一个地方传送到另一个地方的行为和动作,而路由器,正是执行这种行为动作的设备,它的英文名称为 Router。路由器是互连网络中必不可少的网络设备之一,它连接多个网络或网段,它能将不同网络或网段之间的数据信息进行"翻译",以使它们能够相互"读"懂对方的数据,从而构成一个更大的网络。路由器的基本功能有:

(1)网络互连——支持各种局域网和广域网接口,主要用于互连局域网和广域网,实现不同网络相互通信;

(2)数据处理——提供包括分组过滤、分组转发、优先级、复用、加密、压缩和防火墙等功能;

(3)网络管理——提供包括路由器配置管理、性能管理、容错管理和流量控制等功能。

一、教学目标

最终目标:会配置静态路由。
促成目标:
1.掌握路由的概念;
2.能识别不同的路由器;
3.掌握路由器内部组成并了解路由器的工作过程;
4.掌握路由器的基本配置;
5.能设计并实现静态路由网络环境。

二、工作任务

根据需求完成对路由器的基本配置与静态路由的配置,完成内网与外网的相互通信要求。

模块 1　路由器基本配置

一、教学目标

最终目标:能进行路由器的简单配置。

促成目标：
1. 掌握路由的概念；
2. 能识别不同的路由器；
3. 掌握路由器内部组成；
4. 了解路由器的工作过程；
5. 掌握路由器的基本配置。

二、工作任务

根据需求完成对路由器的初步配置工作，包括路由器工作模式的转换、路由器的初始化配置、路由器的全局配置与接口配置。

三、相关知识点

1. 路由器与路由选择

（1）路由器简介

路由器是一种实现网络服务的设备，它们以不同的速度为大量链路和子网提供接口。路由器是有源的且具有智能的网络节点，能够参与网络管理。通过提供动态的资源控制和支持互连网络的任务和目标，实现路由器对网络的管理。具有连通性、可靠性、可管理性和灵活性。

最为典型的是，路由器需要支持多协议堆栈，每个路由器都须用它自己的路由选择协议，而且允许在这些不同的环境下并行运行。在实践中，路由器也可合并网桥功能，并可作为一定形式的网络集线器使用。图3-1表示路由器与多种网络介质进行互连操作。

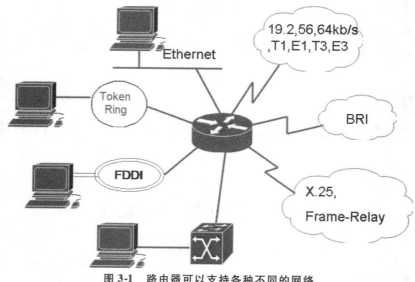

图3-1　路由器可以支持各种不同的网络

(2)路由选择(Routing)

路由器有两个基本功能:路由选择和交换功能。路由器负责将数据包沿着网络路径传送到下一个网络,它根据IP地址的网络部分来进行路径的选择。路由器根据网络地址在互联网中识别数据包的源网络和目的网络。

路由的确定发生在网络层。路由器通过路由选择功能找到去目的地的可用路径,建立数据包的首选路径。路由选择协议使用网络拓扑信息来分析网络路径,这些信息可以由网络管理员配置,或者由运行于网络本身的动态路由协议收集。

路由器具体转发数据包的过程如下:

当一台主机上的应用程序需要向另一个网络上的目的主机发送数据包时,路由器的一个接口会收到数据链路帧。网络层进程通过检查数据包报头(header)来确定目的网络,然后查询与网络出口的接口相联系的路由表。

查询到下一端口的路径后,数据包重新被路由器封装在选定接口的数据链路帧中,排队(queued)等待分发到下一跳(hop)路由器。

数据包通过每一个路由器时都要发生上述交换过程。这样最终送到包含目的主机的网络相连接的路由器后,数据包再次封装成目的LAN数据链路帧的类型并被发送到目的主机。

(3)IP路由选择协议——可路由协议与路由选择协议(Routed Protocols and Routing Protocols)

可路由协议(Routed Protocols):指的是任何在网络层地址中提供了足够信息的网络协议,该网络协议允许将数据包从一个主机转发到以寻址方案为基础的另一个主机。可路由协议定义了数据包内各字段的格式和用途。数据包一般都从一个端系统传送到另一个端系统。IP协议就是可路由协议的一个例子。

路由选择协议(Routing Protocol):指的是通过提供共享路由选择信息机制来支持可路由协议。路由选择协议消息在路由器之间传送,它允许路由器与其他路由器通信来修改和维护路由选择表。路由选择协议有:路由选择信息协议(RIP,Routing Information Protocol)、内部网关路由选择协议(IGRP,Interior Gateway Protocol)、增强的内部网关路由选择协议(EIGRP,Exterior Interior Gateway Protocol)和开放的最短路径优先协议(OSPF,Open Shortest Path First Protocol)。

2. 路由器的硬件组件

Cisco路由器的硬件(hardware)组件包括只读存储器、随机访问内存、闪存、非易失性RAM、配置寄存器和物理接口。下面主要对存储器作进一步的介绍:

(1)只读存储器(ROM,Read-Only Memory)

ROM中的软件不能改变,除非用户更换路由器上的ROM芯片。ROM是非易失性的(nonvolatile),即关闭设备时,ROM中的内容不会被擦除。ROM中包含启动路由器所必需的组件:

①加电自测(POST,Power-on Self-test):测试路由器上的硬件性能。

②引导程序(Bootstrap Program):引导路由器并加载IOS镜像(IOS image)和配置文件。

③ROMMON模式(ROMMON Mode):是一个允许执行低级测试和故障排除(如口令恢复)的迷你操作系统。要中止路由器加载IOS的正常启动过程,可以使用Ctrl + Break键进入ROMMON模式。ROMMON模式的提示符是" > "或"rommon > "。

④迷你IOS(Mini-IOS)：是一个IOS的分拆版本，其中只包含IP部分。当闪存中找不到IOS镜像时，可使用迷你IOS启动路由器。迷你IOS对应的是RXBOOT模式，如果提示符为"Router(rxboot)#"，则这台路由器就是用迷你IOS启动的。不是所有路由器都有迷你IOS，而某些路由器（如7200系列）可存储一个完整的IOS镜像。

（2）随机访问内存(RAM，Random-Access Memory)

RAM和PC机中的内存一样。RAM存储正在运行的IOS镜像、当前的配置文件、所有的表（包括路由选择表、ARP表、CDP邻居表等），以及存储临时信息的内部缓存，如输入、输出缓存。关闭路由器后，RAM中的所有内容将被清除。

（3）闪存(Flash)

闪存是一种非易失性存储器，关闭路由器后，闪存中的信息不会丢失。路由器通常将IOS镜像存储在闪存中。

（4）非易失性RAM(NVRAM，Nonvolatile RAM)

关闭路由器后，NVRAM中的信息不会丢失，这点和闪存相似，不同的是NVRAM使用电池保留信息。路由器使用NVRAM存储配置文件。在较新的IOS版本中可以在NVRAM中存储多个配置文件。

（5）配置寄存器(Configuration Register)

配置寄存器是路由器中一个特殊的寄存器。它决定了路由器的许多启动和运行选项，包括如何找到IOS镜像和配置文件。后面将会介绍如何修改配置寄存器来改变路由器的启动方式。

3．路由器的启动过程

路由器的启动过程可分成5个阶段：

- 路由器开机加载(Load)并运行(Run)POST(位于ROM中)，测试硬件，包括存储器和接口。
- 加载并执行(Execute)引导程序(Bootstrap Program)；
- 引导程序寻找并加载IOS镜像，默认从闪存加载IOS；
- 加载完IOS镜像后，IOS寻找并且加载配置文件，配置文件通常存储在NVRAM中。如果IOS不能找到配置文件，将启动系统配置会话(System Configuration Dialog)；
- 加载完配置文件之后，进入CLI界面，首先进入的是用户EXEC模式。

（1）引导程序(Bootstrap Program)

在引导程序寻找和加载IOS镜像时，经历以下几个步骤：

①查看配置寄存器(Configuration Register)的值。这个值是一组4个十六进制数字。最后一个十六进制数字影响启动过程。引导程序将按照表3-1中所示的值决定下一步该如何执行。

②在NVRAM的配置文件中查看boot system命令，这条命令告诉引导程序在哪里寻找IOS。

③如果在NVRAM配置文件中没找到boot system命令，引导程序将使用闪存中所找到的第一个有效的IOS镜像。

④如果闪存中没有有效的IOS镜像，引导程序将生成一个TFTP本地广播以定位TFTP服务器。

⑤如果没有找到 TFTP 服务器,引导程序将加载 ROM 中的迷你 IOS(RXBOOT)。

⑥如果 ROM 中有迷你 IOS,那么加载迷你 IOS 并且进入 RXBOOT 模式;否则,路由器不是重新试图寻找 IOS 镜像,就是加载 ROMMON 并且进入 ROM Monitor 模式。

表 3-1 包括了配置寄存器第 4 个十六进制字符的 3 种常见的配置值,这些值用于影响启动过程。配置寄存器中的值以十六进制表示,配置寄存器的长度是 16 位。

表 3-1 配置寄存器第 4 个十六进制字符的配置值

Value in Last Digit（最后一位的值）	Bootup Process（启动过程）
0x0	将路由器引导到 ROMMON 模式(Boot the router into ROMMON mode)
0x1	将路由器引导到使用迷你 IOS 的 RXBOOT 模式(Boot the router into RXBOOT mode using the Mini-IOS)
0x2-0xF	使用默认引导顺序引导路由器(Boot the router using the default boot sequence)

在启动过程的第 2 步中,可以用 boot system 命令影响引导程序定位 IOS 镜像时的顺序:

```
Router(config)# boot system flash name_of_IOS_file_in_flash
Router(config)# boot system tftp IOS_image_name IP_address_of_server
Router(config)# boot system rom
```

boot system flash 命令向引导程序表明,启动时加载其指定的位于闪存中的 IOS 文件。注意,在默认情况下,引导程序加载闪存中的第一个有效的 IOS 镜像。这条命令向引导程序表明要加载一个不同的镜像。如果用户执行了 IOS 升级并且在闪存中有两个 IOS 镜像(一个新的一个旧的),就可能需要使用这条命令。默认情况下,旧的镜像仍然首先被加载,除非用户利用 boot system flash 命令或者删除旧的 IOS 镜像。

用户也可以让引导程序从 TFTP 服务器加载 IOS,对于大的镜像不推荐使用这个方式,因为镜像是通过 UDP 协议下载的,这是一个缓慢的过程。最后,用户可以通过 boot system rom 命令向引导程序表明加载 ROM 中的迷你 IOS。要清除这些命令中的任何一条命令,只需在这些命令前面加上 no 参数。

(2)配置寄存器(Configuration Register)

在上一节中我们讲到配置寄存器是用来设置路由器是如何启动的。路由器启动后,可以用 show version 命令查看配置寄存器的值,最后一行显示寄存器的值:

```
Router > show version
Cisco Internetwork Operating System Software
IOS (tm)3600 Software (C3640-JS-M), Version 12.0(3c),
RELEASE SOFTWARE (fc1)
Copyright (c)1986-1999 by cisco Systems, Inc.
Compiled Tue 13-Apr-99 07:39 by phanguye
Image text-base: 0x60008918, data-base: 0x60BDC000

ROM: System Bootstrap, Version 11.1(20)AA2,
EARLY DEPLOYMENT RELEASE SOFTWARE (fc1)
```

```
Router uptime is 2 days, 11 hours, 40 minutes
System restarted by power-on
System image file is "flash: c3640-j s-mz.120—3c.bin"

Cisco 3640 (R4700) processor (revision 0x00) with 49152K/16384K bytes of memory
< - - output omitted - - >
125K bytes of non—volatile configuration memory.
32768K bytes of processor board System flash(Read/Write)
Configuration register is 0x2102
```

① 在配置模式中修改配置寄存器(Changing the Configuration Register from Configuration Mode)

可以在配置模式或 ROMMON 模式下改变配置寄存器的值。如果已经进入路由器的特权 EXEC，并且想要改变寄存器的值，可以使用这条命令：

Router(config)#config-register 0x hexadecimal_value

寄存器的值是 4 位十六进制数。寄存器中的每个比特位都表明引导程序应该执行的一项功能。因此，在路由器上配置这个值的时候应该非常小心。

输入寄存器值时，必须始终在前面加上"0x"，表明这是一个十六进制值。如果不加，路由器将默认这个值是十进制的，并且将它转换到十六进制。在 2500 系列路由器上，默认的配置寄存器值为 0x2102，这个值导致路由器在寻找和定位 IOS 镜像和配置文件时使用默认的启动过程。如果将这个值改为 0x2142，这就向引导程序表明，下次重新启动时，路由器将利用默认行为定位 IOS，但不加载 NVRAM 的配置文件，用户将直接进入系统配置会话中。该参数常用于口令恢复。

② 在 ROM Monitor 模式中改动配置寄存器(Changing the Configuration Register from ROM Monitor)

如果用户不知道路由器口令是什么，就无法进入特权 EXEC 模式，也就无法通过进入配置模式来改变寄存器值。这就需要采用在 ROM Monitor 模式中改动配置寄存器，该方法允许用户不必登录路由器，但需要用户通过控制台访问路由器，而不是从辅助端口或者 telnet 访问。

在路由器启动的过程中，按 Ctrl + Break 键进入 ROMMON 模式。进入 ROMMON 模式之后，用户就可以改变寄存器值了。根据用户所使用的路由器的不同，改变寄存器的值通常有两种方法。

(a) 某些 Cisco 路由器(如 2600 系列和 3600 系列)，使用 confreg 脚本。这个脚本会询问用户关于路由器的功能和启动过程的基本问题。使用这个脚本的好处是用户不需要知道用于配置寄存器的十六进制值，因为在用户回答问题的过程中，路由器将生成这个值。下面看一下 confreg 脚本：

```
rommon 5 > confreg
Configuration Summary
enabled are:
load rom after netboot fails
```

```
console baud: 9600
boot: image specified by the bootsystem commands
or default to: cisco2-C3600
do you wish to change the configuration? y/n [n]:y
enable"diagnostic mode"? y/n [n]:
enable"use net in IP bcast address"? y/n [n]:
disable"load rom after netboot fails"? y/n [n]:
enable"use all zero broadcast"? y/n [n]:
enable"break/abort has effect"? y/n [n]:
enable"ignore system config info"? y/n [n]:
change console baud rate? y/n [n]:
change the boot characteristics? y/n [n]:

configuration Summary
enabled are:
load rom after netboot fails
console baud: 9600
boot: image specified by the boot system commands:
or default to: cisco2-C3600
do you wish to change the configuration? y/n [n]: n
rommon 6 >
```

与在系统配置会话中一样,任何括号[ ]中的值都代表默认值。这个脚本问的第一个问题是是否想要"改变配置",要改变寄存器,回答"y"。如果对"ignore system config info"回答"y",第3个十六进制数就变为4,使路由器的寄存器值修改为0x2142。这个选项是在用户想要执行口令恢复过程时使用的。最后一个问题是"change the boot characteristics",对这个问题如果回答"y",路由器将再次重复这些问题。回答"n"可以退出这个命令。如果用户做了任何的改动,将被问及是否想要保存所做的改动("do you wish to change the configuration"),回答"y"以保存新的寄存器值。

用户也可以在ROMMON模式中执行下列命令来快速地将寄存器值设为0x2142:

```
confreg 0x2142
```

(b)其他路由器(如2500系列),不支持confreg命令,可以使用如下命令改变寄存器的值:

```
> o/r   0x hexadecimal_value
```

也可以用o命令列出寄存器的值。改变寄存器的值后重新启动路由器,可以输入"i"或者"b"。

4. 路由器的基本配置

本节主要讲述可用于访问和配置Cisco路由器的一些基本命令。先讲述系统配置会话(System Configuration Dialog)脚本,它提示关于如何配置路由器的信息,然后再讲述路由器的一些基本配置命令。

(1) 初始化模式(Setup Mode)

路由器启动时,运行硬件诊断并加载 IOS 软件,然后 IOS 软件尝试在 NVRAM 中寻找配置文件。如果 IOS 不能找到要加载的配置文件,就运行系统配置会话,通常称为初始化模式,它是一个提示用户输入配置信息的脚本。这个脚本的目的是询问一些允许用户在路由器上建立基本配置的问题,它并不是一个具有完全功能的配置工具。换句话说,这个脚本不具备执行路由器所有配置任务的能力,较适合那些对 CLI 感到陌生的初学者使用。熟悉了路由器上的命令之后,很有可能不再需要使用这个脚本。

① 运行系统配置会话(Running the System Configuration Dialog)

访问系统配置会话的一种方式是在 NVRAM 中没有配置文件的情况下启动路由器。第二种方式是使用 setup 特权 EXEC 模式命令:

```
Router#setup
                  ——— System Configuration Dialog ———
Continue with configuration dialog? [yes/no]: y
At any point you may enter a question mark '?' for help.
Use ctrl-c to abort configuration dialog at any prompt.
Default settings are in square brackets '[ ]'.
Basic management setup configures only enough connectivity
for management of the system, extended setup will ask you
to configure each interface on the system
First, would you like to see the current interface summary? [yes]:
Interface      IP-Address     OK? Method Status                  Protocol
BRI0           unassigned     YES unset  administratively down   down
BRI0:1         unassigned     YES unset  administratively down   down
BRI0:2         unassigned     YES unset  administratively down   down
Ethernet0      unassigned     YES unset  administratively down   down
Serial0        unassigned     YES unset  administratively down   down
Would you like to enter basic management setup?  [yes/no]:n
Configuring global parameters:
Enter hostname [Router]:
The enable secret is a password used to protect access to
privileged EXEC and configuration modes. This password, after
entered, becomes encrypted in the configuration.
Enter enable secret: hzvtc1
The enable password is used when you do not specify an
enable secret password, with some older software versions,
and some boot images.
Enter enable password: hzvtc2
```

The virtual terminal password is used to protect access to the router over a network interface.
Enter virtual terminal password: cisco
Configure SNMP Network Management? [no]:
Configure LAT? [yes]: n
Configure AppleTalk? [no]:
Configure DECnet? [no]:
Configure IP? [yes]:
Configure IGRP routing? [yes]: n
Configure RIP routing? [no]:
< -- output omitted -- >
BRI interface needs isdn switch-type to be configured
Valid switch types are
[0]   none......... Only if you don't want to configure BRI.
[1]   basic-1tr6.... 1TR6 switch type for Germany
[2]   basic-5ess.... AT&T 5ESS switch type for the US/Canada
[3]   basic-dms100.. Northern DMS-100 switch type
< -- output omitted -- >
Choose ISDN BRI Switch Type[2]:

Configuring interface parameters:
Do you want to configure BRI0(BRI d-channel) interface? [no]:
Do you want to configure Ethernet0 interface? [no]: y
Configure IP on this interface? [no]: y
IP address for this interface: 172.16.1.1
Subnet mask for this interface[255.255.0.0]: 255.255.255.0
Class B network is 172.16.0.0, 24 subnet bits; mask is /24
Do you want to Configure Serial0 interface? [no]:
Do you want to configure BRI0 interface? [no]:
The following configuration command script was created:
hostname Router
enable secret 5 1/CCk$4r7zDwDNeqkxFO.kJxC3G0
enable password dealgroup2
line vty 0 4
password cisco
no snmp—server

```
!
no appletalk routingno decnet routing
ip routing
   < - - output omitted - - >
end

[0] Go to the IOS command prompt without saving this config.
[1] Return back to the setup without saving this config.
[2] Save this configuration to nvram and exit.
Enter your selection [2]:
```

括号[ ]中包括的信息是默认值——如果只按 Enter 键,则使用括号中的值。

② 状态和全局配置信息(Status and Global Configuration Information)

在脚本的开头,首先询问用户是否继续,如果回答"yes"或"y",则脚本就会继续询问;如果回答"no"或"n",就会中止脚本并且回到特权 EXEC 模式;其次询问用户是否想要查看路由器接口状态,如果回答"y",那么用户将看到路由器上的所有接口、接口的 IP 地址和接口的状态;再次将询问用户实际配置问题。配置的第一部分涉及除接口信息外的所有配置信息,同时还询问特权 EXEC 口令、VTY(telnet)口令、想要启动哪种网络协议和其他信息。

③ 协议和接口配置信息(Protocol and Interface Configuration Information)

在为路由器配置好全局信息之后,脚本会引导用户回答关于想要使用哪个接口以及将如何配置它们的问题。这个脚本只询问基于用户回答全局问题结果的配置问题。例如,用户启动了 IP 协议,脚本就询问用户关于每个已经启动的接口、用户是否想要让接口处理 IP,如果回答 yes,脚本就询问用户这个接口的 IP 地址信息。如果路由器拥有 ISDN 接口,那么将提示用户输入连接到用户路由器的 ISDN 交换机的类型。

④ 退出初始化模式(Exiting Setup Mode)

回答所有脚本的配置问题之后,屏幕上将显示脚本利用问题的答案创建的路由器配置。请注意,IOS 还没有启动这个配置文件。仔细检查这个配置,然后从表 3-2 中的 3 个选项中选择一项。

表 3-2 配置对话的 3 种结束模式

选项	描述
0	不保存该脚本的配置并回到特权 EXEC 模式
1	不保存配置并返回到这个脚本的开头
2	将配置保存到 NVRAM 中,并回到特权 EXEC 模式

(2) 配置模式(Configuration Mode)

大多数情况下,用户进入配置模式并且手动输入命令,这样用户可以使用路由器所支持的全部命令,而系统配置会话只支持命令的一小部分。在路由器上访问配置模式的过程与在 1900 系列和 2950 系列交换机上相同:

```
Router#configure terminal
Router(config)#
```

用 end 命令或按 Ctrl + z 键退出配置模式。与交换机一样,路由器也支持全局配置模式和子配置模式。下面几节将讨论基于 IOS 路由器的一些基本命令。

①指定主机名(Assigning a Hostname)

Cisco 路由器的默认名称是"Router"。要改变路由器的名称,可以使用 hostname 命令:

```
Router(config)#hostname hzvtc
hzvtc(config)#
```

②口令的配置(Configuration Password)

Cisco 路由器支持两个级别的口令:用户 EXEC 和特权 EXEC。配置这些口令与 2950 系列交换机上配置完全相同。

用户 EXEC 口令:对于每一种访问(控制台、telnet 或者辅助端口),均可以使用相同或不同的口令,因为这些口令是在其相应的线路类型下配置的。下面是设置用户 EXEC 口令的配置:

```
Router(config)#line console 0
Router(config-line)#password console_password
Router(config-line)#exit
Router(config)#line vty 0 4
Router(config-line)#login
Router(config-line)#password telnet_password
```

对于某些拥有辅助端口的路由器(辅助端口通常用作备份控制台端口,或者通过与之连接的调制解调器作为远程访问端口),下面的命令给出了对其设置口令的方法:

```
Router(config)#line aux 0
Router(config-line)#password console_password
Router(config-line)#exit
```

特权 EXEC 口令:在路由器上配置特权 EXEC 口令的过程与在 2950 系列交换机上是一样的。配置口令如下:

```
Router(config)#enable password Privileged_EXEC password
- - or - -
Router(config)#enable secret Privileged_EXEC_password
```

注意:enable secret 命令对口令加密,enable password 命令不对口令加密。

③设置登录横幅(Setting up a Login Banner)

在路由器上可以设置一个登录横幅(login banner),登录横幅将向每个试图访问用户 EXEC 模式的用户显示一个消息。banner motd 命令用于创建登录横幅:

```
Router(config)#banner motd start_and_delimiting_character
enter__your_banner_here
```

```
enter_the_delimiting_character_to_end_the banner
Router(config)#
```

"motd"表示"message of the day"。在 banner motd 命令之后,必须输入开始符和结束符(两字符相同)。这是用于表示横幅的开始和末尾的字符。一旦输入了开始符,IOS CLI 语法分析程序随后在文本中看到这个字符时就可以认为这个横幅结束并且回到 CLI 提示符下。横幅的优点之一是 Enter 键不会终止横幅,因此可以令横幅跨越多行。

下面是设置登录横幅的一个实例:

```
Router(config)#banner motd $
This is a private system and only authorized individuals
are allowed!
All others will be prosecuted to the fullest extent of the law!
$
Router(config)#
```

这个实例,横幅跨越了多行,并且定界符是美元符号($)。而下面的实例,横幅不必跨越多行,可以放在一行当中:

```
Router(config)#banner motd Keep Out!
Router(config)#
```

在这个实例中,单引号(')是定界符。创建登录横幅后,可以通过退出路由器再登录来检验这个横幅。用户可以在提示输入用户 EXEC 口令之前看到这个横幅。

④更改超时时间(Changing the Inactivity Timeout)

默认情况下,停止交互 10min 后路由器将自动退出。可以利用 exec-timeout 线路子配置模式命令改变这个时间:

```
Router(config)#line line_type line_#
Router(config-line)#exec-timeout minutes seconds
```

如果想让某条线路永远不超时,可以将分钟和秒钟的值设定为 0:

```
Router(config)#line console 0
Router(config-line)#exec-timeout 0 0
```

要验证线路的配置,可以使用 show line 命令:

```
Router#show line con 0
Tty Typ Tx/Rx    A Modem  Roty AccO AccI Uses Noise  Overruns
*   0 CTY       -       -    -    -    0    0     0/0
Line 0, Location:"", Type:""
Length: 24 lines, Width: 80 Columns
```

```
Status: Ready, Active
Capabilities: none
Modem state: Ready

Special Chars: Escape    Hold Stop Start   Disconnect Activation
               ^^x   none    -    -    none
Timeouts: Idle EXEC Idle Session Modem Answer Session Dispatch
          never     never                    none   not set
Session limit is not set.
Time since activation: 0:04:49
Editing is enabled.
History is enabled, history size is 10.
Full user help is disabled
Allowed transports are pad telnet mop. Preferred is telnet.
No output characters are padded
No special data dispatching characters
```

⑤CLI 的输出（CLI Output）

IOS 设备的优点之一是在发生某类事件时，如正在关闭或启动接口、管理员做了配置的改动或者 debug 命令的输出，默认情况下，路由器将在控制台端口上输出一个报告消息。然而，如果用户是通过 telnet 进入路由器或者是通过辅助端口访问路由器，则路由器不会显示报告消息。此时用户可以通过执行 terminal monitor 命令，让路由器在屏幕上报告消息：

Router#terminal monitor

一旦是从 VTY 或辅助线路登录进入路由器，用户必须重新执行这条命令。这是因为在执行 copy running-config startup-config 时，这条命令并没有保存到 NVRAM 中——它只是用于当前的管理会话中。执行这条命令后，路由器在屏幕上显示报告信息。然而，在退出之后，这条命令不会应用于其他任何通过 telnet 进入这台路由器的用户。每个通过 telnet 进入这台路由器的用户必须重新执行这条命令。

但是弹出的控制台报告信息会打断正在输入的命令，这时我们可以使用 logging synchronous 命令。执行该命令，在屏幕上显示报告信息之后，路由器将在一个新的提示符后重新显示用户已经输入的字符：

Router（config）#line line-type line_#
Router（config-line）#logging synchronous

⑥配置路由器接口（Configuration Router Interfaces）

在路由器上访问接口的过程与在 Catalyst 1900 系列和 2950 系列上相同。要访问一个接口并进入接口子配置模式，可以使用 interface 命令：

Router（config）#interface type [slot_#/] port_#
Router（config-if）#

与只支持以太网类型接口的 Catalyst 交换机不同，Cisco 路由器支持许多类型的接口，包括同步串行（synchronous serial）、异步串行（asynchronous serial）、ISDN BRI 和 PRI、ATM、FDDI、Token ring、Ethernet、FastEthernet 和 GigabitEthernet，以及其他类型的接口。当然，不是所有的 Cisco 路由器都支持所有类型的接口。例如，800 系列的路由器只支持串行、ISDN 和以太网接口。

接口类型之后是接口的位置。插槽号（slot numbers）和端口号（port numbers）都是从 0 开始。因此，如果接口是 Ethernet 0/0，那么这就是路由器中的第一个插槽中的第一个端口；而 Ethernet 1/1 表示第二个插槽中的第二个端口。

某些路由器不支持插槽或者模块，并且因此省略了插槽的编号——只列出端口号。没有插槽号的路由器是：800 系列、1600 系列、1700 系列和 2500 系列路由器。下面是没有插槽的路由器接口名称实例：

- Ethernet 0 或者 E0
- Serial 0 或者 S0
- Bri 0

对于那些支持插槽的路由器，如 3600 系列和 7200 系列，必须指定插槽号，后面是一个斜杠，然后是端口号。如：

- Ethernet 0/0 或者 E0/0
- Serial 1/0 或者 S1/0

记住，在列出类型、插槽和端口号时，可以像这些实例中那样将这些值连接起来。

添加接口描述（Including an Interface Description）：通过使用 description 命令，在路由器和交换机上可以对任何接口添加描述。口令如下：

Router(config)#interface type [slot_#/] port_#
Router(config-if)#description interface_description

description 添加该接口的描述信息。可以在 show interfaces 命令的输出中看到该接口的描述。

启用和禁用接口（Enabling and Disabling Interfaces）：与 Catalyst 交换机不同，Cisco 路由器的接口在默认情况下是禁用的。对于想要使用的每个接口，必须使用 interface 命令进入那个接口，并且用 no shutdown 命令将其启动：

Router(config)#interface type [slot_#/] port_#
Router(config-if)#no shutdown

每当这个接口的状态改变时，这台路由器将在屏幕上显示一段信息。下面是在路由器上某个接口的实例：

Router(config)#interface FastEthernet 0
Router(config-if)#no shutdown
1w0：% LINK-3-UPDOWN：Interface FastEthernet0，changed state to up
1w0d：% LINEPROTO-5-UPDOWN：Line protocol on Interface FastEthernet0，changed state to up
Router(config-if)#

在这个实例中,第一行信息表明物理层已启动,第二行表明数据链路层已启用。如果想要禁用一个路由器的接口,则进入该接口的接口子配置模式,执行 shutdown 命令。

配置 LAN 接口(Configuration LAN Interfaces):某些路由器,如 4000 系列,其单个接口支持双以太网连接器。使用这些路由器时,IOS 可以智能判断出正在使用哪个连接器,并且自动地处理其配置。然而,在其他情况下,用户必须通过在接口上配置 media-type 命令,告诉路由器这个接口应该使用哪个连接器:

```
Router(config)#interface Ethernet [slot_#/] port_#
Router(config-if)#media-type media-type
Router(config-if)#speed 10 | 100 |auto
Router(config-if)#[no] half-duplex
```

下列是可指定的介质类型:aui、10baset、100baset 和 mii。

对于支持自动检测的 10/100 以太网端口,推荐利用 speed 和 half_duplex 命令处理速率和双工模式。可以将 speed 设定为 auto,使这个接口自动检测速率和双工模式(duplex mode)。用命令处理双工模式,必须首先用命令将速率设定为 10 或 100。要将端口设定为全双工(full duplex),可以使用 no half-duplex 命令。

配置串行接口(Configuration Serial Interfaces):将串行线缆连接到路由器的串行接口时,通常由外部设备提供定时,如调制解调器或者 CSU/DSU。此时路由器是 DTE 而外部设备是 DCE,DCE 提供定时。

然而,在某些情况下,可以将两台路由器用 Cisco 的串行接口线缆背对背地连接起来。在这种环境中,默认情况下,每台路由器是一台 DTE。为了启用串行接口,定时是必需的,两台路由器其中之一将必须执行外部 DCE 的功能。用户可以通过在串行接口上使用 clock rate 接口子配置模式命令实现:

```
Router(config)#interface Serial [slot_#/] port_#
Router(config-if)#clock rate rat_in_bits_per_second
```

输入时钟速率时,不能选择任意的值。可以利用上下文关联帮助找到串行接口支持哪种时钟速率。下面是一些可选值:1200、2400、4800、9600、19200、38400、56000、64000、72000、125000、148000、500000、800000、1000000、1300000、2000000 和 4000000。

注意,不能在背对背连接中选择一台任意的路由器作为 DCE——这是和这两台路由器是如何用线缆连接有关。线缆的一端是物理的 DTE,而另一端是 DCE。有些线缆上有标记而有些没有标记。如果不能确定哪台路由器拥有这条线缆的 DTE 端,哪台路由器拥有 DCE 端,可以利用 show controller 命令来确定:

```
Router > show controller Serial [slot_#/] port_#
```

此命令是少数不能将类型和端口号连接在一起的命令之一——必须用一个空格隔开它们。下面是使用这条命令的一个实例:

```
Router > show controller Serial 0
HD unit 0, idb = 0x121C04, driver structure at 0x127078
```

```
buffer size 1524 HD unit 0,    DTE V.35 serial cable attached
< – – output omitted – – >
```

注意,这个实例的第二行包含两条重要的信息:连接类型(DTE)和线缆类型(V.35)。下面是连接到 DCE 线缆一端的接口的实例:

```
Router > show controller Serial 0
HD unit 0, idb = 0x1BA16C,    driver structure at 0x1C04E0
buffer size 1524 HD unit 0,    V.35 DCE cable, clockrate 64000
< – – output omitted – – >
```

在这个实例中,定时的配置为:64000bit/s(bit per second)。

配置带宽参数(Configuration the Bandwidth Parameter):所有接口都拥有一个指定给它们的带宽值。在进行路由选择决策时,某些路由选择协议使用带宽值,如 IGRP、OSPF 和 EIGRP。对于 LAN 的接口,接口的速率将成为带宽值,其带宽是以千比特每秒(Kbit/s)衡量的。然而,在同步串行接口上,带宽默认为 1554Kbit/s,即 T1 链路的速率。无论在接口上的物理时钟速率是多少,默认带宽都是 1554Kbit/s。要改变某个接口的带宽值,可以使用 bandwidth 接口子配置模式命令:

```
Router(config)#interface type [slot_#/] port_#
Router(config-if)#bandwidth rate_in_Kbps
```

例如,将一个时钟为 56000bit/s 的串行接口的带宽改为 56Kbit/s:

```
Router(config)#interface Serial 0
Router(config-if)#bandwidth 56
```

⑦配置 IP 地址信息(Configuration IP Addresses)

在路由器上可以使用许多命令设置 IP 地址信息。最为常见的任务之一是对某个接口指定 IP 地址;然而,还有更多的命令,包括 DNS 的设置子网掩码显示方式配置、限制定向广播以及其他功能。在下面的几节中将讨论这些配置。

IP 地址的分配(Assigning IP address):与只需要一个 IP 地址的 1900 系列和 2950 系列交换机不同,路由器需要在每一个接口上指定唯一的 IP 地址。实际上,路由器上的每个接口都是一个单独的网络或子网,因此需要适当地规划 IP 地址并为每个路由器网段指定一个网络号,然后从这个网段中选择一个未使用的主机地址,并且在路由器的接口上配置这个地址。

每个接口需要一个唯一的主机地址。注意,在这个实例中,与此路由器上的其他接口对比时,每个接口都有一个来自于不同网络号的地址。至于为路由器上的接口选择哪个主机地址,这取决于个人的偏好。许多管理员对路由器的接口不使用网络号中的第一个或者最后一个地址,而是使用来自于那个网络号中任何有效的、未使用的主机地址。

在路由器上配置 IP 地址要求处于接口子配置模式中。下面是这条命令的语法结构:

```
Router(config)#interface type [slot_#/] port_#
Router(config-if)#ip address IP_address subnet_mask
```

可以看到，这个语法结构与在 2950 系列交换机上配置 IP 地址是相同的。

0 子网的配置（Subnet Zero Configuration）：从 IOS 12.0 开始，Cisco 设备允许使用 IP 子网 0 网络——经过子网划分的网络中的第一个网络。在 IOS 12.0 之前，默认情况下不允许使用 0 子网。然而，如果需要额外的网络，用户可以通过配置 subnet-zero 命令使用 0 子网：

Router(config)# ip subnet-zero

定向广播的配置（Directed Broadcast Configuration）：在 IOS 11.x 及其以前的版本中，路由器将自动地转发定向广播。每个网络号都有它自己的广播地址（Broadcast Address）。可以以广播地址作为目的地址发送分组，路由器可以向拥有这个目的地址的网段转发分组，这样此网段上的所有主机都会收到这个分组。然而，许多非法用户会利用这个，以这些广播去泛洪攻击某个网段。因此，在 IOS 12.0 及其以后的版本中，定向广播在路由器的接口上是禁用的，从而导致路由器丢弃所有收到的定向广播分组。如果想要重新启用这个功能，可以使用下面的接口子配置模式（Interface Subconfiguration mode）命令：

Router (config)# interface type [slot_#/] port_#
Router (config-if)# ip directed-broadcast

如果想要再次禁用定向广播，只需在先前的命令前加上 no 参数。可以利用 show ip interfaces 命令验证定向广播的配置，这将在后面的"验证路由器的操作"一节中讨论。

IP 子网掩码显示方式的配置（IP Subnet Mask Display Configuration）：每当在路由器上使用众多的 show 命令时，屏幕上会显示 IP 地址，其默认子网掩码显示格式是点分十进制。可以利用以下的命令改变子网掩码的显示格式：

Router# term ip netmask-format bit-count |decimal | hexadecimal

首先，此命令并不是在配置模式中执行的。因此，这个改动只在当前的登录会话期间有效——用户退出并再次登录之后，显示掩码信息的格式为十进制。下面是所显示的选项：

比特数（bit-count）：192.168.1.0/24

十进制（decimal）：192.168.1.0 255.255.255.0（默认格式）

十六进制（hexadecimal）：192.168.1.0 0xFFFFFF00

当然，用户可能已经厌倦了不断地在每次登录时重新输入这条命令。因此，用户可以配置一个路由器可以保存的默认行为，此默认行为与用户每次登录到路由器中所做的相同。这个配置是在线路子配置模式中进行的：

Router (config)# line   line_type   line_#
Router (config-line)#ip netmask-format bit-count |decimal | hexadecimal

注意，用户需要在用于访问路由器的每条线路上执行这条命令，如下面的配置中所示：

Router (config)#line console 0
Router (config-line)# ip netmask-format bit-count
Router (config-line)#exit ip netmask-format bit-count
Router (config)#line vty 0 4
Router (config-line)# ip netmask-format bit-count

要验证配置,可以使用 show interfaces 或 show ip interfaces 命令验证子网掩码是否能正确地显示。这些命令将在后面的"验证路由器的操作"一节中讨论。

静态主机配置(Static Host Configuration):在访问网站时通常不输入 IP。例如,如果想要访问 Cisco 网站,在网络浏览器的地址栏中,输入 http://www.cisco.com。网络浏览器随后把这个主机域名解析为 IP 地址。

要让路由器将主机域名解析为 IP 地址有两种基本方式:静态的和动态的(利用 DNS)。用下列命令可以创建一个静态解析表:

```
Router(config)#ip host name_of_host [TCP_port_#]  IP_address_of_host
               [2nd_IP_address...]
```

首先,必须指定远程主机的名称,也可以选择性地为这台主机指定一个端口号,如果不指定,此端口号将默认为 23;然后,可以为这台主机指定多达 8 个 IP 地址。路由器会尝试以第一个地址联系此主机,如果失败了,则尝试第二个地址,依此类推。可以使用 show hosts 命令检验静态条目。这条命令将在后面的"验证路由器的操作"一节中讨论。

DNS 解析的配置(DNS Resolution Configuration):如果可以访问 DNS 服务器,则用户可以让路由器利用这些服务器将域名解析为 IP 地址。这是由 ip name-server 命令配置的:

```
Router(config)#ip name-server IP_address_of_DNS_serve [2nd_server's  IP address...]
```

利用这条命令可以指定多达 6 个 DNS 服务器为路由器所用。可以使用 show hosts 命令检验静态和动态条目。此命令将在后面的"验证路由器的操作"一节中讨论。

许多管理员不喜欢在路由器上利用 DNS 将域名解析为地址,是因为路由器上一个特性:每当在路由器上输入一个不存在的命令时,路由器将假定用户正试图 telnet 到一台拥有该域名的主机上,并且试图将其解析为 IP 地址。可以利用下面的命令在路由器上禁用 DNS 查询:

```
Router(config)#no ip domain-lookup
```

(3)验证路由器的操作(Verifying a Router's Operation)

配置完路由器之后,有许多命令可以用于检验和对配置进行故障排除(troubleshooting)。下面讲述用户可以使用的基本 show 命令。

①show interfaces 命令(The show interfaces Command)

show interfaces 命令是用户在路由器上使用的最为常见的命令之一。此命令允许用户查看接口的状态和配置,以及一些统计信息。下面是此命令的语法结构:

```
Router > show interfaces [type [slot_#/] port_#]
```

如果没有指定具体的接口,路由器会显示它所有的接口——已经启用的以及已经禁用的接口。见下面的实例:

```
Router# show interfaces Ethernet 0
Ethernet 0 is up, line protocol is up
    Hardware is MCI Ethernet, address is 0000.0c00.1234
                          (bia 0000.0c0 0.1234)
Internet address is 172.16.16.2, subnet mask is 255.255.255.252
MTU 1500 bytes, BW 10000 Kbit, DLY 100 0 00 usec, rely 255/255, load 1/255
```

```
    Encapsulation ARPA, loopback not set, keepalive set(10 sec)
    ARP type: ARPA, ARP Timeout 4:00:00
    Last input 0:00:00, output 0:00:00, output hang never
    Last clearing of "show interface" counters 0:00:00
    Output queue 0/40, 0 drops; input queue 0/75, 0 drops
    Five minute input rate 0 bits/sec, 0 packets/sec
    Five minute output rate 4000 bits/sec, 8 packets/sec
       2240375 packets input, 8 87 3 59 872 bytes, 0 no buffer
       Received 722137 broadcasts, 0 runts, 0 giants
       0 input errors, 0 CRC, 0 frame, 0 overrun, 0 ignored, 0 abort
       101375 86 packets output, 8 97215 078 bytes, 0 underruns
       4 output errors, 1037 collisions, 3 interface resets, 0 restarts
```

输出的第 1 行表明接口的状态;第 2 行是以太网接口的 MAC 地址;第 3 行是在这个接口上配置的 IP 地址和子网掩码;第 4 行是 MTU 以太网帧的大小以及路由选择协议的度量值。注意,本行中的"BW"参数是指这条链路的带宽,做路由选择决策时,某些路由选择协议使用带宽,如 IGRP、OSPF 和 EIGRP。对于以太网,带宽默认是 10000Kbit/s。可以用 bandwidth 命令改变带宽的值,这已经在前面的"配置带宽参数"一节中讨论。表 3-3 说明了利用 show interfaces 命令可能看到的一些信息说明。请注意,根据接口的类型,show interfaces 命令中所显示的信息可能会稍有不同。

表 3-3　使用 show interfaces 命令后的结果分析

Element(元素)	Description(描述)
Address	接口的 MAC 地址;BIA(Burnt-In Address,烧录地址)是烧录到以太网控制器中的 MAC 地址,该地址可被 mac-address 命令所指定的地址覆盖
Last input/output	接口收到或发出最后一个分组的时间,可以用于确定这个接口是否正在工作
Last clearing	表明在此接口上最后一次执行 clear counters 命令的时间
Output queue	表明接口上等待被发送的分组的数量,"/"后面的数是此队列的最大容量,随后是因为队列排满而丢弃的分组数量
Input queue	表明在这个接口上收到的等待处理的分组数量,"/"后面的数是这个队列的最大容量,随后是因为队列排满而丢弃的分组数量
No buffers(Input)	因为输入缓存已满而丢弃的分组的数量
Runts(Input)	收到时长度少于 64 字节的分组的数量
Giants(Input)	收到时长度大于最大允许尺寸的分组的数量,对于以太网,最大允许尺寸是 1,518 字节
Input errors	在这个接口上收到的输入错误的总数
CRC(Input)	表明所收到的有校验和错误的分组
Frame(Input)	表明所收到的同时有 CRC 错误以及帧的长度不是在字节边界上的情况的分组数量
Overruns(Input)	入站分组的速率超出此接口处理流量的能力的次数
Ignored(Input)	因为输入缓存空间的匮乏而丢弃的入站分组的数量
Aborts(Input)	收到的分组被中止的次数
Collisions(Output)	接口已经尝试发送一个分组,但发生了冲突的次数——这应该少于离开接口的流量总数的 0.1%
Interface resets(Output)	接口由于关闭和启动而引起的状态变换的次数
Restarts(Output)	控制器因为错误而复位的次数——可以使用 show controllers 命令排除此问题

②show ip interface 命令(The show ip interface Command)
show ip interface 命令允许用户查看路由器接口的 IP 配置：

```
Router > show ip interface [type[slot_#/] port_#]
```

下面是 show ip interface 命令的一个简单输出：

```
Router#show ip interface
    Ethernet1 is up, line protocol is up
    Internet address is 192.168.1.1/24
    Broadcast address is 255.255.255.255
    Address determined by setup command
    MTU is 1500 bytes
        Helper address is not set
    Directed broadcast forwarding is disabled
    Outgoing access list is not set
    Inbound access list is 100
    < - - output omitted - - >
```

从这条命令中可以看出，IP 地址、子网掩码以及定向广播转发的状态都显示出来了。任何应用在此接口上的访问列表也显示了出来。

show ip interface 命令的一个额外参数是 brief，用这个参数可以为每个接口显示一条单行的描述：

```
Router#show ip interface brief
Interface    IP-Address     OK?    Method    Status                    Protocol
Ethernet0    192.168.1.1    YES    NVRAM     up                        up
Ethernet1    192.168.2.1    YES    NVRAM     administratively down     down
```

这条命令可以在路由器上快速查看所有接口、IP 地址和它们的状态。

③show hosts 命令(The show hosts Command)
要查看路由器解析表中的静态和动态 DNS 条目，可以使用 show hosts 命令：

```
Router# show hosts
Default domain is DOO.COM
Name/address   lookup uses domain service
Name servers are 255.255.255.255
Host              Flag            Age    Type    Address(es)
a.check.com(temp, OK)             1      IP      172.16.9.9
b.check.com(temp, OK)             8      IP      172.16.1.1
f.check.com(perm, OK)             0      IP      172.16.1.2
```

此表中的前两个条目是通过 DNS 服务器(temp 标志)学到的，而最后一个条目是利用 ip host 命令在路由器上静态地配置的(perm 标志)。

④show version 命令(The show version Command)

如果想要查看关于路由器的综合信息——路由器的型号、接口的类型、不同种类和数量的内存、路由器的软件版本、路由器在哪里定位并加载了 IOS 和配置文件以及配置文件的设置——可以使用 show version 命令：

```
Router > show version
Cisco Internetwork Operating System Software
IOS(tm)3600 Software(C3640-JS—M), Version 12.0 (3c), RELEASE
    SOFTWARE(fc1)
Copyright(c)1986-1999 by cisco Systems, Inc.
Compiled Tue 13-Apr-99 07:39 by phanguye
Image text-base: 0x60008918, data-base: 0x60BDC000
ROM: System Bootstrap, Version 11.1(20)AA2, EARLY DEPLOYMENT
RELEASE SOFTWARE(fc1)
Router uptime is 2 days, 11 hours, 40 minutes
System restarted by power-on
System image file is "flash:c3640-js-mz.120-3c.bin"
cisco 3640(R4700) processor (revision 0x00) with 49152K/16384K
bytes of memory.
< - - output omitted - - >
1 FastEthernet/IEEE 802.3 interface(s)
8 Low-speed serial (sync/async) network interface(s)
1 Channelized T1/PRI port(s)
DRAM configuration is 64 bits wide with parity disabled.
125K bytes of non-volatile configuration memory.
32768K bytes of processor board System flash (Read/Write)
Configuration register is 0x2102
```

(4)路由器的配置文件(Router Configuration Files)

在路由器上处理配置文件与在 2950 系列交换机上是完全相同的。要查看正在运行的配置文件，可以使用 show running-config 命令：

```
Router# show running-config
Building configuration...
Current configuration
!
version 12.0
no service udp-small-servers
no service tcp-small-servers
!
```

```
hostname Router
< – – output omitted – – >
```

注意这个实例中"Building configuration"和"Current configuration"所指的是 RAM 中的配置。

要将 RAM 中的配置文件保存到 NVRAM 中,可以使用 copy running-config startup-config 命令:

```
Router#copy running-config startup-config
Destination filename[startup-config]?
Building configuration...
Router#
```

要查看存储在 NVRAM 中的配置文件,可以使用下列命令:

```
Router# show startup-config
Using 4224 out of 65536 bytes
!
version 11.3
no service udp-small-servers
no service tcp-small-servers
!
hostname Router
< – – output omitted – – >
```

此输出与使用 show running-config 命令的差别之一是输出的第一行:Using 4224 out of 65536 bytes。这指的是当前已保存的配置文件所使用的 NVRAM 的数量。

四、实践操作

1. 项目背景介绍

你作为春晖中学新招聘的网管,负责建立学校的校园网络,学校要求你首先完成学校的路由器的基础配置,要求登录路由器并掌握路由器的命令行操作模式。然后根据实际网络需求,对路由器的设备名称、登录时的描述信息和端口参数进行基本配置。

2. 准备工作

(1)任务分析。在本模块中要求完成主校区中四台路由器(教学楼、行政楼、实验楼和边界路由)以及宿舍区路由器共五台的路由器的基础配置。现在以教学楼、行政楼和实验楼三台设备的配置为例来实现三个路由器之间的互联互通,其它路由器的配置可以此类推。

(2)实验配置的拓扑图如图 3-2 所示,地址在前面的任务中已完成了规划。

3. 实施步骤

(1)路由器的模式切换与初始化配置

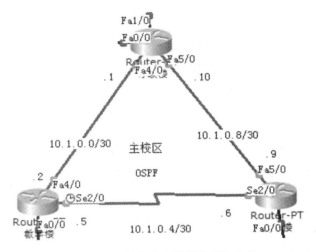

图 3-2 路由器基本配置网络拓扑结构

① 路由器的模式切换

```
//进入特权模式
    Router>enable
    Router#
//进入全局配置模式
    Router#configure terminal
    Router(config)#
//进入路由器的 FastEthernet 0/0
    Router(config)#interface FastEthernet 0/0
    Router(config-if)#
//退回到上一级操作模式
    Router(config-if)#exit
    Router(config)#
//显示当前模式下所有可执行的命令
    Router(config)#?
    Router(config)#exit
    Router#?      //比较不同模式下所执行的命令的差别
//显示当前模式下所有以 co 开头的命令
    Router#co?
    configure  copy
//显示 copy 执行的参数
    Router#copy?    //注意:copy 后面要空一格
    running-config    Copy from current system configuration
    startup-config    Copy from startup configuration
    tftp:             Copy from tftp: file system
```

②路由器的初始化配置

```
Router#setup
       ------ System Configuration Dialog ------
Continue with configuration dialog? [yes/no]: yes
At any point you may enter a question mark '?' for help.
Use ctrl-c to abort configuration dialog at any prompt.
Default settings are in square brackets '[ ]'.
Basic management setup configures only enough connectivity
for management of the system, extended setup will ask you
to configure each interface on the system
Would you like to enter basic management setup? [yes/no]: yes
Configuring global parameters:
    Enter host name [Router]: Router A
The enable secret is a password used to protect access to
privileged EXEC and configuration modes. This password, after
entered, becomes encrypted in the configuration.

Enter enable secret: routerA
The enable password is used when you do not specify an
enable secret password, with some older software versions, and
some boot images.
Enter enable password: cisco

The virtual terminal password is used to protect
access to the router over a network interface.
Enter virtual terminal password: cisco


Current interface summary
Interface              IP-Address        OK? Method Status                Protocol
FastEthernet0/0        unassigned        YES manual administratively down down
FastEthernet0/1        unassigned        YES manual administratively down down
Serial1/0              unassigned        YES manual administratively down down
Serial1/1              unassigned        YES manual administratively down down
Serial1/2              unassigned        YES manual administratively down down
Serial1/3              unassigned        YES manual administratively down down

Enter interface name used to connect to the
management network from the above interface summary: FastEthernet0/0
```

Configuring interface FastEthernet0/0:
  Configure IP on this interface? [yes]: yes
  IP address for this interface: 172.16.1.1
  Subnet mask for this interface [255.255.0.0]: 255.255.255.0

  The following configuration command script was created:
  !
  hostname Router A
  enable secret 5 1mERr$Is0ijtQk7A6BQBLAZCjS2.
  enable password cisco
  line vty 0 4
  password cisco
  !
  interface FastEthernet0/0
   no shutdown
   ip address 172.16.1.1 255.255.255.0
  !
  interface FastEthernet0/1
   shutdown
   no ip address
  !
  interface Serial1/0
   shutdown
   no ip address
  !
  interface Serial1/1
   shutdown
   no ip address
  !
  interface Serial1/2
   shutdown
   no ip address
  !
  interface Serial1/3
   shutdown
   no ip address
  !
  end

[0] Go to the IOS command prompt without saving this config.
[1] Return back to the setup without saving this config.
[2] Save this configuration to nvram and exit.
Enter your selection [2]: 2
Building configuration...

% LINK-5-CHANGED: Interface FastEthernet0/0, changed state to up
% LINEPROTO-5-UPDOWN: Line protocol on Interface FastEthernet0/0, changed state to up[OK]
Use the enabled mode ´configure´ command to modify this configuration.

(2) 路由器的全局配置

配置行政楼路由器 XZL 的主机名、特权模式密码、控制台密码和虚拟终端密码:

Router > enable
Router#configure terminal
Router(config)#hostname XZL
XZL(config)#enable secret cisco
XZL(config)#line console 0
XZL(config-line)#login
XZL(config-line)#password cisco
XZL(config-line)#exit
XZL(config)#line vty 0 4
XZL(config-line)#login
XZL(config-line)#password cisco
XZL(config-line)#exit
XZL(config)#

配置路由器 JXL 的主机名、特权模式密码、控制台密码和虚拟终端密码:

Router > enable
Router#configure terminal
Router(config)#hostname JXL
JXL(config)#enable secret cisco
JXL(config)#line console 0
JXL(config-line)#login
JXL(config-line)#password cisco
JXL(config-line)#exit
JXL(config)#line vty 0 4
JXL(config-line)#login
JXL(config-line)#password cisco
JXL(config-line)#exit

JXL(config)#

配置路由器 SYL 的主机名、特权模式密码、控制台密码和虚拟终端密码：

Router > enable
Router#configure terminal
Router(config)#hostname SYL
SYL(config)#enable secret cisco
SYL(config)#line console 0
SYL(config – line)#login
SYL(config – line)#password cisco
SYL(config – line)#exit
SYL(config)#line vty 0 4
SYL(config – line)#login
SYL(config – line)#password cisco
SYL(config – line)#exit
SYL(config)#

(3) 路由器端口的基本配置

配置路由器 XZL 的 Fastethernet 4/0 和 Fastethernet 5/0 端口（端口 Fastethernet 0/0 和 Fastethernet 1/0 的配置过程与此类似）：

XZL(config)#interface fastethernet 4/0
XZL(config – if)#ip address 10.1.0.1 255.255.255.252
XZL(config – if)#no shutdown
XZL(config – if)#exit
XZL(config)#interface fastethernet 5/0
XZL(config – if)#ip address 10.1.0.10 255.255.255.252
XZL(config – if)#no shutdown
XZL(config – if)#exit
XZL(config)#

配置路由器 JXL 的 Fastethernet 4/0 和 Serial 2/0 端口：

JXL(config)#interface fastethernet 4/0
JXL(config – if)#ip address 10.1.0.2 255.255.255.252
JXL(config – if)#no shutdown
JXL(config – if)#exit
JXL(config)#interface serial 2/0
JXL(config – if)#ip address 10.1.0.5 255.255.255.252
JXL(config – if)#clock rate 56000
JXL(config – if)#no shutdown
JXL(config – if)#exit
JXL(config)#

配置路由器 SYL 的 Fastethernet 5/0 和 Serial 2/0 端口：

```
SYL(config)#interface fastethernet 5/0
SYL(config-if)#ip address 10.1.0.9 255.255.255.252
SYL(config-if)#no shutdown
SYL(config-if)#exit
SYL(config)#interface serial 2/0
SYL(config-if)#ip address 10.1.0.6 255.255.255.252
SYL(config-if)#no shutdown
SYL(config-if)#exit
SYL(config)#
```

（4）结果验证

查看路由器 RouterXZL 的 fastethernet 端口配置：

```
XZL#show ip interface f4/0
FastEthernet4/0 is up, line protocol is up (connected)
  Internet address is 10.1.0.1/30
  Broadcast address is 255.255.255.255
  Address determined by setup command
  MTU is 1500 bytes
  Helper address is not set
  Directed broadcast forwarding is disabled
  Outgoing access list is not set
  Inbound access list is not set
  Proxy ARP is enabled
  Security level is default
  Split horizon is enabled
  ICMP redirects are always sent
  ICMP unreachables are always sent
  ICMP mask replies are never sent
  IP fast switching is disabled
  IP fast switching on the same interface is disabled
  IP Flow switching is disabled
  IP Fast switching turbo vector
  IP multicast fast switching is disabled
  IP multicast distributed fast switching is disabled
  Router Discovery is disabled
  IP output packet accounting is disabled
  IP access violation accounting is disabled
  TCP/IP header compression is disabled
```

RTP/IP header compression is disabled
Probe proxy name replies are disabled
Policy routing is disabled
Network address translation is disabled
BGP Policy Mapping is disabled
Input features: MCI Check
WCCP Redirect outbound is disabled
WCCP Redirect inbound is disabled
WCCP Redirect exclude is disabled
XZL#

查看路由器 JXL 的 serial 端口配置:

JXL#show interfaces serial 2/0
Serial2/0 is up, line protocol is up (connected)
　Hardware is HD64570
　Internet address is 10.1.0.5/30
　MTU 1500 bytes, BW 128 Kbit, DLY 20000 usec,
　　reliability 255/255, txload 1/255, rxload 1/255
　Encapsulation HDLC, loopback not set, keepalive set (10 sec)
　Last input never, output never, output hang never
　Last clearing of "show interface" counters never
　Input queue: 0/75/0 (size/max/drops); Total output drops: 0
　Queueing strategy: weighted fair
　Output queue: 0/1000/64/0 (size/max total/threshold/drops)
　　Conversations 0/0/256 (active/max active/max total)
　　Reserved Conversations 0/0 (allocated/max allocated)
　　Available Bandwidth 96 kilobits/sec
　5 minute input rate 0 bits/sec, 0 packets/sec
　5 minute output rate 0 bits/sec, 0 packets/sec
　　0 packets input, 0 bytes, 0 no buffer
　　Received 0 broadcasts, 0 runts, 0 giants, 0 throttles
　　0 input errors, 0 CRC, 0 frame, 0 overrun, 0 ignored, 0 abort
　　0 packets output, 0 bytes, 0 underruns
　　0 output errors, 0 collisions, 2 interface resets
　　0 output buffer failures, 0 output buffers swapped out
　　0 carrier transitions
　　　DCD = up　DSR = up　DTR = up　RTS = up　CTS = up
JXL#

查看行政楼、教学楼和实验楼 3 个路由器路由表：

```
XZL#show ip route
Codes：C-connected, S-static, I-IGRP, R-RIP, M-mobile, B-BGP
       D-EIGRP, EX-EIGRP external, O-OSPF, IA-OSPF inter area
       N1-OSPF NSSA external type 1, N2-OSPF NSSA external type 2
       E1-OSPF external type 1, E2-OSPF external type 2, E-EGP
       i-IS-IS, L1-IS-IS level-1, L2-IS-IS level-2, ia-IS-IS inter area
       *-candidate default, U-per-user static route, o-ODR
       P-periodic downloaded static route
Gateway of last resort is not set
    10.0.0.0/30 is subnetted, 2 subnets
C      10.1.0.0 is directly connected, FastEthernet4/0
C      10.1.0.8 is directly connected, FastEthernet5/0


JXL#show ip route
Codes：C-connected, S-static, I-IGRP, R-RIP, M-mobile, B-BGP
       D-EIGRP, EX-EIGRP external, O-OSPF, IA-OSPF inter area
       N1-OSPF NSSA external type 1, N2-OSPF NSSA external type 2
       E1-OSPF external type 1, E2-OSPF external type 2, E-EGP
       i-IS-IS, L1-IS-IS level-1, L2-IS-IS level-2, ia-IS-IS inter area
       *-candidate default, U-per-user static route, o-ODR
       P-periodic downloaded static route
Gateway of last resort is not set
    10.0.0.0/30 is subnetted, 2 subnets
C      10.1.0.0 is directly connected, FastEthernet4/0
C      10.1.0.4 is directly connected, Serial2/0
JXL#


SYL#show ip route
Codes：C-connected, S-static, I-IGRP, R-RIP, M-mobile, B-BGP
       D-EIGRP, EX-EIGRP external, O-OSPF, IA-OSPF inter area
       N1-OSPF NSSA external type 1, N2-OSPF NSSA external type 2
       E1-OSPF external type 1, E2-OSPF external type 2, E-EGP
       i-IS-IS, L1-IS-IS level-1, L2-IS-IS level-2, ia-IS-IS inter area
       *-candidate default, U-per-user static route, o-ODR
       P-periodic downloaded static route
Gateway of last resort is not set
    10.0.0.0/30 is subnetted, 2 subnets
```

```
C    10.1.0.4 is directly connected, Serial2/0
C    10.1.0.8 is directly connected, FastEthernet5/0
SYL#
```

可见,在接口上配置直连路由已进入路由表,表明对端直连接口可以访问了。
测试行政楼、教学楼和实验楼3个路由器之间的互通情况:

```
XZL#ping 10.1.0.2
    Type escape sequence to abort.
    Sending 5, 100-byte ICMP Echos to 10.1.0.2, timeout is 2 seconds:
.!!!!
    Success rate is 80 percent (4/5), round-trip min/avg/max = 0/0/0 ms

XZL#ping 10.1.0.9
    Type escape sequence to abort.
    Sending 5, 100-byte ICMP Echos to 10.1.0.9, timeout is 2 seconds:
.!!!!
    Success rate is 80 percent (4/5), round-trip min/avg/max = 0/0/0 ms

JXL#ping 10.1.0.6
    Type escape sequence to abort.
    Sending 5, 100-byte ICMP Echos to 10.1.0.6, timeout is 2 seconds:
!!!!!
    Success rate is 100 percent (5/5), round-trip min/avg/max = 2/7/19 ms
```

可见,3个路由器之间可以互相访问了。

模块2 配置静态路由

一、教学目标

最终目标:能根据需求配置静态路由。
促成目标:
1. 能设计并连接静态路由网络环境;
2. 正确配置静态路由;
3. 能对静态路由进行简单测试。

二、工作任务

根据需求完成春晖中学校园网与外网主机的相互通信。

三、相关知识点

1. IP 路由选择基础（IP Routing Basics）

（1）路由类型（Types of Routers）

路由器学习路由有两种方式：静态（Static）和动态（Dynamic）。

静态路由（Static Route）是在路由器上手动配置的路由，可以通过两个途经学习静态路由：第一个途径是路由器查看其活动接口（Active Interface），检查接口配置地址，确定相应的网络号（Network Number），根据该信息生成路由表（Routing Table），这种方式通常称为连接路由（Connected Route）；第二个途径是由用户手工添加路由。

动态路由（Dynamic Route）是路由器通过运行路由协议（Routing Protocols）来学习获取路由信息。路由协议可以从其他运行相同路由协议的相邻路由器（Neighboring Routers）那里学习到路由信息。动态路由协议共享路由器已知的网络号和到达这些网络的信息。通过这一共享过程，最终路由器将学到网络中所有可到达的网络号。路由协议（Routing Protocol）和可路由协议（Routed Protocol）是有区别的。可路由协议是第 3 层协议，像 IP 或 IPX。可路由协议装载用户数据，例如电子邮件、文件传送和 Web 浏览。可路由协议通过路由协议来学习路由信息。表 3-4 所示的是常用的可路由协议和其所使用的路由协议。

表 3-4　路由协议和可路由协议

可路由协议（Routed Protocol）	路由协议（Routing Protocol）
IP	RIP、IGRP、OSPF、EIGRP、BGP、IS-IS
IPX	RIP、NLSP、EIGRP
AppleTalk	RMTP、AURP、EIGRP

（2）自治系统（Autonomous Systems）

自治系统（AS，Autonomous Systems）是在同一管理控制域下的一组网络，在同一个自治系统中，所有的路由器共享路由表信息。一个自治系统可自由地选择其内部的路由体系结构，但是必须收集其内部所有的网络信息，并把这些可达信息送给其他的自治系统。

内部网关协议（IGP，Interior Gateway Protocol）是一个在单个自治系统中交换路由信息的协议。IGP 包括 RIP、IGRP、EIGRP、OSPF 和 IS-IS。外部网关协议（EGP，Exterior Gateway protocol）处理不同自治系统间的路由。目前，仅有一种 EGP：边界网关协议（BGP，Border Gateway Protocol）。BGP 用于在因特骨干网中管理不同自治系统间的路由信息。

要将一个自治系统与其他自治系统区别开来，可以给每个 AS 分配一个在 1～65535 之间的唯一号码。互联网地址指派机构（IANA，Internet Assigned Numbers Authority）负责这些号码的分配。和 RFC1918 定义的公共和私有 IP 地址一样，AS 号也有公共和私有之分。如果要连接因特骨干网，那么可以运行 BGP，如果想接受来自因特网的 BGP 路由，那就需要一个公共 AS 号。然而，如果只需将自己的内部网络划分成若干自治系统，那么只需使用私有号。支持 AS 的路由协议有 IGRP、EIGRP、OSPF、IS-IS 和 BGP。RIP 不支持自治系统，而 OSPF 支持，但 OSPF 不需要配置 AS 号，IGRP 和 EIGRP 协议则需要配置 AS 号。

(3) 管理距离(Administrative Distance)

若路由器从多个来源接收到一个网络的路由更新信息,如连接、静态及IGP路由,这会使得路由的选择变得复杂,必须从这些来源中选择一个作为最佳的路径(a best path)并放入其路由表中。在这节和"动态路由协议"一节中,将介绍路由器在选择最佳路径时查看的两件事。

路由器查看的第一件事是路由来源的管理距离。管理距离是用于划分IP路由协议等级的Cisco专有机制。例如,若路由器运行两个IGP:RIP和IGRP,从这两种路由协议学习网络10.0.0.0/8,路由器应选择哪一个并放入路由表中?或者说哪一个路由信息更可信(believable)呢?路由器首先会根据路由来源的管理距离来进行选择。

每个路由协议都有默认的管理距离值。距离值的范围为0—255。对于路由器,距离值越小可信度越高,最佳距离值为0,而最差距离值为255。

表3-5列出了一些Cisco指定的路由协议的默认管理距离。

表3-5 管理距离

管理距离	路由类型(Route Type)
0	Connected interface(连接路由)
0 or 1	Static route(静态路由)
90	Internal EIGRP route within the same AS(在同一AS的内部EIGRP路由)
100	IGRP route(IGRP路由)
110	OSPF route(OSPF路由)
120	RIP route(RIP路由)
170	External EIGRP route from other AS(来源于另一个AS的外部EIGRP路由)
255	invalid route and will not be used(被认为是无效路由并且将不使用的未知路由)

回到前面的例子中,路由器从RIP和IGRP获知网络10.0.0.0/8,由于RIP距离值为120,IGRP距离值为100,路由器将选择IGRP路由,因为IGRP具有较低的管理距离值。

2. 静态路由(Static Route)

静态路由是在路由器上手动配置的路由。静态路由通常用于规模较小的网络。对于具有几百条路由的网络,静态路由是不可扩展的(scalable),因为你必须在每台路由器上手工重复地配置每一条路由。本节讨论静态路由的配置。

(1) 静态路由的配置(Static Route Configuration)

有两条命令可以配置IP静态路由:

```
Router(config)# ip route destination_network_#  [subnet_mask]
IP_address_of_next_hop_neighbor  [administrative_distance]  [permanent]
- - or - -
Router(config)# ip route destination_network_#  [subnet_mask]
Interface_to_exit  [administrative_distance]  [permanent]
```

必须指定的第一个参数是目的网络号。如果忽略了网络号的子网掩码,则默认为基于目的网络地址类型的默认子网掩码〔如Class A(255.0.0.0)、B(255.255.0.0)或C(255.255.255.0)〕。

子网掩码参数设置后,有两种指定到达目的网络的方式:告诉路由器下一跳邻居的IP地址(next hop neighbor's IP address)或路由器到达目的网络的接口(interface to reach the destination network)。若链路为多路访问链路(multiaccess link)(链路上有两台以上设备,如 3 台路由器),则应使用前一种方法。如果是点对点链路(point-to-point link),则可以使用后一种方法,这时必须给出路由器接口的名称,如 Serial0。

你可以任意改变静态路由的管理距离。如果你忽略这个值,那么根据前一个参数的配置,管理距离将从两个默认值中选择一个:如果指定下一跳邻居的 IP 地址,则管理距离默认为 1;如果你指定到达目的地的路由器接口,路由器认为该路由是连接路由并将管理距离设为 0。请注意,可以生成到达同一目的地的多条静态路由。例如,你可能有到达目的地的主路径(primary path)和备用路径(backup path)。对于主路径,使用默认管理距离值。对于备用路径,使用比默认管理距离值更大的值,例如 2。一旦你配置了备用路径,正常情况下路由器将使用主路径,若主路径上的接口故障,路由器将使用备用路径。

如果路由器的静态路由接口出故障,permanent 参数使路由器依然把该静态路由保持在路由表中。若忽略这个参数,且接口无法使用静态路由,路由器将把该路由从其路由表中删除并设法寻找可替换的路径放入路由表中。出于安全考虑,如果不希望分组通过其他路径到达目的地,用户可以使用这个参数。

(2)验证静态路由配置(Verifying Static Route Configuration)

用 show ip route 命令验证路由器上的静态路由和默认路由配置:

```
Router# show ip route
Codes: C-connected, S-static, I-IGRP, R-RIP, M-mobile, B-BGP
       D-EIGRP, EX-EIGRP external, O-OSPF, IA-OSPF inter area
       N1-OSPF NSSA external type 1, N2-OSPF NSSA external type 2
       E1-OSPF external type 1, E2-OSPF external type 2, E-EGP
       i-IS-IS, L1-IS-IS level-1, L2-IS-IS level-2, ia-IS-IS inter area
       * - candidate default, U-per-user static route, o-ODR
       T-traffic engineered route
Gateway of last resort is not set
     172.16.0.0/24 is subnetted, 3 subnets
C       172.16.1.0 is directly connected, Ethernet0
C       172.16.2.0 is directly connected, Serial0
S       172.16.3.0 is directly connected, Serial0
```

该命令上部分为代码表。底部的第一列描述了在路由表中的路由信息。在这个实例中,C 表示连接路由,S 表示静态路由。

四、实践操作

1. 项目背景介绍

你作为春晖中学的网管,负责建立学校主校区与宿舍区的内网,另外还要实现与 ISP 的连通性。但出于网络稳定性的考虑,需要你用静态路由和默认路由来配置实现。

2. 准备工作

（1）任务分析

本任务的要求是实现春晖中学校园内部的所有网段的互通，以及内网对外网任意网段的访问。内网之间的访问我们可以使用静态路由；对外网的访问需要采用默认路由，同时外网的回程路由也必须是默认路由。

（2）春晖中学主校区、宿舍区与ISP3个区域的网络拓扑如图3-3所示，其中ISP的网络简化拓扑如图3-4所示。地址规划前面的章节中已有说明，这里就不再重复了。

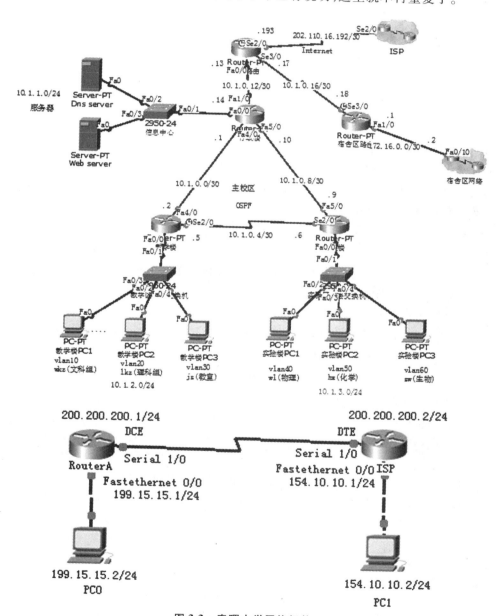

图3-3 春晖中学网络拓扑

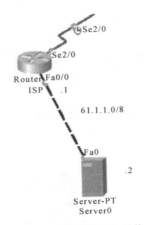

图 3-4　ISP 网络拓扑结构

3. 实施步骤

（1）路由器的全局配置与相关端口配置

①春晖中学主校区的行政楼路由器 XZL、教学楼路由器 JXL、实验楼路由器 SYL 和边界出口路由器 BJLYXZL 的全局配置与所有直连物理端口配置

行政楼路由器 XZL 配置完成后路由表显示结果：

```
XZL#show ip route
Codes：C-connected, S-static, I-IGRP, R-RIP, M-mobile, B-BGP
      D-EIGRP, EX-EIGRP external, O-OSPF, IA-OSPF inter area
      N1-OSPF NSSA external type 1, N2-OSPF NSSA external type 2
      E1-OSPF external type 1, E2-OSPF external type 2, E-EGP
      i-IS-IS, L1-IS-IS level-1, L2-IS-IS level-2, ia-IS-IS inter area
      * -candidate default, U-per-user static route, o-ODR
      P-periodic downloaded static route
Gateway of last resort is not set
     10.0.0.0/8 is variably subnetted, 4 subnets, 2 masks
C    10.1.0.0/30 is directly connected, FastEthernet4/0
C    10.1.0.8/30 is directly connected, FastEthernet5/0
C    10.1.0.12/30 is directly connected, FastEthernet1/0
C    10.1.1.0/24 is directly connected, FastEthernet0/0
XZL#
```

教学楼路由器 JXL 的配置完成后路由表显示结果：

```
JXL#show ip route
Codes：C-connected, S-static, I-IGRP, R-RIP, M-mobile, B-BGP
      D-EIGRP, EX-EIGRP external, O-OSPF, IA-OSPF inter area
      N1-OSPF NSSA external type 1, N2-OSPF NSSA external type 2
```

```
        E1-OSPF external type 1, E2-OSPF external type 2, E-EGP
        i-IS-IS, L1-IS-IS level-1, L2-IS-IS level-2, ia-IS-IS inter area
        *-candidate default, U-per-user static route, o-ODR
        P-periodic downloaded static route
Gateway of last resort is not set
     10.0.0.0/8 is variably subnetted, 3 subnets, 2 masks
C       10.1.0.0/30 is directly connected, FastEthernet4/0
C       10.1.0.4/30 is directly connected, Serial2/0
C       10.1.2.0/24 is directly connected, FastEthernet0/0
JXL#
```

实验楼路由器 SYL 的配置完成后路由表显示结果：

```
SYL#show ip route
Codes: C-connected, S-static, I-IGRP, R-RIP, M-mobile, B-BGP
       D-EIGRP, EX-EIGRP external, O-OSPF, IA-OSPF inter area
       N1-OSPF NSSA external type 1, N2-OSPF NSSA external type 2
       E1-OSPF external type 1, E2-OSPF external type 2, E-EGP
       i-IS-IS, L1-IS-IS level-1, L2-IS-IS level-2, ia-IS-IS inter area
       *-candidate default, U-per-user static route, o-ODR
       P-periodic downloaded static route
Gateway of last resort is not set
     10.0.0.0/8 is variably subnetted, 3 subnets, 2 masks
C       10.1.0.4/30 is directly connected, Serial2/0
C       10.1.0.8/30 is directly connected, FastEthernet5/0
C       10.1.3.0/24 is directly connected, FastEthernet0/0
SYL#
```

边界路由器 BJLY 的配置完成后路由表显示结果：

```
BJLY#show ip route
Codes: C-connected, S-static, I-IGRP, R-RIP, M-mobile, B-BGP
       D-EIGRP, EX-EIGRP external, O-OSPF, IA-OSPF inter area
       N1-OSPF NSSA external type 1, N2-OSPF NSSA external type 2
       E1-OSPF external type 1, E2-OSPF external type 2, E-EGP
       i-IS-IS, L1-IS-IS level-1, L2-IS-IS level-2, ia-IS-IS inter area
       *-candidate default, U-per-user static route, o-ODR
       P-periodic downloaded static route
Gateway of last resort is not set
     10.0.0.0/30 is subnetted, 2 subnets
C       10.1.0.12 is directly connected, FastEthernet0/0
```

```
C    10.1.0.16 is directly connected, Serial3/0
     202.110.16.0/30 is subnetted, 1 subnets
C    202.110.16.192 is directly connected, Serial2/0
BJLY#
```

②春晖中学宿舍区的宿舍区路由器 SSQ 的全局配置与三层直连物理端口配置

宿舍区路由器 SSQ 的配置完成后路由表显示结果：

```
SSQ#show ip route
Codes: C-connected, S-static, I-IGRP, R-RIP, M-mobile, B-BGP
       D-EIGRP, EX-EIGRP external, O-OSPF, IA-OSPF inter area
       N1-OSPF NSSA external type 1, N2-OSPF NSSA external type 2
       E1-OSPF external type 1, E2-OSPF external type 2, E-EGP
       i-IS-IS, L1-IS-IS level-1, L2-IS-IS level-2, ia-IS-IS inter area
       *-candidate default, U-per-user static route, o-ODR
       P-periodic downloaded static route
Gateway of last resort is not set
     10.0.0.0/30 is subnetted, 1 subnets
C    10.1.0.16 is directly connected, Serial3/0
     172.16.0.0/30 is subnetted, 1 subnets
C    172.16.0.0 is directly connected, FastEthernet1/0
SSQ#
```

③ISP 区路由器 ISP 的全局配置与所有直连物理端口配置

ISP 区路由器 ISP 的配置完成后路由表显示结果：

```
ISP#show ip route
Codes: C-connected, S-static, I-IGRP, R-RIP, M-mobile, B-BGP
       D-EIGRP, EX-EIGRP external, O-OSPF, IA-OSPF inter area
       N1-OSPF NSSA external type 1, N2-OSPF NSSA external type 2
       E1-OSPF external type 1, E2-OSPF external type 2, E-EGP
       i-IS-IS, L1-IS-IS level-1, L2-IS-IS level-2, ia-IS-IS inter area
       *-candidate default, U-per-user static route, o-ODR
       P-periodic downloaded static route
Gateway of last resort is not set
C    61.0.0.0/8 is directly connected, FastEthernet0/0
     202.110.16.0/30 is subnetted, 1 subnets
C    202.110.16.192 is directly connected, Serial2/0
ISP#
```

注意 ISP 路由器连接的服务器的地址是 61.1.1.2/8，代表外网的地址，内网的设备应该可以通过默认路由访问到。

具体配置方法参照模块 1 的"实践操作"中相关内容。

（2）路由器的静态路由配置

①春晖中学主校区的静态路由与默认路由配置

行政楼路由器 XZL 的配置：

```
XZL(config)#ip route 10.1.0.4 255.255.255.252 10.1.0.2
XZL(config)#ip route 10.1.2.0 255.255.255.0 10.1.0.2
XZL(config)#ip route 10.1.3.0 255.255.255.0 10.1.0.9
XZL(config)#ip route 10.1.0.16 255.255.255.252 10.1.0.13
XZL(config)#ip route 172.16.0.0 255.255.255.252 10.1.0.13
XZL(config)#ip route 0.0.0.0 0.0.0.0 10.1.0.13
XZL(config)#
```

路由器在对数据包进行选路时根据最长匹配的原则，如果找不到匹配条目，最后才会根据默认路由的下一跳转发。

教学楼路由器 JXL 的配置：

```
JXL(config)#ip route 10.1.0.8 255.255.255.252 10.1.0.1
JXL(config)#ip route 10.1.1.0 255.255.255.0 10.1.0.1
JXL(config)#ip route 10.1.3.0 255.255.255.0 10.1.0.6
JXL(config)#ip route 10.1.0.12 255.255.255.252 10.1.0.1
JXL(config)#ip route 10.1.0.16 255.255.255.252 10.1.0.1
JXL(config)#ip route 172.16.0.0 255.255.255.252 10.1.0.1
JXL(config)#ip route 0.0.0.0 0.0.0.0 10.1.0.1
JXL(config)#
```

实验楼路由器 SYL 的配置：

```
SYL(config)#ip route 10.1.0.0 255.255.255.252 10.1.0.10
SYL(config)#ip route 10.1.1.0 255.255.255.0 10.1.0.10
SYL(config)#ip route 10.1.2.0 255.255.255.0 10.1.0.5
SYL(config)#ip route 10.1.0.12 255.255.255.252 10.1.0.10
SYL(config)#ip route 10.1.0.16 255.255.255.252 10.1.0.10
SYL(config)#ip route 172.16.0.0 255.255.255.252 10.1.0.10
SYL(config)#ip route 0.0.0.0 0.0.0.0 10.1.0.10
SYL(config)#
```

边界路由器 BJLY 的配置：

```
BJLY(config)#ip route 10.1.1.0 255.255.255.0 10.1.0.14
BJLY(config)#ip route 10.1.0.0 255.255.255.252 10.1.0.14
BJLY(config)#ip route 10.1.0.4 255.255.255.252 10.1.0.14
```

```
BJLY(config)#ip route 10.1.0.8 255.255.255.252 10.1.0.14
BJLY(config)#ip route 10.1.2.0 255.255.255.0 10.1.0.14
BJLY(config)#ip route 10.1.3.0 255.255.255.0 10.1.0.14
BJLY(config)#ip route 172.16.0.0 255.255.255.252 10.1.0.18
BJLY(config)#ip route 0.0.0.0 0.0.0.0 202.110.16.194
BJLY(config)#
```

②春晖中学宿舍区的静态路由与默认路由配置

宿舍区路由器 SSQ 的配置:

```
SSQ(config)#ip route 0.0.0.0 0.0.0.0 10.1.0.17
SSQ(config)#
```

因为宿舍区是网络的末端,只有一个出口,可以直接采用默认路由来实现。

③ISP 区的默认路由配置

ISP 区路由器 ISP 的配置:

```
ISP(config)#ip route 0.0.0.0 0.0.0.0 202.110.16.193
ISP(config)#
```

(3)结果验证

①测试内网之间的连通性

教学楼路由器 JXL 访问网段 10.1.1.0/24:

```
JXL#ping 10.1.1.1
Type escape sequence to abort.
Sending 5, 100-byte ICMP Echos to 10.1.1.1, timeout is 2 seconds:
!!!!!
Success rate is 100 percent (5/5), round-trip min/avg/max = 0/0/0 ms
JXL#
```

教学楼路由器 JXL 访问宿舍区路由器 SSQ:

```
JXL#ping 172.16.0.1
Type escape sequence to abort.
Sending 5, 100-byte ICMP Echos to 172.16.0.1, timeout is 2 seconds:
!!!!!
Success rate is 100 percent (5/5), round-trip min/avg/max = 1/1/2 ms
JXL#
```

②测试内网与 ISP 之间的连通性

教学楼路由器 JXL 访问 ISP 服务器 61.1.1.2/8:

```
JXL#ping 61.1.1.2
Type escape sequence to abort.
Sending 5, 100-byte ICMP Echos to 61.1.1.2, timeout is 2 seconds:
```

.!!!!
Success rate is 80 percent (4/5), round-trip min/avg/max = 1/12/45 ms
JXL#

宿舍区路由器 SSQ 访问 ISP 服务器 61.1.1.2/8：

SSQ#ping 61.1.1.2
Type escape sequence to abort.
Sending 5, 100-byte ICMP Echos to 61.1.1.2, timeout is 2 seconds：
!!!!!
Success rate is 100 percent (5/5), round-trip min/avg/max = 2/3/6 ms
SSQ#

查看教学楼路由器 JXL 的路由表 JXL#show ip route：

```
Codes: C-connected, S-static, I-IGRP, R-RIP, M-mobile, B-BGP
       D-EIGRP, EX-EIGRP external, O-OSPF, IA-OSPF inter area
       N1-OSPF NSSA external type 1, N2-OSPF NSSA external type 2
       E1-OSPF external type 1, E2-OSPF external type 2, E-EGP
       i-IS-IS, L1-IS-IS level-1, L2-IS-IS level-2, ia-IS-IS inter area
       * -candidate default, U-per-user static route, o-ODR
       P-periodic downloaded static route
Gateway of last resort is 10.1.0.1 to network 0.0.0.0
      10.0.0.0/8 is variably subnetted, 8 subnets, 2 masks
C        10.1.0.0/30 is directly connected, FastEthernet4/0
C        10.1.0.4/30 is directly connected, Serial2/0
S        10.1.0.8/30 [1/0] via 10.1.0.1
S        10.1.0.12/30 [1/0] via 10.1.0.1
S        10.1.0.16/30 [1/0] via 10.1.0.1
S        10.1.1.0/24 [1/0] via 10.1.0.1
C        10.1.2.0/24 is directly connected, FastEthernet0/0
S        10.1.3.0/24 [1/0] via 10.1.0.6
      172.16.0.0/30 is subnetted, 1 subnets
S        172.16.0.0 [1/0] via 10.1.0.1
S *   0.0.0.0/0 [1/0] via 10.1.0.1
JXL# 1.
```

常用术语

1. 自治系统(AS,Autonomous System):处于共同管理之下,共享一个共同的路由选择策略的一组网络。

2. 端口(Port):①指网络互连设备(如路由器)的接口。②在 IP 术语中指从低层接收信息的高层处理。端口被编号,且每一个编了号的端口与一个特定的处理相关联。例如,SMTP 与端口 25 相关联。端口号也称作"著名地址"。③改写软件或微代码以便它能在与其最初设计所相适应的硬件平台或软件环境所不同的硬件平台上或不同的软件环境中运行。

3. 可路由协议(Routed Protocol):指运载用户信息使之可以被路由器路由的协议。路由器必须能够按照在路由选择协议中指定的方式翻译逻辑互连网络。可路由协议包括 AppleTalk、DECnet 和 IP。

4. 路由器(Router):指一种网络层设备,它使用一个或多个标准来决定网络通信转发的最佳路径。路由器基于网络层信息将数据包从一个网络转发到另一个网络。

5. 路由选择(Routing):指找到一个到达目标主机的路径的处理进程。

6. 路由选择度量值(Routing Metric):指路由选择算法决定一个路由比另一个更可取的方法。该信息存储于路由选择表中。标准包括带宽、通信代价、延迟、跳数、负载、MTU、路径代价和可靠性等。

7. 路由选择协议(Routing Protocol):指在实现一种特定的路由选择算法时完成路由选择的协议。路由选择协议栈包括 IGRP、OSPF 和 RIP。

8. 路由选择表(Routing Table):指存储在路由器或其他一些网络互连设备的表格,它保持跟踪到特定网络目的地的路由以及(在某些情况下)与这些路由相关联的标准。

习　　题

一、选择题

1. 你从别处拿来一个路由器,启动时发现路由器上已有一个旧的配置,你应该怎么做？
   (　　)
   A. 删除 RAM 中的内容,重新启动计算机
   B. 删除 Flash 中的内容,重新启动计算机
   C. 删除 NVRAM 中的内容,重新启动计算机
   D. 输入新的配置信息并保存

2. 下面哪一个是特权模式下的提示符？　　　　　　　　　　　　　　　　　(　　)
   A. Router >　　　　B. Router(config)#　　　C. Router#　　　　D. Router!

3. 如果输入一个命令,CLI 显示% incomplete command,那么如何得到帮助？(　　)
   A. 输入 history 命令来查看错误
   B. 重新输入命令,并在后面加上问号来查看缺少的关键字
   C. 输入 help 命令
   D. 输入问号,查看所有的命令帮助信息

4. 下面哪一个命令显示连接到 serial 0 的线缆类型是 DTE 还是 DCE？　　　(　　)
   A. sh int s0　　　　　　　　　　　　B. sh int serial 0
   C. sho controllers s 0　　　　　　　　D. sho serial 0 controllers

5. 退出初始化模式的命令是什么？　　　　　　　　　　　　　　　　　　　(　　)
   A. Ctrl + Z　　　B. Ctrl + ^　　　C. Ctrl + C　　　D. Ctrl + Shift + ^

6. 下面哪一个命令显示保存的配置信息？　　　　　　　　　　　　　　　　(　　)
   A. sh running-config　　　　　　　　B. show startup-config
   C. show version　　　　　　　　　　D. show backup-config

7. 下面哪个命令配置路由器上所有的缺省 VTY 端口？　　　　　　　　　　(　　)
   A. Router#line vty 0 4　　　　　　　　B. Router(config)#line vty 0 4
   C. Router(config-if)#line console 0　　　D. Router(config)#line vty all

8. 下面哪个命令设置加密密码"Cisco"？　　　　　　　　　　　　　　　　(　　)
   A. enable secret password Cisco　　　　B. enable secret Cisco
   C. enable password secret Cisco　　　　D. enable password Cisco

9. 如果想要在登录路由器时看到提示消息,使用下面哪个命令？　　　　　　(　　)
   A. message banner motd　　　　　　B. banner message motd
   C. banner motd　　　　　　　　　　D. message motd

10. 下面哪一个命令会重新加载路由器？　　　　　　　　　　　　　　　　　(　　)
    A. Router > reload　　　　　　　　　B. Router#reset
    C. Router#reload　　　　　　　　　　D. Router(config)#reload

11. 将路由器配置从 RAM 保存到 NVRAM 的命令是什么？　　　　　　　　　　（　　）

    A. Router(config)#copy current to starting

    B. Router#copy starting to running

    C. Router(config)#copy running-config startup-config

    D. Router#copy run startup

12. 从路由器 Corp 远程登录到路由器 SFRouter 上，登录时看到如下信息：

    Corp#telnet SFRouter

    Trying SFRouter (10.0.0.1)...Open

    Password required, but none set

    [Connection to SFRouter closed by foreign host]

    Corp#

    下面哪个命令组合可以正确地解决这个问题？　　　　　　　　　　　　（　　）

    A. Corp(config)#line console 0　　　　　B. SFRemote(config)#line console 0

       Corp(config-line)#password cisco　　　　SFRemote(config-line)#login

       　　　　　　　　　　　　　　　　　　　　SFRemote(config-line)#password cisco

    C. Corp(config)#line vty 0 4　　　　　　D. SFRemote(config)#line vty 0 4

       Corp(config-line)#login　　　　　　　　SFRemote(config-line)#login

       Corp(config-line)#password cisco　　　　SFRemote(config-line)#password cisco

13. 下面哪个命令可以删除路由器上 NVRAM 的内容？　　　　　　　　　　（　　）

    A. delete NVRAM　　　　　　　　　　　B. delete startup-config

    C. erase NVRAM　　　　　　　　　　　　D. erase start

14. 如果输入 show interface serial 0，看到如下信息：Serial0 is administratively down, line protocol is down。问该接口出现什么问题？　　　　　　　　　　　　　　　（　　）

    A. 保持激活状态　　　　　　　　　　　　B. 管理员把该接口关了

    C. 管理员正在测试该接口　　　　　　　　D. 没有连接线缆

15. 下面哪个命令组合用来配置路由器上的远程会话？　　　　　　　　　　（　　）

    A. Router(config)#line console 0

       Router(config-line)#password telnet

       Router(config-line)#login

    B. Router(config)#line vty 0

       Router(config-line)#enable secret password telnet

       Router(config-line)#login

    C. Router(config)#line vty 0

       Router(config-line)#enable password telnet

       Router(config-line)#login

    D. Router(config)#line vty 0 4

       Router(config-line)#password telnet

       Router(config-line)#login

16. 如果你删除了 NVRAM 的内容，重新启动计算机，将会进入哪个模式？　　（　　）

A. 特权模式 B. 用户模式
C. 初始化模式 D. 全局配置模式

17. 下面哪个命令配置登录路由器的欢迎信息？ （   ）
   A. login banner x unauthorized access prohibited！x
   B. banner exec y unauthorized access prohibited！y
   C. banner motd x unauthorized access prohibited！x
   D. vty banner unauthorized access prohibited！

18. 显示历史缓存中所有命令的命令是什么？ （   ）
   A. Ctrl + Shift + 6，then X   B. Ctrl + Z
   C. show history   D. show history buffer

19. 下面哪个命令显示当前接口的 IP 地址、物理层、数据链理层的状态？（选 3 个） （   ）
   A. show version   B. show protocols
   C. show interfaces   D. show controllers
   E. show ip interface   F. show running-config

20. 如果输入命令 show interface serial 1，看到如下信息：Serial1 is a down，line protocol is down。问题出在 OSI 模型中的哪一层？ （   ）
   A. 物理层   B. 数据链路层
   C. 网络层   D. 以上都不是

21. 下面哪些是可路由协议？ （   ）
   A. RIP   B. OSPF
   C. RIP 和 OSPF   D. RIP 和 OSPF 都不是

22. 在运行不同自治系统间的协议是下列中的哪一个？ （   ）
   A. BPG   B. EGP   C. IGRP   D. IGP

23. OSPF 的管理距离是多少？ （   ）
   A. 90   B. 100   C. 110   D. 120

24. 在路由器上同时运行 RIP 和 OSPF 协议，同时学习到达 192.168.1.0/24 的路由，路由器将使用哪一个路由协议学习到的路由？ （   ）
   A. RIP   B. OSPF
   C. 两种都不用   D. 两种同时使用

25. 如果在路由表中到达相同的网络有静态、RIP 和 IGRP 的路由，那么默认时路由器使用哪一个路由？ （   ）
   A. 任一可用的路由   B. RIP 路由
   C. 静态路由   D. IGRP 路由
   E. 负载平衡

26. 对于命令 ip route 172.16.4.0 255.255.255.0 192.168.4.2，下面哪一个叙述正确？（选 2 个） （   ）
   A. 该命令用来建立一条静态路由   B. 使用默认的管理距离
   C. 该命令用来配置默认路由   D. 源地址的子网掩码是 255.255.255.0
   E. 该命令用来建立存根网络

27. 在建立默认路由时,使用下面哪个子网掩码? （　　）
   A. 0.0.0.0　　　　　　　　　　　　　B. 255.255.255.255
   C. 和网路号的类型有关　　　　　　　　D. 上述答案都不正确

二、判断题

1. IP 协议是网络层协议。（　　）
2. 路由器在它的路由表中保存路由记录。（　　）
3. 路由器不可以动态地学习到路由。（　　）
4. 如果路由器在它的路由表中不能为一个目的地找到匹配路由,它将该数据包洪泛到除源头外的所有端口。（　　）
5. Cisco 2821 是模块化路由器。（　　）
6. 路由选择协议用一个被称为管理距离的值来量度路由。（　　）
7. 思科 IOS 中进入远程终端配置模式的命令是 Router#line vty 0 4。（　　）
8. 路由器可以分割广播域。（　　）
9. 路由器配置主机名的命令是 hostname,是在全局配置模式下完成的。（　　）
10. 思科 2811 路由器的 interface serial 0/1 接口可以简写为 in s 0/1。（　　）

三、项目设计与实践

现有德恒小学,有教学楼 1 栋、办公楼 1 栋和实验楼 1 栋。每栋楼 3 层,每层 4 间教室和 1 间教师办公室。每间教室暂时提供 1 台计算机,教师办公室提供 5~20 台计算机,在实验楼还有一个 50 台电脑的计算机实验室。学校通过 ISP 连接到外网。画出网络拓扑图,并写出 IP 地址的分配方案。

项目四 配置动态路由协议

通过项目三我们了解到,在不同的子网进行互联时,可以通过静态路由的方式来实现。但如果子网较多、网络较为复杂时,使用静态路由将是一个比较烦琐的工作。因此,使用动态路由协议来配置网络,将得到事半功倍的效果。本项目将告诉大家,如何选用不同的动态路由协议,满足不同用户的需求。

一、教学目标

最终目标:能根据需求完成网络连接,配置动态路由协议。
促成目标:
1. 能根据需求配置 RIP 网络;
2. 能根据需求配置 OSPF 网络;
3. 能根据需求配置 EIGRP 网络;
4. 能根据需求配置路由重分发。

二、工作任务

1. 配置和验证 RIP 网络;
2. 配置和验证 OSPF 网络;
2. 配置和验证 EIGRP 网络;
3. 配置路由重分配。

模块 1 配置 RIP 动态路由协议

一、教学目标

最终目标:能根据需求配置 RIP 动态路由协议。
促成目标:
1. 知道距离向量路由的特点;

2. 知道 RIP 协议的特征；
3. 熟悉 RIPv1 和 RIPv2 的异同点；
4. 能根据需求配置 RIP 网络；
5. 会验证配置。

二、工作任务

1. 确定设备选型和设备上所配模块的选择；
2. 完成网络设备的物理连接；
3. 完成路由器的基本配置；
4. 配置 RIP 路由协议，实现网络互通；
5. 互联网接入和默认路由的分发；
6. 验证设备配置和网络连通性。

三、相关知识点

1. 路由协议的分类

根据路由器学习路由有两种方式：静态(static)路由协议和动态(dynamic)路由协议。

动态路由协议分为 3 类：距离向量(Distance Vector)、链路状态(Link State)和混合型(Hybrid)。每类路由协议在与相邻路由器共享路由信息和选择到达目的地的最佳路径时所采用的方法各不相同。其代表协议有：

(1) 距离向量路由协议：RIPv1 和 IGRP；
(2) 链路状态路由协议：OSPF、IS-IS 和 NLSP；
(3) 混合型路由协议：RIPv2、EIGRP 和 BGP。

2. 距离向量协议(Distance Vector Protocols)

距离向量协议是动态路由协议中实现最简单的路由协议。大多数距离向量协议使用 Bellman-Ford 算法来寻找到达目的地的最佳路径。由于路由器从直接相邻的路由器获取路由信息，而这些相邻路由器可能从其他相邻路由器得知这些网络信息，所以有时这类信息被称作传闻路由(Routing by Rumor)。RIPv1 和 IGRP 属于距离向量路由协议。

3. 自治系统(AS)

自治系统(AS, Autonomous Systems)是在管理控制域下的一组网络(a group of networks under a singal administrative control)，在同一个自治系统中，所有的路由器共享路由表信息。一个自治系统可自由地选择其内部的路由体系结构，但是必须收集其内部所有的网络信息，并把这些可达信息送给其他的自治系统。

要将一个自治系统与其他自治系统区别开来，可以给每个 AS 分配一个在 1—65535 之间的唯一号码。互联网地址指派机构(IANA, Internet Assigned Numbers Authority)负责这些号码的分配。和 RFC 1918 定义的公共和私有 IP 地址一样，AS 号也有公共和私有之分。如果要连接因特骨干网，那么可以运行 BGP，并且如果想接受来自因特网的 BGP 路由，那就需要一个公共 AS 号。如果只需将自己的内部网络划分成若干自治系统，那么只需使用私有号。支持 AS 的路由协议有 IGRP、EIGRP、OSPF、IS-IS、BGP。RIP 不支持自治系统。

注意:OSPF 支持 AS,但 OSPF 不需要配置 AS 号,IGRP 和 EIGRP 协议则需要配置 AS 号。

4. 内部网关协议(IGP)

内部网关协议(IGP,Interior Gateway Protocol)是一个在单个自治系统中交换路由信息的协议。IGP 包括 RIP、IGRP、EIGRP、OSPF 和 IS-IS。

5. 外部网关协议(EGP)

外部网关协议(EGP,Exterior Gateway Protocol)处理不同自治系统的路由。目前仅有一种 EGP,称边界网关协议(BGP,Border Gateway Protocol)。BGP 用于在因特骨干网中管理不同自治系统间的路由。

6. RIP 协议(RIP)

路由信息协议(RIP,Routing Information Protocol)是一种内部网关协议(IGP,Interior Gateway Protocols),用于一个自治系统(AS,Autonomous System)内的路由信息的传递。RIP 协议是基于距离矢量算法(Distance Vector Algorithms)的,它使用度量值(Metric),即跳数(Hop)来衡量到达目标地址的路由距离。

RIP 协议有 RIPv1 和 RIPv2 两个版本。RIPv2 是在 RIPv1 基础上的改进版本。它具有以下特性:

(1)用跳作为度量值,最大值为 15;
(2)用抑制定时器(Hold-down Timer)防止路由环路,默认值为 180s;
(3)用水平分割(Split Horizon)防止路由环路;
(4)用 16 跳作为无限距离的度量值;
(5)发送有子网掩码的路由选择信息;
(6)通过在每条路由中传送子网掩码来支持可变长子网掩码(VLSM);
(7)提供身份验证功能;
(8)同时使用明文和 MD5;
(9)在路由更新信息中包含下一跳路由器的 IP 地址;
(10)使用外部路由标记;
(11)提供组播传送路由更新。

RIPv2 可以在路由更新信息中发送子网掩码信息。RIPv2 支持无类路由,在同一网络中不同的子网使用不同的子网掩码。RIPv2 使用 D 类地址 224.0.0.9 组播传送路由更新信息。

7. 管理距离(Administrative Distance)

若路由器从多个来源接收到一个网络的路由更新信息,如直连路由、静态及动态路由,这会使得路由的选择变得复杂,必须在这些来源中选择一个作为最佳的路径并放入其路由表中。

路由器通常会查看路由条目的管理距离。管理距离是用于划分 IP 路由协议优先级的 Cisco 专有机制。例如,若路由器运行两个 IGP:RIP 和 IGRP,从这两种路由协议学习网络 10.0.0.0/8,路由器应选择哪一个并放入路由表中?或者说哪一个路由信息更可信(believable)呢?路由器首先会根据路由来源的管理距离来进行选择。

每个路由协议都有默认的管理距离值。距离值的范围为 0—255。对于路由器,距离值越小,可信度越高,最佳距离值为 0 而最差距离值为 255。

表 4-1 列出了一些 Cisco 指定的路由协议的默认管理距离。

表 4-1　管理距离值

管理距离	路由类型
0	连接路由（Connected interface）
0 或 1	静态路由（Static route）
90	内部 EIGRP 路由（在同一 AS 内）（Internal EIGRP route within the same AS）
100	IGRP 路由（IGRP route）
110	OSPF 路由（OSPF route）
120	RIP 路由（RIP route）
170	外部 EIGRP 路由（来源于另一个 AS）（External EIGRP route from other AS）
255	未知路由（被认为是无效路由并且将不使用）（Invalid route and will not be used）

四、实践操作

1. 准备工作

（1）背景知识：

①掌握基本的网络设计和组建方法，准备好网络设备和连接介质。

②本实验需要以下资源：

- 网络设备：路由器 3 台，交换机 3 台；
- 终端设备：服务器 2 台，PC4 台；
- 双绞线和串行线缆若干。

（2）目标：

①收集用户需求，完成网络需求分析表。根据需求分析，完成网络拓扑；

②确定设备选型和设备上所配模块的选择，完成网络设备的物理连接；

③完成路由器的基本配置，配置 RIP 路由协议以实现网络互通；

④互联网接入和缺省路由的分发；

⑤验证设备配置和网络连通性。

2. 分析用户需求

春晖中学园区内共有 3 栋建筑物，分别是行政楼、教学楼和实验楼。整个校园要连接到互联网，内部的 3 栋建筑物间要组建相互连通的局域网，满足广大师生的上网需求。图 4-1 是春晖中学的建筑示意图。

3. 技术分析

学校通过教育城域网连接到互联网，市教育局信息中心为春晖中学分配了 3 个 C 类 IP 地址（192.168.8.0—192.168.10.0）用于终端设备的 IP 地址分配，连接城域网的线缆已敷设到校行政楼的信息室。连接城域网的出口网络地址为 172.16.100.6/30（由市教育局指定）。局域网内部路由器相互连接的网络采用 10 网段（由学校自定）。局域网内部各建筑物间采用千兆光纤连接，已完成布线工程（3 栋建筑物间的距离均不超过 500m）。

根据学校的上述要求，我们设计了相应的逻辑拓扑，规划了相应的 IP 地址，具体规划如图 4-2 所示。

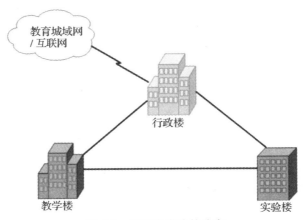

图 4-1 春晖中学建筑分布

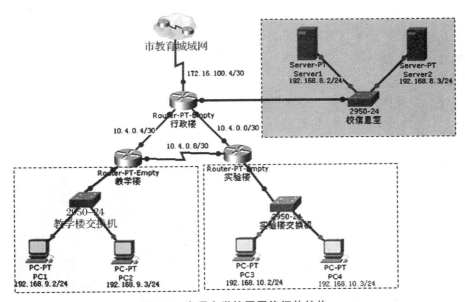

图 4-2 春晖中学校园网络拓扑结构

4. 设备选型

(1) 3 栋建筑物分别对应 3 个逻辑子网,每个建筑物上必须要有一个三层设备。这里我们选择了 Cisco 的 2811 路由器。

(2) 建筑物间要用千兆光纤连接,每个建筑物的三层设备上必须要有千兆多模光纤模块。这里我们使用 NM-1FGE 模块。

(3) 每个建筑物的三层设备上必须有连接本建筑物的局域网接口。

(4) 每个建筑物的终端(如 PC 和服务器等)需要使用二层设备进行连接,这里我们使用 Cisco 的 2960 交换机作为接入层设备。

5. 设备物理连接

根据网络拓扑,完成网络连接我们需要下列连接介质:

● 多模光缆跳线 3 对;

- UTP 线缆若干;
- V.35 串行线缆 1 对。

对于 V.35 串行线缆,我们需注意 DCE 端和 DTE 端,防止接错。

6. 设备的基本配置

完成设备连接后,接着需要配置网络。我们先配置路由器的主机名和相应的接口。其基本命令如下:

- 主机名称——hostname;
- 指定接口——interface XXX XXX;
- 接口 IP 地址——ip address A.B.C.D A.B.C.D;
- 接口描述——description XXXXXXX;
- 启用接口——no shutdown。

(1) 行政楼

```
Router#configure terminal
Router(config)# hostname office
//连接外网的接口
office(config)# interface Serial0/0
office(config-if)# description Link to HZCNC
office(config-if)# ip address 172.16.100.6 255.255.255.252
office(config-if)# no shutdown
//连接教学楼的接口
office(config)# interface GigabitEthernet1/0
office(config-if)# description From Teach
office(config-if)# ip address 10.4.0.5 255.255.255.252
office(config-if)# no shutdown
//连接实验楼的接口
office(config)# interface GigabitEthernet2/0
office(config-if)# description From Lab
office(config-if)# ip address 10.4.0.1 255.255.255.252
office(config-if)# no shutdown
//连接校信息室的接口
office(config)# interface FastEthernet3/0
office(config-if)#  description From DataCenter
office(config-if)# ip address 192.168.8.1 255.255.255.0
office(config-if)# no shutdown
```

(2) 教学楼

```
Router#configure terminal
Router(config)# hostname Teach
//连接行政楼的接口
```

```
Teach(config)# interface GigabitEthernet0/0
Teach(config-if)# description Link to Metc
Teach(config-if)# ip address 10.4.0.6 255.255.255.252
Teach(config-if)# no shutdown
```
//连接教学楼内网的接口
```
Teach(config)# interface FastEthernet1/0
Teach(config-if)# description From Teach_LAN
Teach(config-if)# ip address 192.168.9.1 255.255.255.0
Teach(config-if)# no shutdown
```
//连接实验楼的接口
```
Teach(config)# interface Serial2/0
Teach(config-if)# description Link to Lab
Teach(config-if)# ip address 10.4.0.9 255.255.255.252
Teach(config-if)# clock rate 64000
Teach(config-if)# no shutdown
```

(3)实验楼
```
Router#configure terminal
Router(config)# hostname Lab
```
//连接行政楼的接口
```
Lab(config)# interface GigabitEthernet0/0
Lab(config-if)# description Link to Metc
Lab(config-if)# ip address 10.4.0.2 255.255.255.252
Lab(config-if)# no shutdown
```
//连接实验楼内网的接口
```
Lab(config)# interface FastEthernet1/0
Lab(config-if)# description From Lab_LAN
Lab(config-if)# ip address 192.168.10.1 255.255.255.0
Lab(config-if)# no shutdown
```
//连接教学楼的接口
```
Lab(config)# interface Serial2/0
Lab(config-if)# description Link to Teach
Lab(config-if)# ip address 10.4.0.10 255.255.255.252
Lab(config-if)# no shutdown
```

完成配置后,我们使用 ping 命令,测试接口配置是否正确。
测试接口配置:

```
Lab#ping 10.4.0.1

Type escape sequence to abort.
Sending 5, 100-byte ICMP Echos to 10.4.0.1, timeout is 2 seconds:
!!!!!
Success rate is 100 percent (5/5), round-trip min/avg/max = 15/28/33 ms

Lab#ping 10.4.0.9

Type escape sequence to abort.
Sending 5, 100-byte ICMP Echos to 10.4.0.9, timeout is 2 seconds:
!!!!!
Success rate is 100 percent (5/5), round-trip min/avg/max = 18/31/47 ms

Lab#ping 192.168.10.2

Type escape sequence to abort.
Sending 5, 100-byte ICMP Echos to 192.168.10.2, timeout is 2 seconds:
.!!!!
Success rate is 80 percent (4/5), round-trip min/avg/max = 47/54/63 ms
```

7. 配置局域网内部路由

为使得校园网络能够相互连通,我们需要配置相关的路由协议。这里,我们选择 RIP 协议作为相应的路由协议。

RIP 路由协议的命令为:

- Router(config)# router rip   //启用路由协议
- Router(config-router)# network x.x.x.x   //发布直连主类网络
- Router(config-router)# passive-interface yyy   //设定被动接口

(1) 行政楼

Office(config)#router rip

Office(config-router)# network 10.0.0.0

Office(config-router)# network 192.168.8.0

Office(config-router)# passive-interface f1/0

(2) 教学楼

Teach(config)# router rip

Teach(config-router)# network 10.0.0.0

Teach(config-router)# network 192.168.9.0

Teach(config-router)# passive-interface f3/0

(3) 实验楼

Lab(config)# router rip

Lab(config-router)# network 10.0.0.0

Lab(config-router)# network 192.168.10.0

Lab(config-router)# passive-interface f2/0

8. 互联网接入和默认路由的分发

为保证师生能够访问互联网,需要配置互联网接入,其具体命令如下:

Office(config)# ip route 0.0.0.0 0.0.0.0 172.16.100.5

为保证该路由条目能够让 Lab 路由器和 Teach 路由器学习到，需要将默认路由进行分发，有些书本也称其为路由"注入"。

Office (config)# router rip
Office(config-router)#default-information originate

9. 验证设备配置和网络连通性

完成网络配置后，我们需要验证配置的正确性，这里主要使用 show、ping 和 traceroute 等命令来完成。

(1) 查看当前配置清单 show running-config

```
Lab#show running-config
Building configuration...

Current configuration : 520 bytes
!
version 12.2
no service password-encryption
!
hostname Lab
!
!
!
!
!
ip ssh version 1
!
!
interface GigabitEthernet0/0
 description Link to Metc
 ip address 10.4.0.2 255.255.255.252
!
interface FastEthernet1/0
 description From Lab_LAN
 ip address 192.168.10.1 255.255.255.0
```

(2) 查看当前路由表 show ip route

```
Lab#show ip route
Codes: C - connected, S - static, I - IGRP, R - RIP, M - mobile, B - BGP
       D - EIGRP, EX - EIGRP external, O - OSPF, IA - OSPF inter area
       N1 - OSPF NSSA external type 1, N2 - OSPF NSSA external type 2
       E1 - OSPF external type 1, E2 - OSPF external type 2, E - EGP
       i - IS-IS, L1 - IS-IS level-1, L2 - IS-IS level-2, ia - IS-IS inter area
       * - candidate default, U - per-user static route, o - ODR
       P - periodic downloaded static route

Gateway of last resort is 10.4.0.1 to network 0.0.0.0

     10.0.0.0/30 is subnetted, 3 subnets
C       10.4.0.0 is directly connected, GigabitEthernet0/0
R       10.4.0.4 [120/1] via 10.4.0.9, 00:00:16, Serial2/0
                 [120/1] via 10.4.0.1, 00:00:11, GigabitEthernet0/0
C       10.4.0.8 is directly connected, Serial2/0
R    192.168.8.0/24 [120/1] via 10.4.0.1, 00:00:11, GigabitEthernet0/0
R    192.168.9.0/24 [120/1] via 10.4.0.9, 00:00:16, Serial2/0
C    192.168.10.0/24 is directly connected, FastEthernet1/0
R*   0.0.0.0/0 [120/1] via 10.4.0.1, 00:00:11, GigabitEthernet0/0
Lab#
```

(3) Ping 命令测试网络连通性

```
Lab#ping 192.168.8.2

Type escape sequence to abort.
Sending 5, 100-byte ICMP Echos to 192.168.8.2, timeout is 2 seconds:
!!!!!
Success rate is 100 percent (5/5), round-trip min/avg/max = 65/84/94 ms
```

(4) Traceroute 命令测试网络连通性

```
Lab#traceroute 192.168.8.2
Type escape sequence to abort.
Tracing the route to 192.168.8.2

  1   10.4.0.1        47 msec    31 msec    31 msec
  2   192.168.8.2     78 msec    78 msec    63 msec
```

10. 使用 RIPv2 路由协议改造网络

由于地址规划修改,将教学楼终端地址分配为 10.4.1.0/24 网段,将实验楼终端地址分配为 10.4.2.0/24,将行政楼信息室终端地址分配为 10.4.3.0/24,由于网络中存在不连续子网问题,因此,我们选用 RIPv2 来改造网络。

首先,我们需要修改教学楼、实验楼、行政楼 3 台路由器连接 LAN 的接口地址,具体命令如下:

```
//连接校信息室的接口
office(config)# interface FastEthernet3/0
office(config-if)# description From DataCenter
office(config-if)# ip address 10.4.3.1 255.255.255.0
office(config-if)# no shutdown
```

```
//连接教学楼内网的接口
Teach(config)# interface FastEthernet1/0
Teach(config-if)# description From Teach_LAN
Teach(config-if)# ip address 10.4.1.1 255.255.255.0
Teach(config-if)# no shutdown
```

```
//连接实验楼内网的接口
LAB(config)# interface FastEthernet1/0
LAB(config-if)# description From Lab_LAN
LAB(config-if)# ip address 10.4.2.1 255.255.255.0
LAB(config-if)# no shutdown
```

RIPv2 路由协议的命令为:

- Router(config)# router rip   //启用路由协议
- Router(config)# version 2   //启用 RIP 路由协议版本 2
- Router(config)# no auto-summary   //取消路由自动汇总
- Router(config-router)# network x.x.x.x y.y.y.y   //发布直连主类网络
- Router(config-router)# passive-interface yyy   //设定被动接口

（1）行政楼

Office(config)# router rip
Office(config)# version 2
Office(config)# no auto-summary
Office(config-router)# network 10.0.0.0
Office(config-router)# passive-interface f1/0

（2）教学楼

Teach(config)# router rip
Teach(config)# version 2
Teach(config)# no auto-summary
Teach(config-router)# network 10.0.0.0
Teach(config-router)# passive-interface f3/0

（3）实验楼

Lab(config)# router rip
Lab(config)# version 2
Lab(config)# no auto-summary
Lab(config-router)# network 10.0.0.0
Lab(config-router)# passive-interface f2/0

模块 2　配置 OSPF 动态路由协议

一、教学目标

最终目标：能根据需求配置 OSPF 动态路由协议。

促成目标：

1. 了解链路状态路由协议的特点；
2. 了解 OSPF 协议的特征；
3. 能根据需求配置 OSPF 网络；
4. 会验证配置。

二、工作任务

1. 完成网络设备的连接；
2. 完成路由器的基本配置；
3. 配置 OSPF 路由协议；
4. 验证设备配置。

三、相关知识点

1. OSPF 协议（Open Shortest Path First Protocol）

OSPF 是一种基于开放标准的链路状态路由选择协议（Link-state Routing Protocol）。链路状态协议泛洪（Flooding）链路状态信息，使每台路由器有一个完整的网络拓扑图（Network Topology）。开放（Open）是指 OSPF 是对公众开放的，非专有的。由于更具扩展性，OSPF 比 RIP 协议更受青睐的内部网关协议（IGP）。

在 OSPF 中，使用最短路径优先算法（Shortest Path First Algorithm）（该算法是计算机科学家 Dijkstra 发明的）确定最佳路径。

RIP 不能超过 15 跳（Hops），收敛慢（Converges Slowly），并且在做路由决定时，因为忽略了像带宽这样关键的因素而容易选择较慢的路由。

OSPF 解决了上述的这些限制，已被证明是一种可扩展的路由选择协议，适用于目前的网络。对于小型网络，可以在单个区域中应用 OSPF。对于大型网络，如果使用了分层（Hierarchical）的网络设计原则，可以在多个区域中使用。

OSPF 是一种无类别（classless）的路由协议，支持 VLSM。

2. 区域（Area）

OSPF 网络分为多个部分（part），称为"区域"，可以高效地控制网络运行。区域 0 是主区域，也称为骨干（Backbone）。所有 OSPF 网络都有一个区域 0，它作为主分配区（Main Distribution Area）。这种设计方法可以对大量的路由选择更新信息进行控制。通过定义区域，可以减少路由选择开销、加快收敛，提高网络的性能。

3. OSPF 术语

（1）链路状态数据库（Link-state Datebale）

链路状态数据库也称拓扑数据库（Topological Database），是关于网络中所有其他路由器的信息。该数据库显示出了网络的拓扑结构。一个区域中的所有路由器都有相同的链路状态数据库。

（2）毗邻数据库（Adjacency Database）

路由器中收集的相邻路由器的信息，即所有已经与路由器建立起双向通信关系的邻居路由器的信息。每个路由器的该表都是不同的。

（3）转发数据库（Forward Database）

转发数据库即路由表。路由器使用链路状态数据库，运行最短路径优先算法，计算决定到目的地的最佳路由，并将最低成本（cost）的路由添加到路由表里。

（4）SPF 算法

使用基于带宽（bandwidth）的成本（cost）度量值进行路由选择，带宽越大，OSPF 链路的成本越低。OSPF 选择最快的无环（loop-free）路径（path），即最短路径优先树（SPF Tree），作为网络中的最佳路径（path）。OSPF 能保证无环（loop-free）路由选择，而距离向量路由选择协议会导致路由选择环路（loop）。

（5）DR（Designated Route）

DR 即指定路由，路由器与广播网段中所有的其他路由器建立毗邻关系，DR 担当网段的发言人，网段上的所有其他路由器均向 DR 发送它们的链路状态信息。DR 的选择，主要根据路由器 ID 来判断，首先使用 route-id 命令来配置，如没有配置，则可以使用最高的环回地址来判断。最后，根据最高的本地活动接口的 IP 地址来判断。

（6）BDR（Backup Designated Route）

BDR 即备份指定路由，当 DR 失效时接替其职责，防止单点故障。

四、实践操作

1. 准备工作

（1）背景知识：

①掌握基本的网络设计和组建方法，准备好网络设备和连接介质；

②本实验需要以下资源：

- 网络设备：路由器 3 台，交换机 3 台
- 终端设备：服务器 2 台，PC4 台
- 双绞线和串行线缆若干。

（2）目标：

①收集用户需求，完成网络需求分析表。根据需求分析，完成网络拓扑；

②确定设备选型和设备上所配模块的选择，完成网络设备的物理连接；

③完成路由器的基本配置，配置 OSPF 路由协议以实现网络互通；

④互联网接入和默认路由的分发；

⑤验证设备配置和网络连通性。

2. 分析用户需求

春晖中学园区内共有 3 栋建筑物，分别是行政楼、教学楼和实验楼。校园内部的 3 栋建筑物组建相互连通的局域网。整个校园要连接到互联网，为广大师生提供上网需求。图 4-1 是春晖中学的建筑示意图。

3. 技术分析

学校通过教育城域网连接到互联网，市教育局信息中心为春晖中学分配了 3 个 C 类 IP 地址（192.168.8.0—192.168.10.0）用于终端设备的 IP 地址分配，将连接城域网的线缆已敷设到校行政楼的信息室。连接城域网的出口网络地址为 172.16.100.6/30（由市教育局指定）。局域网内部路由器相互连接的网络采用 10 网段（由学校自定）。局域网内部各建筑物间采用千兆光纤连接，已完成布线工程（3 栋建筑物间的距离均不超过 500m）。

根据学校的上述要求，我们设计了相应的逻辑拓扑，规划了相应的 IP 地址，具体规划如图 4-2 所示。

4. 设备选型

(1) 3栋建筑物分别对应3个逻辑子网,每个建筑物上必须要有一个三层设备。这里我们选择 Cisco 的 2811 路由器作为我们的三层设备。

(2) 建筑物间要用千兆光纤连接,每个建筑物的三层设备上必须要有千兆多模光纤模块。这里我们使用 NM-1FGE 模块。

(3) 每个建筑物的三层设备上必须有连接本建筑物局域网的接口。

(4) 每个建筑物的终端(如 PC 和服务器等)需要使用二层设备进行连接,这里我们使用 Cisco 的 2960 交换机作为接入层设备。

5. 设备物理连接

根据网络拓扑,完成网络连接我们需要下列连接介质:

- 多模光缆跳线 3 对;
- UTP 线缆若干;
- V.35 串行线缆 1 对。

对于 V.35 串行线缆,我们需注意 DCE 端和 DTE 端,防止接错。

6. 设备的基本配置

完成设备连接后,接着需要配置网络。首先,我们配置路由器的主机名和相应的接口。其基本命令如下:

- 主机名称——hostname
- 指定接口——interface　XXX　XXX
- 接口 IP 地址——ip address　A.B.C.D　A.B.C.D
- 接口描述——description XXXXXXX
- 启用接口——no shutdown

(1) 行政楼

```
        Router#configure terminal
        Router(config)# hostname Office
//连接外网的接口
        office(config)# interface Serial0/0
        office(config-if)# description Link to HZCNC
        office(config-if)# ip address 172.16.100.6 255.255.255.252
        office(config-if)# no shutdown
//连接教学楼的接口
        office(config)# interface GigabitEthernet1/0
        office(config-if)# description From Teach
        office(config-if)# ip address 10.4.0.5 255.255.255.252
        office(config-if)# no shutdown
//连接实验楼的接口
        office(config)# interface GigabitEthernet2/0
```

```
office(config-if)# description From Lab
office(config-if)# ip address 10.4.0.1 255.255.255.252
office(config-if)# no shutdown
```
//连接校信息室的接口
```
office(config)# interface FastEthernet3/0
office(config-if)#description From DataCenter
office(config-if)# ip address 192.168.8.1 255.255.255.0
office(config-if)# no shutdown
```

（2）教学楼

```
Router#configure terminal
Router(config)# hostname Teach
```
//连接行政楼的接口
```
Teach(config)# interface GigabitEthernet0/0
Teach(config-if)# description Link to Metc
Teach(config-if)# ip address 10.4.0.6 255.255.255.252
Teach(config-if)# no shutdown
```
//连接教学楼内网的接口
```
Teach(config)# interface FastEthernet1/0
Teach(config-if)# description From Teach_LAN
Teach(config-if)# ip address 192.168.9.1 255.255.255.0
Teach(config-if)# no shutdown
```
//连接实验楼的接口
```
Teach(config)# interface Serial2/0
Teach(config-if)# description Link to Lab
Teach(config-if)# ip address 10.4.0.9 255.255.255.252
Teach(config-if)# clock rate 64000
Teach(config-if)# no shutdown
```

（3）实验楼

```
Router#configure terminal
Router(config)# hostname Lab
```
//连接行政楼的接口
```
Lab(config)# interface GigabitEthernet0/0
Lab(config-if)# description Link to Metc
Lab(config-if)# ip address 10.4.0.2 255.255.255.252
Lab(config-if)# no shutdown
```

```
//连接实验楼内网的接口
    Lab(config)# interface FastEthernet1/0
    Lab(config-if)# description From Lab_LAN
    Lab(config-if)# ip address 192.168.10.1 255.255.255.0
    Lab(config-if)# no shutdown
//连接教学楼的接口
    Lab(config)# interface Serial2/0
    Lab(config-if)# description Link to Teach
    Lab(config-if)# ip address 10.4.0.10 255.255.255.252
    Lab(config-if)# no shutdown
```

完成配置后,我们使用 ping 命令,测试接口配置是否正确。以下是在实验楼的路由器 Lab 上测试相连接口的连通性。

```
Lab#ping 10.4.0.1

Type escape sequence to abort.
Sending 5, 100-byte ICMP Echos to 10.4.0.1, timeout is 2 seconds:
!!!!!
Success rate is 100 percent (5/5), round-trip min/avg/max = 15/28/33 ms

Lab#ping 10.4.0.9

Type escape sequence to abort.
Sending 5, 100-byte ICMP Echos to 10.4.0.9, timeout is 2 seconds:
!!!!!
Success rate is 100 percent (5/5), round-trip min/avg/max = 18/31/47 ms

Lab#ping 192.168.10.2

Type escape sequence to abort.
Sending 5, 100-byte ICMP Echos to 192.168.10.2, timeout is 2 seconds:
.!!!!
Success rate is 80 percent (4/5), round-trip min/avg/max = 47/54/63 ms
```

7. 配置局域网内部路由

为使校园网络能够相互连通,我们需要配置相关的路由协议。这里,我们选择 OSPF 协议作为相应的路由协议。其中,y.y.y.y 参数为反掩码。

OSPF 路由协议的命令为:

- Router(config)# router ospf processid   //启用 OSPF 路由协议
- Router(config-router)#router-id x.x.x.x   //指定路由器 ID
- Router(config-router)# network x.x.x.x y.y.y.y area 0   //发布直连子网络
- Router(config-router)# passive-interface yyy   //设定被动接口

（1）行政楼

```
Office(config)# router ospf 1
Office(config-router)# router-id 1.1.1.1
Office(config-router)# network 10.4.0.0 0.0.0.3 area 0
Office(config-router)# network 10.4.0.4 0.0.0.3 area 0
Office(config-router)# network 192.168.8.0 0.0.0.255 area 0
Office(config-router)# passive-interface f1/0
```

（2）教学楼

```
Teach(config)# router ospf 1
Teach(config-router)# router-id 2.2.2.2
Teach(config-router)# network 10.4.0.4 0.0.0.3 area 0
Teach(config-router)# network 10.4.0.8 0.0.0.3 area 0
Teach(config-router)# network 192.168.9.0 0.0.0.255 area 0
Teach(config-router)# passive-interface f3/0
```

（3）实验楼

```
Lab(config)# router ospf 1
Lab(config-router)# router-id 3.3.3.3
Lab(config-router)# network network 10.4.0.0 0.0.0.3 area 0
Lab(config-router)# network network 10.4.0.8 0.0.0.3 area 0
Lab(config-router)# network 192.168.10.0 0.0.0.255 area 0
Lab(config-router)# passive-interface f2/0
```

8. 互联网接入和默认路由的分发

为保证师生能够访问互联网,需要配置互联网接入,其具体命令如下：

```
Office(config)# ip route 0.0.0.0 0.0.0.0 172.16.100.5
```

为保证该路由条目能够让 Lab 路由器和 Teach 路由器学习到,需要将默认路由进行分发,有些书本也称其为路由"注入"。

```
Office (config)# router ospf 1
Office(config-router)# default-information originate
```

9. 验证设备配置和网络连通性

完成网络配置后,我们需要验证配置的正确性,这里我们主要使用 show、ping 和 traceroute 等命令来完成。

(1) 查看当前配置清单 show running-config

```
!
interface GigabitEthernet1/0
 description From Teach
 ip address 10.4.0.5 255.255.255.252
!
interface GigabitEthernet2/0
 description From Lab
 ip address 10.4.0.1 255.255.255.252
!
interface FastEthernet3/0
 description From DataCenter
 ip address 192.168.8.1 255.255.255.0
 duplex auto
 speed auto
!
router ospf 1
 router-id 1.1.1.1
 log-adjacency-changes
 passive-interface FastEthernet3/0
 network 10.4.0.0 0.0.0.3 area 0
 network 10.4.0.4 0.0.0.3 area 0
 network 192.168.8.0 0.0.0.255 area 0
 default-information originate
```

(2) 查看当前路由表 show ip route

```
Lab#show ip route
Codes: C - connected, S - static, I - IGRP, R - RIP, M - mobile, B - BGP
       D - EIGRP, EX - EIGRP external, O - OSPF, IA - OSPF inter area
       N1 - OSPF NSSA external type 1, N2 - OSPF NSSA external type 2
       E1 - OSPF external type 1, E2 - OSPF external type 2, E - EGP
       i - IS-IS, L1 - IS-IS level-1, L2 - IS-IS level-2, ia - IS-IS inter area
       * - candidate default, U - per-user static route, o - ODR
       P - periodic downloaded static route

Gateway of last resort is 10.4.0.1 to network 0.0.0.0

     10.0.0.0/30 is subnetted, 3 subnets
C       10.4.0.0 is directly connected, GigabitEthernet0/0
O       10.4.0.4 [110/2] via 10.4.0.1, 00:03:53, GigabitEthernet0/0
C       10.4.0.8 is directly connected, Serial2/0
O    192.168.8.0/24 [110/2] via 10.4.0.1, 00:03:53, GigabitEthernet0/0
O    192.168.9.0/24 [110/3] via 10.4.0.1, 00:03:53, GigabitEthernet0/0
C    192.168.10.0/24 is directly connected, FastEthernet1/0
O*E2 0.0.0.0/0 [110/1] via 10.4.0.1, 00:03:53, GigabitEthernet0/0
```

（3）Ping 命令测试网络连通性

```
Lab#ping 192.168.8.2

Type escape sequence to abort.
Sending 5, 100-byte ICMP Echos to 192.168.8.2, timeout is 2 seconds:
!!!!!
Success rate is 100 percent (5/5), round-trip min/avg/max = 65/84/94 ms
```

（4）Traceroute 命令测试网络连通性

```
Lab#traceroute 192.168.8.2
Type escape sequence to abort.
Tracing the route to 192.168.8.2

  1   10.4.0.1         47 msec    31 msec    31 msec
  2   192.168.8.2      78 msec    78 msec    63 msec
```

（5）查看 OSPF 进程

```
Lab#show ip ospf
 Routing Process "ospf 1" with ID 192.168.10.1
 Supports only single TOS(TOS0) routes
 Supports opaque LSA
 SPF schedule delay 5 secs, Hold time between two SPFs 10 secs
 Minimum LSA interval 5 secs. Minimum LSA arrival 1 secs
 Number of external LSA 1. Checksum Sum 0x00feff
 Number of opaque AS LSA 0. Checksum Sum 0x000000
 Number of DCbitless external and opaque AS LSA 0
 Number of DoNotAge external and opaque AS LSA 0
 Number of areas in this router is 1. 1 normal 0 stub 0 nssa
 External flood list length 0
    Area BACKBONE(0)
        Number of interfaces in this area is 3
        Area has no authentication
        SPF algorithm executed 8 times
        Area ranges are
        Number of LSA 5. Checksum Sum 0x04dea0
        Number of opaque link LSA 0. Checksum Sum 0x000000
        Number of DCbitless LSA 0
        Number of indication LSA 0
        Number of DoNotAge LSA 0
        Flood list length 0
```

(6) 查看 OSPF 邻居路由器状况

```
Lab#show ip ospf neighbor
Neighbor ID     Pri   State      Dead Time    Address      Interface
192.168.8.1      1    FULL/DR    00:00:39     10.4.0.1     GigabitEtherne
t0/0
2.2.2.2          1    FULL/-     00:00:30     10.4.0.9     Serial2/0
```

(7) 查看 OSPF 拓扑数据库

```
Lab#show ip ospf database
            OSPF Router with ID (192.168.10.1) (Process ID 1)

              Router Link States (Area 0)

Link ID          ADV Router       Age         Seq#        Checksum Link count
192.168.10.1     192.168.10.1     390         0x80000006  0x00feff 4
2.2.2.2          2.2.2.2          449         0x80000006  0x00feff 4
192.168.8.1      192.168.8.1      430         0x80000007  0x00feff 3

              Net Link States (Area 0)
Link ID          ADV Router       Age         Seq#        Checksum
10.4.0.5         192.168.8.1      603         0x80000003  0x00e41b
10.4.0.1         192.168.8.1      430         0x80000004  0x00fd88

              Type-5 AS External Link States
Link ID          ADV Router       Age         Seq#        Checksum Tag
0.0.0.0          192.168.8.1      498         0x80000002  0x00feff 1
```

(8) 查看路由器接口的 OSPF 状态

```
Lab#show ip ospf interface
Serial2/0 is up, line protocol is up
  Internet address is 10.4.0.10/30, Area 0
  Process ID 1, Router ID 192.168.10.1, Network Type POINT-TO-POINT, Cost: 781
  Transmit Delay is 1 sec, State POINT-TO-POINT,
  Timer intervals configured, Hello 10, Dead 40, Wait 40, Retransmit 5
     Hello due in 00:00:04
  Index 1/1, flood queue length 0
  Next 0x0(0)/0x0(0)
  Last flood scan length is 1, maximum is 1
  Last flood scan time is 0 msec, maximum is 1 msec
  Neighbor Count is 1 , Adjacent neighbor count is 1
     Adjacent with neighbor 10.4.0.9
  Suppress hello for 0 neighbor(s)
```

模块 3　配置 EIGRP 动态路由协议

一、教学目标

最终目标：能根据需求设计和配置 EIGRP 动态路由协议。
促成目标：
1. 能读懂网络拓扑图和设计需求；
2. 掌握 EIGRP 路由基本命令；
3. 能对 EIGRP 路由协议进行配置并排除故障。

二、工作任务

图 4-1 是春晖中学的校园网示意图,已划分好各网段,现在要求使用 EIGRP 路由协议完成整个网络之间的正常通信。

三、相关知识点

1. 度量值计算(Metric Calculation)

EIGRP 和 IGRP 使用不同的度量值计算方法。EIGRP 用一个取值为 256 的因子扩展了 IGRP 的度量值,因为 EIGRP 使用了 32 位长度的度量值(metric),而 IGRP 使用 24 位的度量值。通过乘以或除以 256,EIGRP 可以很容易地与 IGRP 交换信息。IGRP 和 EIGRP 都使用下面的度量值公式计算(calculate):

度量值 = $[K_1 × 带宽 + (K_2 × 带宽) ÷ (256 - 负载) + (K_3 × 延迟)] × [K_5 ÷ (可靠性 + K_4)]$

下面是缺省(default)的常数值：

$K_1 = 1、K_2 = 0、K_3 = 1、K_4 = 0、K_5 = 0$。

当 K_4 和 K_5 都等于 0 时,方程中 $[K_5 ÷ (可靠性 + K_4)]$ 部分对度量值没有影响。因此,在缺省常数值情况下,度量值公式(Formula)是：

度量值 = 带宽 + 延迟

IGRP 和 EIGRP 使用下面的公式来决定度量值计算所用到的值(注意 EIGRP 有 256 的比例)：

- IGRP 的带宽 = (10000000/带宽)
- EIGRP 的带宽 = (10000000/带宽) × 256
- IGRP 的延迟(delay) = 延迟/10
- EIGRP 的延迟 = (延迟/10) × 256

2. EIGRP 的益处

EIGRP 的运行与 IGRP 有很大的不同(different)。作为一种先进的距离矢量路由选择协议,EIGRP 在更新邻居信息(neighbor information)和维护(maintain)路由选择信息时更像一种链路状态协议。EIGRP 优于简单距离矢量协议的方面如下：

(1) 快速收敛

EIGRP 路由器能够快速地收敛是因为它们依赖于一种叫作 DUAL 的先进路由选择算法(algorithm)。DUAL 保证在路由计算过程中的每一个瞬间无环路(loop-free)的运行，并且允许参与拓扑变化的路由器在同一时间同步(synchronism)。

(2) 带宽的高效利用

通过发送部分的、有界的更新(update)，以及在网络稳定时最少地消耗带宽，EIGRP 实现了对带宽的高效利用。

部分的、有界的更新：EIGRP 路由器生成部分的、增量的更新，而不是发送它的整个路由表。这与 OSPF 的运行有些类似，但与 OSPF 不同的是，EIGRP 路由器仅向需要这些信息的路由器发送增加的更新，而不是这一区域内所有的路由器。故这些增量的更新称为有界的更新(bounded updates)。

网络稳定时带宽的最小消耗：EIGRP 不使用定时的路由选择更新，而使用小的 hello 分组使相互间保持联系。尽管 hello 分组经常被交换，但它们并没消耗大量的带宽。与之相对，RIP 和 IGRP 每 30s 和 90s 重复性地向邻居路由器发送整个路由选择表。

(3) 支持 VLSM 和 CIDR

与 IGRP 不同，EIGRP 通过在路由选择更新中交换子网掩码来对无类别的 IP 提供全面的支持。

(4) 多种网络层支持

EIGRP 通过协议无关模块(PDM)支持 IP、IPX 和 AppleTalk。

3. 邻居表(Neighbor Table)

邻居表是 EIGRP 中最重要的表。每台 EIGRP 路由器维护一个列出毗邻路由器(adjacent routers)的邻居表。这个表可以和 OSPF 使用的毗邻数据库(adjacency database)相类比。对于所支持的每种协议，EIGRP 都有一个邻居表。

当 EIGRP 路由器发现新邻居后，邻居的地址和接口被记录(record)下来。这个信息被保存在邻居数据结构(neighbor data structure)中。当一个邻居发送一个 hello 分组时，它通告(advertises)一个保持时间(hold time)，这个保持时间是一台路由器认为一个邻居是可到达的和可操作的一个时间量。换句话说，如果在保持时间内没有收到 hello 分组，保持时间就超时了。当保持时间超时时，通过 EIGRP 的分布式更新算法(Diffusing Update Algorithm，DUAL)计算后，路由器即被告知拓扑变化并且必须重新计算(recalculate)新的拓扑。

在邻居表里可以找到如下字段：

(1) 邻居地址(Neighbor Address)

邻居路由器的网络层地址。

(2) 保持时间(Hold Uptime)

在认为连接失效以前从一个邻居处没有获得任何信息的等待间隔(interval)。起初，等待的分组是一个 hello 分组，但在当前的 Cisco IOS 软件版本(version)中，可以是在第一个 hello 分组重置定时器(timer)后的任何 EIGRP 分组。

(3) 平稳的往返定时器(Smooth Round-Trip Timer, SRTT)

发送并从邻居处接收分组所用的平均时间。这个时间决定了重传的时间间隔(RTI，

Retransmit Interval)。

（4）队列计数（Queue count，Q Cnt）

队列中等待传送的分组数。如果这个值持续高于0,路由器可能存在拥塞问题。0值意味着队列中没有EIGRP分组。

（5）序列号（Sequence Number, Seq No）

从邻居收到的最后一个分组的编号。EIGRP使用这个字段来确认邻居的传输及标识（mark）乱序的分组。邻居表支持可靠的、按顺序（sequence）的分组传送，并且可以看作类似于在TCP/IP协议中使用的TCP协议。

4. 拓扑表（Topology Table）

拓扑表由自治系统中所有的EIGRP路由选择表构成。EIGRP距离矢量算法（DUAL）根据邻居和拓扑表提供的信息计算到每个目的地的最小成本路由。通过跟踪这些信息，EIGRP路由器可以很快地确定并切换到替代路由。主路由（或继承路由）信息被放置在路由选择表中，同时复制到拓扑表中。

EIGRP路由器为每一种配置的网络层协议维护一个拓扑表。这个表包括路由器学到的所有目的地的路由条目。所学到的到达某个目的地的所有路由都维护在拓扑表中。拓扑表包括下列字段：

（1）可行距离（Feasible Distance，FD）

可行距离是到每一个目的地的最小计算度量值。例如在下例中，到达32.0.0.0的可行距离是2195456，FD的取值为2195456。

EIGRP拓扑表：

```
Router#show ip eigrp topology
IP—EIGRP Topology Table for process 100
Codes: p—passive, A—Active, U—Update, Q—Query, R—Reply,
R—Reply State
  P  32.0.0.0/8, 1 successors, FD is 2195456
    via 200.10.10.10(2195456/281600), Serial1
  p  170.32.0.0/16, 1 successors, FD is 2195456
    via 199.55.32.10(2195456/2169856), Ethernet0
    via 200.10.10.5(2195456/281600), Serial0
  P  200.10.10.8/30, 1 successors, FD is 2169856
    via connected, Serial1
  P  200.10.10.12/30, 1 successors, FD is 2681856
    via 200.10.10.10(2681856/2169856), Serial1
   P  200.10.10.0/24, 1 successors, FD is 2169856
    via summary(2169856/0), Null0
    P  3200.10.10.4/30, 1 successors, FD is 2169856    via connected, Serial0
    P  205.205.205.0/24, 1 successors, FD is 2221056
     via 199.55.32.10(2221056/2195456), Ethernet0
```

via 200.10.10.5(2707456/2195456), serial0

(2) 路由来源(Route source, via XXX.XXX.XXX.XXX)

路由来源是指最初发布这条路由信息的路由器的标识号。这一字段仅当该路由是从外部的 EIGRP 网络学到时才填入。路由标记在基于策略的路由选择时特别有用。例如,在上例中,到 32.0.0.0 的路由来源是 200.10.10.10,标为 Via 200.10.10.10。

(3) 报告距离(Reported Distance, RD)

路径的报告距离是毗邻的邻居报告到一个指定目的地的距离。在上例中,到达 32.0.0.0 的报告距离是 281600,标为 12195456/281600。

(4) 接口名称(Interface Name)

数据分组通过该接口可达目的网络。

(5) 路由状态(Route Status)

路由条目可以标识为被动的(Passive, P)——表示路由是稳定的和可用的,或活动的(active, A)——表示路由正在使用 DUAL(EIGRP 的分布式更新算法)重新计算的过程中。

EIGRP 对拓扑表进行了排序,继承路由在顶部,下面是可行继承路由。在底部,EIGRP 列出了 DUAL 认为在拓扑表中是环路的路由。

(6) 后继(Successor)

后继是指被选中作为到达一个目的地所使用的主要路由(Primary Route)的路由条目。DUAL 从包含在邻居表和拓扑表中的信息里标识(Identifies)出这条路由,并将其放在路由选择表中。对于任何特定的路由可以有多达 4 条后继(Successor)路由。它们可以有相同的或不同的成本,并被标识为到达给定目的地的最好的无环(Loop-free)路径。后继拓扑表中也有后继路由的副本(Copy)。

(7) 可行后继(Feasible Successor, FS)

可行后继是一条备份路由(Backup Route)。这些路由与后继路由同时也被标识出来,但它们仅保存在拓扑表(Topology Table)中。拓扑表中可以保留一个目的地的多条可行后继路由。对一个目的地路由不必强制指定可行后继路由。

一台路由器把它的可行后继看作是比它离目的地更近的下游邻居(Neighbors Downstream)。这是邻居路由器所发布的到目的地(destination)的成本。如果后继路由失效(Down),路由器寻找一条标识为可行后继的路由。这条路由被提升为后继路由(Feasible Successor)。可行后继路由必须具有比现有的到达目的地的后继路由更低的成本。如果从现有信息中没有标识出可行后继路由,路由器就将路由条目置为"活动(Active)"状态,并向所有邻居发送查询分组以重新计算当前拓扑。路由器从回答查询请求的应答分组中接收新的数据,并从中标识出新的后继路由或可行后继路由。然后路由器将该路由条目置为"被动(Passive)"状态。

(8) 后继和可行后继的选择(Select Successor and Feasible Successor)

一台 EIGRP 路由器如何决定哪些路由器作为后继而哪些路由器作为可行后继?假设 Router A 的路由选择表中包含一条经由 Router B 到达网络 Z 的路由(如图 4-3 所示)。从 Router A 的观点看,Router B 是网络 Z 的后继;Router A 将目的地为网络 Z 的分组转发给 Router B。Router A 必须至少有一个到达网络 Z 的后继使 DUAL 可以将其放在路由选择表中。

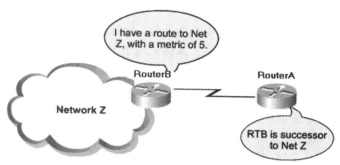

图 4-3 EIGRP 后继和可行后继(1)

Router A 可以有多于一个到达网络 Z 的后继吗？如果 Router C 宣告有一条到达网络 Z 的路由并且和 Router B 有相同的度量值，Router A 也把 Router C 看作是后继，并在 DUAL 安装经由 Router C 到达网络 Z 的第 2 条路由。如图 4-4 所示。

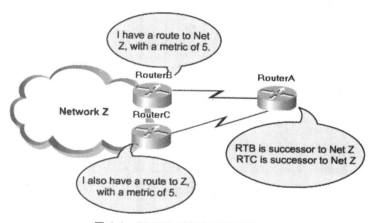

图 4-4 EIGRP 后继和可行后继(2)

Router A 的其他邻居中，任何通告(advertise)有到网络 Z 的无环路由(所报告的距离大于最佳路由的度量值，但小于可行距离)的路由器都在拓扑表中被称为可行后继，如图 4-5 所示。

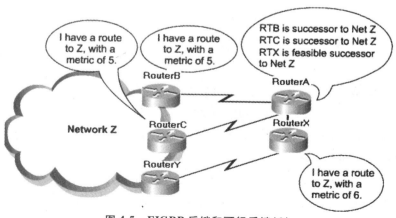

图 4-5 EIGRP 后继和可行后继(3)

一台路由器把它的可行后继看作是比它离目的地更近的下游邻居。如果原先的后继出了问题，DUAL 可以很快地从拓扑表中识别出另一条可行后继，形成到达目的地的新路由。如果不存在到达目的地的可行后继，DUAL 把路由条目置为"活动"状态。拓扑表中的条目可以是两种状态之一：主动的或被动的。这些状态指明了由条目所指示的路由的状态，而不是条目的状态。

被动状态的路由是稳定可用的。主动状态的路由是 DUAL 在重新计算时的路由。当路由变得不可用，并且 DUAL 没有找到可行后继时需要重新计算路由。发生这种情况时，路由器必须请求邻居的帮助，以发现一条到达目的地的新的、无环的路径。邻居路由器必须回复这一请求：如果一个邻居有一条路由，它就回复有关后继的信息；如果没有，邻居将告知发送者它也没有到达目的地的路由。

过多的重新计算是网络不稳定性的征兆，并将导致性能下降。为了防止计算不能收敛问题，DUAL 总是在进行重新计算之前试图找到可行后继。如果有可行后继，DUAL 可以很快地生成新的路由而避免重新计算（Recalculate）。

（9）活动粘滞路由（Stuck in Active Routes）

如果查询（query）所发往的一台或多台路由器在 180s（3min）的活动时间（Active Time）没有回复，有问题的路由被置成"活动粘滞（Stuck in Active）状态"。当这种情况发生时，EIGRP 会清除没有发出回复的邻居，并在日志中记录为已经变为"活动"的路由写入"活动粘滞"错误消息。

（10）路由标记（Route Tagging）

拓扑表可以记录有关每条路由的附加信息。EIGRP 把路由分为内部的和外部的。EIGRP 为每条路由添加一个路由标记（Route Tag）以标识这种分类。内部路由来自 EIGRP 自治系统内部。外部路由来自 EIGRP 自治系统外部。从其他路由选择协议，如 RIP、OSPF 和 IGRP 所学到的或重新分配的路由是外部路由。来自 EIGRP 自治系统外部的静态路由是外部路由。路由标记可以被配置为 0—255 之间的数字，作为定制标记。

所有的外部路由都包含在拓扑表中并且标记以下信息：

- 向 EIGRP 网络重新分配路由的 EIGRP 路由器的标识号（路由器 ID）；
- 目的地的自治系统号；
- 外部网络所用的协议；
- 从外部协议接收的成本或度量值；
- 可配置的管理标记。

以下显示了某条外部路由的拓扑表项：

```
Router#show ip eigrp topology 204.100.50.0
IP=EIGRP topology entry for 204.100.50.0/24
    State is Passive, Query origin flag is 1, 1 Successor(s), FD is 2297856
    Routing Descriptor Blocks:
    10.1.0.1 (Serial0), from 10.1.0.1, Send flag is 0xv
        Composite metric is (2297856/128256), Route is External
```

```
Vector metric:
    Minimum bandwidth is 1544 Kbit
    Total delay is 25000 microseconds
    Reliability is 255/255
    Load is 1/255.
    Minimum MTU is 1500
    Hop count is 1
External data:
    Originating router is 192.168.1.1
    AS number of route is 0
    External protocol is Connected, external metric is 0
    Administrator tag is 0 (0x00000000)
```

为了开发一个精确的路由选择策略,需要利用路由标记,特别是管理员标记(Administrator Tag)(示例中的阴影部分)。可以把管理员标记配置成 0—255 间的任何数;从效果上讲,这是一个可以用来实现特定路由选择策略的定制标记。可以根据任何路由标记,包括管理员标记,来接受、拒绝或传播外部路由。由于可以按照需要配置管理员标记,路由标记的功能提供了高度的控制性。这一级别的精确性和灵活性被证实在 EIGRP 网络与基于策略的边界网关协议(BGP)相互作用时特别有用。

5. EIGRP 特性与分组类型

(1) EIGRP 的特性

EIGRP 包括许多新的技术,其中每一项在运行效率(Operation Efficiency)、收敛速度(Speed of Convergence)或功能(function)上相对于 IGRP 和其他路由选择协议都有明显的改善(Improvement)。这些技术属于邻居发现和恢复(Neighbor Discovery and Recovery)、可靠传输协议(Reliable Transport Protocol)、DUAL 有限状态机算法(DUAL Finite-state Machine Algorithm)和协议相关模块(Protocol-dependent Modules)4 种特性。

① 邻居发现和恢复(Discover and Recover Neighbor)

运行简单的距离矢量路由协议的路由器不与邻居建立关系,RIP 和 IGRP 路由器仅在配置的接口上广播或组播更新。相反,EIGRP 路由器与其邻居主动地建立联系,很像 OSPF 路由器使用的方法。图 4-6 显示了 EIGRP 的毗邻关系(adjacencies)是如何建立的。EIGRP 路由器使用小的 hello 分组与邻居路由器(Neighbor Routers)建立毗邻关系。在高带宽链路上,默认为每 5s 发送一次 hello 分组,而在低带宽多点链路上,为每 60s 发送一次分组。一台 EIGRP 路由器只要从已知的邻居收到 hello 分组,这些邻居(以及它们的路由)就是可用的,即被动的。

通过建立毗邻关系,EIGRP 路由器可以:

• 动态地学习加入其网络的新路由(Dynamically Learn of New Routes That Join the Network)。

• 确定那些不可到达或不可操作的路由器(Identify Routers That Become Either Unreachable or Inoperable)。

• 重新发现先前不可到达的路由器(Rediscover Routers That Had Previously Been Unreachable)。

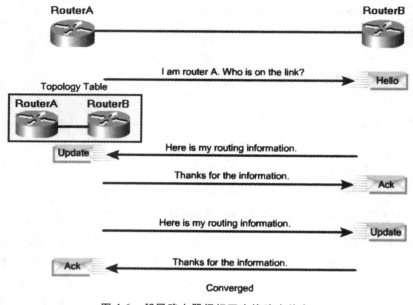

图 4-6 邻居路由器间相互交换路由信息

②可靠传输协议(RTP,Reliable Transport Protocol)

可靠传输协议是一种传输层协议,它可以保证 EIGRP 分组有序(ordered)地发送到所有的邻居。在 IP 网络中,主机(host)使用 TCP 按顺序排列分组并保证它们的及时传送。然而,EIGRP 是与协议无关的(也就是说,它不像 RIP、IGRP 和 OSPF 那样依赖于 TCP/IP 来交换路由选择信息)。为保持与 IP 无关,EIGRP 使用可靠传输协议(Reliable Transport Protocol)作为专有的传输层协议来保证(guarantee)路由选择信息的发送。

EIGRP 可以根据情况请求可靠传输协议来提供可靠的或不可靠(Unreliable)的服务(Service)。例如,hello 分组不需要可靠传输,因为它们传输频繁并且应该保持较小的分组。然而,其他路由选择信息的可靠传输可以加速收敛,因为 EIGRP 路由器不用在重传输之前等待定时器失效。

使用可靠传输协议,EIGRP 可以同时组播和单播到不同的网络,使效率最大化。

③DUAL 有限状态机(Finite-state Machine,FSM)

EIGRP 的核心是 DUAL,它是 EIGRP 的路由计算引擎。这一技术的全称是 DUAL 有限状态机。FSM 是一台抽象的机器,而不是一台可运动部件的机械设备。FSM 定义(define)了一个某些事情的可能状态的集合,什么事件可以引起(Cause)这些状态(state),以及这些状态可以导致什么事件。设计者(Designer)使用 FSM 来描述(Describe)一台设备、计算机程序或路由选择算法(Routing Algorithm)是如何与一系列输入事件相互作用的。DUAL FSM 包括所有在 EIGRP 网络中计算和比较路由所用到的逻辑。

DUAL 跟踪(Track)邻居通告的所有路由,并使用每条路由的复合度量值来比较它们。DUAL 还保证(Guarantee)每条路由都是无环路的。然后 DUAL 算法将最低成本路径插入

(Insert)到路由选择表中。这些主路由(Primary Route)就是已知的后继路由。后继(Successor)路由的副本也被放置在拓扑表(Topology Table)中。

EIGRP 在邻居表和拓扑表中保持重要的路由信息和拓扑信息方便可用。在网络中断的情况下,这些表向 DUAL 提供全面的路由信息。DUAL 使用这些表中的信息很快地选择替代路由。如果链路中断,DUAL 在拓扑表中寻找一条替代路径,即可行后继。送往目的网络的分组立即转发到可行后继,并升级为后继,如图 4-7 所示。

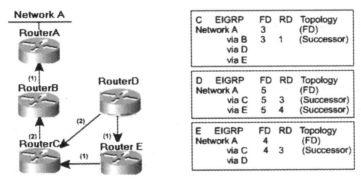

图 4-7　DUAL 算法示例

在图 4-7 的例子中,路由器 D 没有标识可行后继。RD 到 RA 的 FD(或计算成本)是 2,而经由 RC 的发布距离 AD(或报告距离)是 3。因为 AD 小于最佳路由度量值但大于 FD,所以没有可行后继放在拓扑表中。RC 和 RE 都有一条标识的可行后继,因为路由是无环路的并且下一跳路由器的 AD 小于后继的 FD。

④模块化设计(PDM)

EIGRP 最具吸引力的特性之一是它的模块化设计。模块化或分层的设计被证实是最具扩展性和适用性的。通过 PDM,EIGRP 支持多种可路由协议,如 IP、IPX 和 AppleTalk。理论上讲,EIGRP 可以通过增加 PDM 来很容易地适应新的或修订的可路由协议(如 IPv6)。图 4-8 从概念上展示了 PDM 是如何工作的。

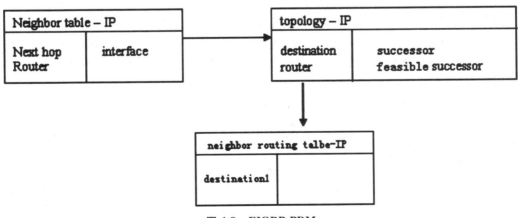

图 4-8　EIGRP PDM

每个 PDM 负责与其所针对的可路由协议相关的所有功能。IP-EIGRP 模块的功能包括:
- 发送并接收承载 IP 数据的 EIGRP 分组;
- 向 DUAL 通告所接收的新的 IP 路由选择信息;
- 在 IP 路由选择表中维护 DUAL 路由选择决定的结果;
- 重新分配从其他的支持 IP 的路由选择协议所学到的路由选择信息。

(2) EIGRP 分组类型(EIGRP packet type)

类似于 OSPF,EIGRP 依赖于 5 种分组来维护它的各种表和与邻居路由器建立复杂的关系。这 5 种分组类型为:问候(Hello)、确认(Acknowledgment)、更新(Update)、查询(Query)和回复(Reply)。

① Hello 分组(Hello Packet)

EIGRP 依赖于 hello 分组来发现(Discover)、验证(Verify)和重发现(Rediscover)邻居路由器。如果 EIGRP 路由器在保持时间间隔(Hold Time Interval)内没有收到其他路由器的 hello 分组,之后又重新建立了通信,就称为重发现(Rediscover)。

EIGRP 路由器以固定的(和可配置的)时间间隔发送 hello 分组,被称之为 hello 间隔(Hello Interval)。默认的 Hello 间隔依赖于接口的带宽,如表 4-2 所示。

表 4-2　hello 间隔时间

带宽	链路的实例	默认 Hello 间隔	默认 Hold 间隔
1.544M	Multipoint Frame relay	60s	180s
大于 1.544M	T1、Ethernet	5s	15s

EIGRP 的 Hello 分组通过组播发送。在 IP 网络(IP Networks)中,EIGRP 路由器发送 hello 分组到组播(Multicast)地址 224.0.0.10。

EIGRP 路由器将关于邻居的信息保存(store)在邻居表(Neighbor Table)中。邻居表中包括序列号(Sequence Number)字段以记录每个邻居发送的最后一个 EIGRP 分组的编号。邻居表也包含一个"保持时间(Hold Time)"字段,记录了最后收到分组的时间。分组应该在保持时间间隔内收到以保持被动状态(即可到达的和可操作的)。

如果在保持时间(Hold Time)段内没有收到(Receive)来自邻居的 hello 分组,EIGRP 就认为这个邻居出现了故障,并且 DUAL 必须开始重新评价(Re-evaluate)路由选择表。默认情况下(By Default),保持时间 3 倍于 Hello 间隔,但是管理员可以根据需要配置这两个定时器。

OSPF 需要邻居路由器具有相同的 Hello 时间间隔和失效时间间隔以保证通信。EIGRP 没有这个约束。邻居路由器通过交换 Hello 分组相互学习各自的定时器,同时它们使用这些信息来构造稳定的关系,而不管定时器值是否一致。

Hello 分组总是不可靠(Unreliably)地传送并且不需要确认(Acknowledgment)。

② 确认分组(Acknowledge Packets)

EIGRP 路由器在"可靠的(Reliable)"交互期间使用确认分组来表示收到了任何的 EIGRP 分组。"可靠传输协议"可以在 EIGRP 主机间提供可靠的通信。为了可靠,接收者必须确认收到发送者的消息。作为"无数据"的 hello 分组,确认分组用于这一目的。与多播的 hello 分组不同,确认分组是单播的,并发往指定的主机。确认也可以搭载在其他类型的

EIGRP 分组上,如回复分组(Reply Packets)。

③更新分组(Update Packets)

当路由器发现新的邻居时,便使用更新分组。一台 EIGRP 路由器向新的邻居发送单播的更新分组使之可以被加入到拓扑表中。为了向新发现的邻居传达所有的拓扑信息,可能需要多个更新分组。

当路由器检测到拓扑变化时也使用更新分组。在这种情况下,EIGRP 路由器向所有邻居发送组播的更新分组,提醒它们这一变化。

④查询和回复分组(Query and Reply Packets)

当 EIGRP 路由器需要从一个或所有的邻居那里得到指定的信息时,会使用查询分组(Query Packets)。而回复分组用于响应(Response)一个查询。

如果一台 EIGRP 路由器丢失了某条路由的后继,并且找不到其可行后继,DUAL 则将这条路由置为活动状态。然后,路由器向所有邻居组播一个查询,寻找到达目的网络的后继。邻居必须发送回复,无论是提供有关后继的信息,还是指示没有关于后继的信息。

查询可以是组播或单播,而回复总是单播。两种类型的分组都是可靠传送。

⑤EIGRP 收敛(EIGRP Convergence)

DUAL 的精密算法(Algorithm)导致了 EIGRP 快速的收敛(Convergence),如图 4-9 所示。RouterA 可以经由 3 台不同的路由器 Router X、Router Y 或 Router Z 到达网络 24。图中,为了简化计算,EIGRP 的综合度量(Metric)值由链路成本来代替(Replace)。Router A 的拓扑表包含邻居通告的所有路由的列表。对每个网络,Router A 保留到达该网络的真实(计算的)成本,也保留一个来自邻居的通告成本(报告距离),如表 4-3 所示。

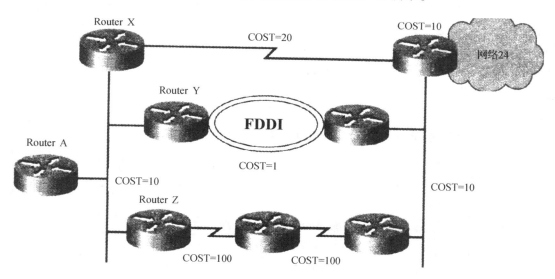

图 4-9 EIGRP 收敛

最初,Router Y 以其最低计算成本成为通向网络 24 的后继。Router A 通向网络 24 的最低计算成本是 31,这个值是到达网络 24 的 FD。Router A 按照下面 3 个步骤选择到达网络 24 的可行后继。

表 4-3　复合度量值

邻居	可行距离	报告距离
Router Y	31	21
Router Z	230	220
Router X	40	30

步骤 1：确定哪个邻居到网络 24 的 RD 值小于 Router A 到达网络 24 的 FD 值。FD 值是 31，Router X 的 RD 值是 30，而 Router Z 的 RD 值是 220（见表 4-3）。因此，Router X 的 RD 值低于当前的 FD 值，而 Router Z 的 RD 值大于当前 FD 值。

步骤 2：从剩余的可用路由中确定到达网络 24 的最小计算成本。经由 Router X 的计算成本是 40，而经由 Router Z 的计算成本是 230。因此，Router X 提供了最低的计算成本。

步骤 3：确定是否有路由器既满足步骤 1 的标准也满足步骤 2 的标准。Router X 满足二者，所以它是可行后继。

当 Router Y 失效时，Router A 立即使用 Router X（可行后继）向网络 24 转发分组。将备份路由快速转换的能力是 EIGRP 快速收敛的关键。

Router Z 能够成为可行后继吗？使用与上面相同的 3 个步骤，Router A 发现 Router Z 的通告成本是 220，并不小于 Router A 的 FD 值 31。因此，Router Z 还不能成为可行后继路由。FD 值只在活动到被动（Active-to-passive）的转换过程中变化，而这种情况没有发生，因此它保持为 31。从这点看，因为网络 24 没有活动状态的转换，DUAL 完成了一次本地计算（Local Computation）。

当 Router A 不能找到可行后继时，会将网络 24 从被动转换为活动，并向邻居查询有关网络 24 的信息。这一过程即是已知的扩散计算（Diffusing Computation）。当网络 24 处于活动状态时，FD 值被重置。这使得 Router A 最终接受 Router Z 为到达网络 24 的后继。

6. 配置 EIGRP

（1）配置基本 EIGRP

①使用下面的命令启动 EIGRP 并定义自治系统（autonomous system）：

Router(config)#router eigrp *autonomous-system-number*

其中 autonomous-system-number 是标识唯一自治系统的编号。它标识了属于一个互连网络中的所有路由器。在互连网络内的所有路由器上，该值必须一致。

②用下面的命令指出在该路由器上哪些网络属于 EIGRP 自治系统：

Router(config-router)#network *network-number*

其中 network-number 是网络编号，决定了路由器的哪个接口参与 EIGRP 以及路由器向哪个网络通告。网络号用 IP 地址的分类输入。例如，网络 2.2.0.0 和 2.7.0.0 可以用下面的 network 命令输入：

Router(config-router)#network 2.0.0.0

network 命令仅发布路由器接口直接连接的网络。

③当使用 EIGRP 配置串行链路时，在接口上配置带宽是很重要的。如果这些端口的带宽没有改变，EIGRP 会使用缺省带宽，这可能与实际带宽不一致。如果链路较慢，路由器可

能无法收敛、路由选择更新可能丢失或者可能导致次优的路径选择。使用下面的命令来配置带宽：

Router(config-if)#bandwidth *kilobits*

bandwidth 命令仅用于路由选择进程，并且要与接口的线路速度相匹配。

④Cisco 也建议在所有 EIGRP 配置中增加如下命令：

Router(config-if)#eigrp log-neighbor-change

这条命令启动了邻居毗邻变化的日志以监视路由选择系统的稳定性，有助于发现问题。

ip bandwidth-percent 命令用于配置在一个接口上 EIGRP 可以使用带宽的百分比。缺省情况下，EIGRP 被设置为最多可以使用一个接口的 50% 的带宽来交换路由选择信息。为了计算百分比的和值，ip bandwidth-percent 命令依赖于 bandwidth 命令所设的值。

当一个链路的带宽设置不能反映其实际速度时，就要使用 ip bandwidth-percent 命令。带宽值可能由于各种原因被人工设置得很低，比如调整路由选择的度量值，或是提供较多配额给多点帧中继配置。无论什么原因，可以通过设置 ip bandwidth-percent 为高的值来配置 EIGRP，以克服人工配置的较低的带宽。在某些情况下，百分比甚至可能被设成大于 100。

例如，假设一条路由器串行链路的实际带宽为 64Kbit/s，但带宽值被人为地设置为一个低值，为 32Kbit/s。图 4-10 显示了如何调整 EIGRP 使得它根据串行接口的实际带宽限制路由选择协议的流量。这个例子中设置 Serial0 在自治系统 24 中 EIGRP 进程所用带宽的百分比。因为 32Kbit/s 的百分之百是 32，因此 EIGRP 可以使用实际带宽 64Kbit/s 的一半。图 4-10 给出了其细节。

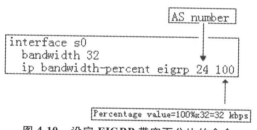

图 4-10 设定 EIGRP 带宽百分比的命令

（2）配置 EIGRP 汇总

EIGRP 在有类别边界（有类别寻址中定义的，某个网络地址结束的边界）自动地汇总路由。这意味着即使 RouterC 只连接子网 2.1.1.0，它仍然会发布其连接整个 A 类网络——2.0.0.0。在许多情况下，自动汇总是一件好事，它保持路由选择表尽可能地压缩。

然而，在某些情况下自动汇总可能不是一个好的选择。如果有不连续的子网，如图 4-11 所示，必须关闭路由选择的自动汇总以使工作正常。

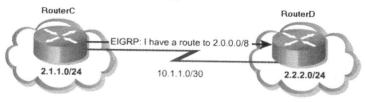

图 4-11 EIGRP 自动汇总

要关闭自动汇总,使用下列命令:

```
Router(config-router)#no auto-summary
```

在 EIGRP 中,可以手动配置一个前缀用作汇总地址。手工汇总路由配置在各个接口上,因此应首先选择那些传播路由汇总的接口。然后,汇总地址可以用 ip summary-address eigrp 命令来定义。命令的语法如下:

```
Router(config-if)# ip summary-address eigrp autonomous-system-number ip-address mask administrative-distance
```

EIGRP 汇总路由的缺省管理距离是 5。可选地,它能被配置为 1—255 之间的值。

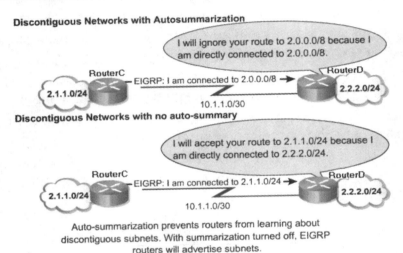

图 4-12 非连续网络上 EIGRP 自动汇总问题

该示例中的 RouterC 可以通过手工汇总的方式进行配置:

```
RouterC(config)#router eigrp 2446
RouterC(config-router)#no auto-summary
RouterC(config-router)#exit
RouterC(config)#interface s0
RouterC(config-if)#ip summary-address eigrp 2446 2.1.0.0 255.255.0.0
Thus, RouterC will add a route to its table, as follows:
D 2.1.0.0/16 is a summary, 00:00:22, Null0
```

汇总路由来源于 Null0 而不是一个实际的接口。这是因为这条路由是用于通告的,而不是表示一条 RouterC 可用于到达那个网络的路径。在 RouterC 上,这条路由的管理距离为 5。

在图中,RouterD 忽略了汇总并接收了这条路由,再给这条路由分配一个"正常"EIGRP 路由管理距离(缺省值为 90)。在 RouterC 的配置中,自动汇总通过 no auto-summary 命令关闭。如果自动汇总没有关闭,RouterD 就会收到两条路由:手工汇总路由(2.1.0.0/16)和自动的、有类别汇总地址(2.0.0.0/8)。

在多数情况下,选择手工汇总时,应该使用 no auto-summary 命令。

(3)验证基本的 EIGRP(Verifying basic EIGRP)

可以使用各种 show 命令来验证 EIGRP 的运行情况。表4-4 列出了主要的 EIGRP show 命令并简要讨论了它们的功能。

表 4-4　EIGRP 基本命令

命令	功能
Show ip eigrp neighbors [type number] [details]	显示 EIGRP 邻居表。使用 type 和 number 选项来指定接口。detail 关键字用于扩展输出
Show ip eigrp interfaces [type number] [as-number] [detail]	显示每个接口的 EIGIP 的信息。可选的关键字限定了关于特定接口或自治系统的输出。detail 关键字用于扩展输出
Show ip eigrp topology [as-number] | [[ip-address] mask]	显示 EIGRP 拓扑表中所有可行后继。可选的关键字可以基于自治系统号或指定网络地址过滤输出
Show ip eigrp topology [active|pending|zero-successors]	根据所使用的关键字,显示拓扑表中活动的(active)、未决的(pending)或无后继的所有路由
Show ip eigrp topology all-links	显示 ETGRP 拓扑中所有路由,而不仅是可行后继
Show ip eigrp traffic [as-number]	显示发送和接收的 EIGRP 分组号。通过可选的自治系统号能过滤命令的输出

Cisco IOS 的 debug 特性也提供了有用的 EIGRP 监控命令,如表4-5 中所列。

表 4-5　基本的 EIGRP 调试命令

命令	功能
Debug eigrp fsm	这一命令帮助你观察 EIGRP 可行后继的活动,并决定路由选择进程是否在安装或删除路由更新
Debug eigrp packet	这条命令的输出显示了 EIGRP 分组的发送和接收。这些分组的类型可以是 hello、更新、请求、查询或回复分组。EIGRP 可靠传输算法使用的序列号和确认号也在输出中显示

四、实践操作

1. 准备工作

（1）背景知识：

①掌握基本的网络设计和组建方法，准备好网络设备和连接介质。

②本实验需要以下资源：

- 网络设备：路由器3台，交换机3台；
- 终端设备：服务器2台，PC4台；
- 双绞线和串行线缆若干。

（2）目标：

①收集用户需求，完成网络需求分析表，根据需求分析，完成网络拓扑；

②确定设备选型和设备上所配模块的选择，完成网络设备的物理连接；

③完成路由器的基本配置，配置EIGRP路由协议以实现网络互通；

④互联网接入和缺省路由的分发；

⑤验证设备配置和网络连通性。

2. 分析用户需求

春晖中学园区内共有3栋建筑物，分别是行政楼、教学楼和实验楼。校园内部的3栋建筑物组建相互连通的局域网。整个校园要连接到互联网，为广大师生提供上网需求。图4-1是春晖中学的建筑示意图。

3. 技术分析

学校通过教育城域网连接到互联网，市教育局信息中心为春晖中学分配了3个C类的IP地址（192.168.8.0—192.168.10.0）用于终端设备的IP地址分配，将连接城域网的线缆已敷设到校行政楼的信息室。连接城域网的出口网络地址为172.16.100.6/30（由市教育局指定）。局域网内部路由器相互连接的网络采用10网段（由学校自定）。局域网内部各建筑物间采用千兆光纤连接，已完成布线工程（3栋建筑物间的距离均不超过500米）。

根据学校的上述要求，我们设计了相应的逻辑拓扑，规划了相应的IP地址，具体规划如图4-2所示。

4. 设备选型

（1）3栋建筑物分别对应3个逻辑子网，每个建筑物上必须要有一个三层设备。这里我们选择CISCO的2811路由器作为我们的设备选择。

（2）建筑物间要用千兆光纤连接，每个建筑物的三层设备上必须要有千兆多模光纤模块。这里我们使用NM-1FGE模块。

（3）每个建筑物的三层设备上必须有连接本建筑物局域网的接口。

（4）每个建筑物的终端（如PC和服务器等）需要使用二层设备进行连接，这里我们使用CISCO的2960交换机作为接入层设备。

5. 设备物理连接

根据网络拓扑，完成网络连接我们需要下列连接介质：

- 多模光缆跳线3对；

- UTP 线缆若干;
- V.35 串行线缆 1 对。

对于 V.35 串行线缆,我们需注意 DCE 端和 DTE 端,防止接错。

6. 设备的基本配置

完成设备连接后,接着需要配置网络。首先,我们配置路由器的主机名和相应的接口。其基本命令如下:

- 主机名称——hostname;
- 指定接口——interface XXX XXX;
- 接口 IP 地址——ip address A.B.C.D A.B.C.D;
- 接口描述——description XXXXXXX;
- 启用接口——no shutdown。

(1) 行政楼

```
Router#configure terminal
Router(config)# hostname office
//连接外网的接口
office(config)# interface Serial0/0
office(config-if)# description Link to HZCNC
office(config-if)# ip address 172.16.100.6 255.255.255.252
office(config-if)# no shutdown
//连接教学楼的接口
office(config)# interface GigabitEthernet1/0
office(config-if)# description From Teach
office(config-if)# ip address 10.4.0.5 255.255.255.252
office(config-if)# no shutdown
//连接实验楼的接口
office(config)# interface GigabitEthernet2/0
office(config-if)# description From Lab
office(config-if)# ip address 10.4.0.1 255.255.255.252
office(config-if)# no shutdown
//连接校信息室的接口
office(config)# interface FastEthernet3/0
office(config-if)# description From DataCenter
office(config-if)# ip address 192.168.8.1 255.255.255.0
office(config-if)# no shutdown
```

(2) 教学楼

```
Router#configure terminal
Router(config)# hostname Teach
```

//连接行政楼的接口
    Teach(config)# interface GigabitEthernet0/0
    Teach(config-if)# description Link to Metc
    Teach(config-if)# ip address 10.4.0.6 255.255.255.252
    Teach(config-if)# no shutdown
//连接教学楼内网的接口
    Teach(config)# interface FastEthernet1/0
    Teach(config-if)# description From Teach_LAN
    Teach(config-if)# ip address 192.168.9.1 255.255.255.0
    Teach(config-if)# no shutdown
//连接实验楼的接口
    Teach(config)# interface Serial2/0
    Teach(config-if)# description Link to Lab
    Teach(config-if)# ip address 10.4.0.9 255.255.255.252
    Teach(config-if)# clock rate 64000
    Teach(config-if)# no shutdown

    （3）实验楼

    Router#configure terminal
    Router(config)# hostname Lab
//连接行政楼的接口
    Lab(config)# interface GigabitEthernet0/0
    Lab(config-if)# description Link to Metc
    Lab(config-if)# ip address 10.4.0.2 255.255.255.252
    Lab(config-if)# no shutdown
//连接实验楼内网的接口
    Lab(config)# interface FastEthernet1/0
    Lab(config-if)# description From Lab_LAN
    Lab(config-if)# ip address 192.168.10.1 255.255.255.0
    Lab(config-if)# no shutdown
//连接教学楼的接口
    Lab(config)# interface Serial2/0
    Lab(config-if)# description Link to Teach
    Lab(config-if)# ip address 10.4.0.10 255.255.255.252
    Lab(config-if)# no shutdown

完成配置后，我们使用 ping 命令，测试接口配置是否正确。以下是在实验楼的路由器 Lab 上测试相连接口的连通性。

```
Lab#ping 10.4.0.1
Type escape sequence to abort.
Sending 5, 100-byte ICMP Echos to 10.4.0.1, timeout is 2 seconds:
!!!!!
Success rate is 100 percent (5/5), round-trip min/avg/max = 15/28/33 ms
Lab#ping 10.4.0.9
Type escape sequence to abort.
Sending 5, 100-byte ICMP Echos to 10.4.0.9, timeout is 2 seconds:
!!!!!
Success rate is 100 percent (5/5), round-trip min/avg/max = 18/31/47 ms
Lab#ping 192.168.10.2
Type escape sequence to abort.
Sending 5, 100-byte ICMP Echos to 192.168.10.2, timeout is 2 seconds:
Success rate is 80 percent (4/5), round-trip min/avg/max = 47/54/63 ms
```

7. 配置局域网内部路由

为使得校园网络能够相互连通,我们需要配置相关的路由协议,这里,我们选择 EIGRP 协议作为相应的路由协议。

EIGRP 路由协议的命令为:

```
Router(config)# router eigrp AS-number              //启用 EIGRP 路由协议
Router(config-router)# no auto-summary              //取消路由自动汇总
Router(config-router)# network x.x.x.x [y.y.y.y]    //发布直连网络
Router(config-router)# passive-interface yyy        //设定被动接口
```

(1)行政楼

```
Office(config)# router eigrp 1
Office(config-router)# no auto-summary
Office(config-router)# network 10.4.0.0 0.0.0.3
Office(config-router)# network 10.4.0.4 0.0.0.3
Office(config-router)# network 192.168.8.0 0.0.0.255
Office(config-router)# passive-interface f1/0
```

(2)教学楼

```
Teach(config)# router eigrp 1
Teach(config-router)# no auto-summary
Teach(config-router)# network 10.4.0.4 0.0.0.3
Teach(config-router)# network 10.4.0.8 0.0.0.3
Teach(config-router)# network 192.168.9.0 0.0.0.255
Teach(config-router)# passive-interface f3/0
```

(3) 实验楼

```
Lab(config)# router eigrp 1
Lab(config-router)# no auto-summary
Lab(config-router)# network 10.4.0.0 0.0.0.3
Lab(config-router)# network 10.4.0.8 0.0.0.3
Lab(config-router)# network 192.168.10.0 0.0.0.255
Lab(config-router)# passive-interface f2/0
```

8. 互联网接入和缺省路由的分发

为保证师生能够访问互联网,需要配置互联网接入。其具体命令如下:

```
Office(config)# ip route 0.0.0.0 0.0.0.0 172.16.100.5
```

为保证该路由条目能够让 Lab 路由器和 Teach 路由器学习到,需要将缺省路由进行分发,有些书本也称其为路由"注入"。

```
Office(config)# router eigrp 1
Office(config-router)# redistribute static
```

9. 验证设备配置和网络连通性

完成网络配置后,我们需要验证配置的正确性,这里我们主要使用 show、ping 和 traceroute 等命令来完成。

(1) 查看当前配置清单 show running-config

```
!
interface GigabitEthernet1/0
 description From Teach
 ip address 10.4.0.5 255.255.255.252
!
interface GigabitEthernet2/0
 description From Lab
 ip address 10.4.0.1 255.255.255.252
!
interface Serial2/0
 ip address 172.16.100.6 255.255.255.252
!
interface FastEthernet3/0
 description From DataCenter
 ip address 192.168.8.1 255.255.255.0
 duplex auto
 speed auto
!
router eigrp 1
 redistribute static
 passive-interface FastEthernet3/0
 network 192.168.8.0
 network 10.4.0.0 0.0.0.3
 network 10.4.0.4 0.0.0.3
 no auto-summary
!
ip classless
ip route 0.0.0.0 0.0.0.0 172.16.100.5
```

（2）查看当前路由表 show ip route

```
lab#sh ip route
Codes: C - connected, S - static, I - IGRP, R - RIP, M - mobile, B - BGP
       D - EIGRP, EX - EIGRP external, O - OSPF, IA - OSPF inter area
       N1 - OSPF NSSA external type 1, N2 - OSPF NSSA external type 2
       E1 - OSPF external type 1, E2 - OSPF external type 2, E - EGP
       i - IS-IS, L1 - IS-IS level-1, L2 - IS-IS level-2, ia - IS-IS inter area
       * - candidate default, U - per-user static route, o - ODR
       P - periodic downloaded static route

Gateway of last resort is 10.4.0.1 to network 0.0.0.0

     10.0.0.0/30 is subnetted, 3 subnets
C       10.4.0.0 is directly connected, GigabitEthernet0/0
D       10.4.0.4 [90/3072] via 10.4.0.1, 00:10:39, GigabitEthernet0/0
C       10.4.0.8 is directly connected, Serial1/0
D    192.168.8.0/24 [90/28416] via 10.4.0.1, 00:10:39, GigabitEthernet0/0
D    192.168.9.0/24 [90/28672] via 10.4.0.1, 00:10:39, GigabitEthernet0/0
C    192.168.10.0/24 is directly connected, FastEthernet2/0
D*EX 0.0.0.0/0 [170/25120256] via 10.4.0.1, 00:02:03, GigabitEthernet0/0
```

（3）Ping 命令测试网络连通性

```
Lab#ping 192.168.8.2

Type escape sequence to abort.
Sending 5, 100-byte ICMP Echos to 192.168.8.2, timeout is 2 seconds:
!!!!!
Success rate is 100 percent (5/5), round-trip min/avg/max = 65/84/94 ms
```

（4）Traceroute 命令测试网络连通性

```
Lab#traceroute 192.168.8.2
Type escape sequence to abort.
Tracing the route to 192.168.8.2

  1  10.4.0.1       47 msec   31 msec   31 msec
  2  192.168.8.2    78 msec   78 msec   63 msec
```

（5）查看 EIGRP 邻居状况

```
lab#sh ip eigrp neighbors
IP-EIGRP neighbors for process 1
H   Address         Interface       Hold Uptime    SRTT  RTO   Q    Seq
                                    (sec)          (ms)        Cnt  Num
0   10.4.0.1        Gig0/0          14   00:13:24  40    1000  0    9
1   10.4.0.9        Se1/0           12   00:13:19  40    1000  0    11
```

（6）查看 EIGRP 拓扑数据库

```
lab#sh ip eigrp topology
IP-EIGRP Topology Table for AS 1

Codes: P - Passive, A - Active, U - Update, Q - Query, R - Reply,
       r - Reply status

P 10.4.0.0/30, 1 successors, FD is 2816
         via Connected, GigabitEthernet0/0
P 192.168.10.0/24, 1 successors, FD is 28160
         via Connected, FastEthernet2/0
```

```
P 10.4.0.4/30, 1 successors, FD is 3072
         via 10.4.0.1 (3072/2816), GigabitEthernet0/0
         via 10.4.0.9 (20512256/2816), Serial1/0
P 192.168.8.0/24, 1 successors, FD is 28416
         via 10.4.0.1 (28416/28160), GigabitEthernet0/0
P 192.168.9.0/24, 1 successors, FD is 28672
         via 10.4.0.1 (28672/28416), GigabitEthernet0/0
         via 10.4.0.9 (20514560/28160), Serial1/0
P 10.4.0.8/30, 1 successors, FD is 20512000
         via Connected, Serial1/0
P 0.0.0.0/0, 1 successors, FD is 25120256
         via 10.4.0.1 (25120256/25120000), GigabitEthernet0/0
```

（7）查看路由器接口的 EIGRP 状态

```
lab#sh ip eigrp interfaces
IP-EIGRP interfaces for process 1

                 Xmit Queue     Mean   Pacing Time  Multicast     Pending
Interface  Peers Un/Reliable    SRTT   Un/Reliable  Flow Timer    Routes
Gig0/0       1     0/0          1236     0/10         0             0
Se1/0        1     0/0          1236     0/10         0             0
```

模块4 配置路由协议重分配

一、教学目标

最终目标：能根据需求设计和配置路由协议重分配。

促成目标：

1. 熟悉各路由协议；
2. 熟悉路由协议重分发方法；
3. 配置路由协议重分发。

二、工作任务

春晖中学将学生公寓通过行政楼路由器接入校园网络，满足学生访问学校内网和市教育城域网的教学资源，由于春晖中学现有校园网络采用 OSPF 路由协议，而学生公寓采用 RIP 路由协议，先需要使用路由重分发，实现网络连通。其网络拓扑如图 4-13 所示。

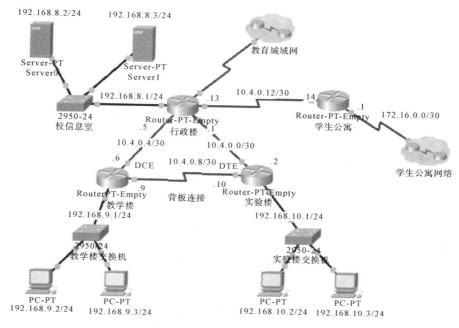

图 4-13 春晖中学路由重分发

三、相关知识点

1. 概念

重分发是指一个网络运行了多种路由协议时,必须采取方式将一种路由协议获悉的网络告知另一路由选择协议,使每个端点能到达其他点,这一过程就是重分发。虽然网络中运行多种路由选择协议,但每种内部路由协议都认为自己是 AS 内唯一的内部路由选择协议,比如 EIGRP 重分发到 OSPF 中后,OSPF 认为 EIGRP 是从外部 AS 转发的外部路由。

2. 配置重分发

进入重分发到的目标路由协议进程模式下,首先用 redistribute 指定要被重分发的源路由协议,其次配置重分发后的默认度量值:

(1) 进入目标路由协议,即其他路由协议要重分发到此进程的路由协议,如:

Router(config)#router eigrp 100

(2) 配置 redistribute 命令指定将要被重分发的路由:

Router(config-router)#redistribute protocol [process/AS-id] [level-1/level-2/level-1-2] [metric value] [metric-type value] [match internal/external 1/external 2] [tag value] [route-map map-tag] [weight value] [subnets]

四、实践操作

1. 准备工作

（1）背景知识：

①掌握基本的网络设计和组建方法，准备好网络设备和连接介质。

②本实验需要以下资源：

- 网络设备：路由器4台（交换机3台）；
- 终端设备：服务器2台（PC4台）；
- 双绞线和串行线缆若干。

（2）目标

①收集用户需求，完成网络需求分析表，根据需求分析，完成网络拓扑；

②确定设备选型和设备上所配模块的选择，完成网络设备的物理连接；

③完成路由器的基本配置，在校园网配置 OSPF 路由协议，在学生公寓配置 RIP 路由协议，以实现网络互通；

④互联网接入和路由的重分发；

⑤验证设备配置和网络连通性。

2. 分析用户需求

春晖中学园区内有4栋建筑物，分别是行政楼、教学楼、实验楼和学生公寓。校园的4栋建筑物组建相互连通的局域网。同时整个校园要连接到互联网，为广大师生提供上网需求。

3. 技术分析

学校通过教育城域网连接到互联网，市教育局信息中心为春晖中学分配了3个C类的IP地址（192.168.8.0—192.168.10.0）用于行政楼、教学楼、实验楼终端设备的IP地址分配，学校原有学生公寓采用172.16.0.0/16网段。连接城域网的线缆已敷设到校行政楼的信息室。连接城域网的出口网络地址为202.169.100.0/30（由市教育局指定）。局域网内部路由器相互连接的网络采用10网段（由学校自定）。4栋建筑物采用千兆光纤连接，已完成布线工程（4栋建筑物间的距离均不超过500米）。

根据学校的上述要求，我们设计了相应的逻辑拓扑，规划了相应的IP地址，具体规划如图4-36所示。

4. 设备选型

（1）4栋建筑物分别对应4个逻辑子网，每个建筑物上必须要有一个三层设备。这里我们选择 CISCO 的 2811 路由器作为我们的设备选择。

（2）建筑物间要用千兆光纤连接，每个建筑物的三层设备上必须要有千兆多模光纤模块。这里我们使用 NM－1FGE 模块。

（3）每个建筑物的三层设备上必须有连接本建筑物局域网的接口。

（4）每个建筑物的终端（如PC和服务器等）需要使用二层设备进行连接，这里我们使用 CISCO 的 2960 交换机作为接入层设备。

5. 设备物理连接

根据网络拓扑，完成网络连接我们需要下列连接介质：

- 多模光缆跳线 4 对；
- UTP 线缆若干；
- V.35 串行线缆 2 对。

对于 V.35 串行线缆,我们需注意 DCE 端和 DTE 端,防止接错。

6. 设备的基本配置

完成设备连接后,接着需要配置网络。首先,我们配置路由器的主机名和相应的接口。其基本命令如下：

- 主机名称——hostname；
- 指定接口——interface XXX XXX；
- 接口 IP 地址——ip address A.B.C.D A.B.C.D；
- 接口描述——description XXXXXXX；
- 启用接口——no shutdown。

(1) 行政楼

```
Router#configure terminal
Router(config)# hostname office
//连接外网的接口
    office(config)# interface Serial0/0
    office(config-if)# description Link to HZCNC
    office(config-if)# ip address 202.169.100.1 255.255.255.252
    office(config-if)# no shutdown
//连接教学楼的接口
    office(config)# interface GigabitEthernet1/0
    office(config-if)# description From Teach
    office(config-if)# ip address 10.4.0.5 255.255.255.252
    office(config-if)# no shutdown
//连接实验楼的接口
    office(config)# interface GigabitEthernet2/0
    office(config-if)# description From Lab
    office(config-if)# ip address 10.4.0.1 255.255.255.252
    office(config-if)# no shutdown
//连接校信息室的接口
    office(config)# interface FastEthernet3/0
    office(config-if)# description From DataCenter
    office(config-if)# ip address 192.168.8.1 255.255.255.0
    office(config-if)# no shutdown
//连接学生公寓的接口
    office(config)# interface FastEthernet5/0
    office(config-if)# description From hostel
```

```
office(config-if)#ip address 10.4.0.13 255.255.255.252
office(config-if)# no shutdown
```

(2)教学楼

```
Router#configure terminal
Router(config)# hostname Teach
```
//连接行政楼的接口
```
Teach(config)# interface GigabitEthernet0/0
Teach(config-if)# description Link to Metc
Teach(config-if)# ip address 10.4.0.6 255.255.255.252
Teach(config-if)# no shutdown
```
//连接教学楼内网的接口
```
Teach(config)# interface FastEthernet1/0
Teach(config-if)# description From Teach_LAN
Teach(config-if)# ip address 192.168.9.1 255.255.255.0
Teach(config-if)# no shutdown
```
//连接实验楼的接口
```
Teach(config)# interface Serial2/0
Teach(config-if)# description Link to Lab
Teach(config-if)# ip address 10.4.0.9 255.255.255.252
Teach(config-if)# clock rate 64000
Teach(config-if)# no shutdown
```

(3)实验楼

```
Router#configure terminal
Router(config)# hostname Lab
```
//连接行政楼的接口
```
Lab(config)# interface GigabitEthernet0/0
Lab(config-if)# description Link to Metc
Lab(config-if)# ip address 10.4.0.2 255.255.255.252
Lab(config-if)# no shutdown
```
//连接实验楼内网的接口
```
Lab(config)# interface FastEthernet1/0
Lab(config-if)# description From Lab_LAN
Lab(config-if)# ip address 192.168.10.1 255.255.255.0
Lab(config-if)# no shutdown
```
//连接教学楼的接口
```
Lab(config)# interface Serial2/0
Lab(config-if)# description Link to Teach
```

```
Lab(config-if)# ip address 10.4.0.10 255.255.255.252
Lab(config-if)# no shutdown
```

(4) 学生公寓

```
Router#configure terminal
Router(config)# hostname Hostel
```
//连接行政楼的接口
```
Hostel(config)# interface FastEthernet4/0
Hostel(config-if)# description Link to Metc
Hostel(config-if)# ip address 10.4.0.14 255.255.255.252
Hostel(config-if)# no shutdown
```
//连接学生公寓内网的接口
```
Hostel(config)# interface Serial1/0
Hostel(config-if)# description Link to Metc
Hostel(config-if)#clock rate 64000
Hostel(config-if)# ip address 172.16.0.1 255.255.255.252
Hostel(config-if)# no shutdown
```

完成配置后,我们使用 ping 命令,测试接口配置是否正确。以下是在实验楼的路由器 Lab 上测试相连接口的连通性。

```
Lab#ping 10.4.0.1

Type escape sequence to abort.
Sending 5, 100-byte ICMP Echos to 10.4.0.1, timeout is 2 seconds:
!!!!!
Success rate is 100 percent (5/5), round-trip min/avg/max = 15/28/33 ms

Lab#ping 10.4.0.9

Type escape sequence to abort.
Sending 5, 100-byte ICMP Echos to 10.4.0.9, timeout is 2 seconds:
!!!!!
Success rate is 100 percent (5/5), round-trip min/avg/max = 18/31/47 ms

Lab#ping 192.168.10.2

Type escape sequence to abort.
Sending 5, 100-byte ICMP Echos to 192.168.10.2, timeout is 2 seconds:
.!!!!
Success rate is 80 percent (4/5), round-trip min/avg/max = 47/54/63 ms
```

7. 配置局域网内部路由

为使得校园网络能够相互连通,我们需要配置相关的路由协议,这里,我们选择 OSPF 协议作为校园网的路由协议,RIPv2 作为学生公寓的路由协议。具体命令可见前面的章节。

(1) 行政楼

```
Office(config)# router ospf 1
```

```
Office(config-router)# router-id 1.1.1.1
Office(config-router)# network 10.4.0.0 0.0.0.3 area 0
Office(config-router)# network 10.4.0.4 0.0.0.3 area 0
Office(config-router)# network 10.4.0.12 0.0.0.3 area 0
Office(config-router)# network 192.168.8.0 0.0.0.255 area 0
Office(config-router)# passive-interface f1/0
```

(2)教学楼

```
Teach(config)# router ospf 1
Teach(config-router)#router-id 2.2.2.2
Teach(config-router)# network 10.4.0.4 0.0.0.3 area 0
Teach(config-router)# network 10.4.0.8 0.0.0.3 area 0
Teach(config-router)# network 192.168.9.0 0.0.0.255 area 0
Teach(config-router)# passive-interface f3/0
```

(3)实验楼

```
Lab(config)# router ospf 1
Lab(config-router)# router-id 3.3.3.3
Lab(config-router)# network 10.4.0.0 0.0.0.3 area 0
Lab(config-router)# network 10.4.0.8 0.0.0.3 area 0
Lab(config-router)# network 192.168.10.0 0.0.0.255 area 0
Lab(config-router)# passive-interface f2/0
```

(4)学生公寓

```
Hostel(config)# router ospf 1
Hostel(config-router)# router-id 4.4.4.4
Hostel(config-router)# network 10.4.0.12 0.0.0.3 area 0

Hostel(config)# router rip
Hostel(config-router)# version 2
Hostel(config-router)# no auto-summary
Hostel(config-router)# network 172.16.0.0
```

8. 互联网接入和路由重分发

为保证师生能够访问互联网,需要配置互联网接入。其具体命令如下:

```
Office(config)# ip route 0.0.0.0 0.0.0.0 202.169.100.2
```

缺省路由重分发,有些书本也称其为路由"注入"。

```
Office(config)# router ospf 1
Office(config-router)# default-information originate
```

学生公寓路由重分发到校园网:

Hostel(config)# router ospf 1
Hostel(config-router)# redistribute rip subnets
Hostel(config)# router rip

校园网路由重分发到学生公寓:

Hostel(config)# router rip
Hostel(config-router)# redistribute ospf 1 metric 3

9. 验证设备配置和网络连通性

完成网络配置后,我们需要验证配置的正确性,这里我们主要使用 show、ping 和 traceroute 等命令来完成。

(1) 查看当前路由表 show ip route

```
office#show ip route
Codes: C - connected, S - static, I - IGRP, R - RIP, M - mobile, B - BGP
       D - EIGRP, EX - EIGRP external, O - OSPF, IA - OSPF inter area
       N1 - OSPF NSSA external type 1, N2 - OSPF NSSA external type 2
       E1 - OSPF external type 1, E2 - OSPF external type 2, E - EGP
       i - IS-IS, L1 - IS-IS level-1, L2 - IS-IS level-2, ia - IS-IS inter area
       * - candidate default, U - per-user static route, o - ODR
       P - periodic downloaded static route

Gateway of last resort is 202.169.100.2 to network 0.0.0.0

     10.0.0.0/30 is subnetted, 4 subnets
C       10.4.0.0 is directly connected, GigabitEthernet1/0
C       10.4.0.4 is directly connected, GigabitEthernet0/0
O       10.4.0.8 [110/65] via 10.4.0.6, 01:00:16, GigabitEthernet0/0
                 [110/65] via 10.4.0.2, 01:00:16, GigabitEthernet1/0
C       10.4.0.12 is directly connected, FastEthernet5/0
     172.16.0.0/30 is subnetted, 1 subnets
O E2    172.16.0.0 [110/20] via 10.4.0.14, 00:43:20, FastEthernet5/0
C    192.168.8.0/24 is directly connected, FastEthernet3/0
O    192.168.9.0/24 [110/2] via 10.4.0.6, 01:00:26, GigabitEthernet0/0
O    192.168.10.0/24 [110/2] via 10.4.0.2, 01:00:16, GigabitEthernet1/0
     202.169.100.0/30 is subnetted, 1 subnets
C       202.169.100.0 is directly connected, Serial2/0
S*   0.0.0.0/0 [1/0] via 202.169.100.2
```

(2) Ping 命令测试网络连通性

```
Lab#ping 192.168.8.2

Type escape sequence to abort.
Sending 5, 100-byte ICMP Echos to 192.168.8.2, timeout is 2 seconds:
!!!!!
Success rate is 100 percent (5/5), round-trip min/avg/max = 65/84/94 ms
```

(3) Traceroute 命令测试网络连通性

```
Lab#traceroute 192.168.8.2
Type escape sequence to abort.
Tracing the route to 192.168.8.2

  1   10.4.0.1        47 msec    31 msec    31 msec
  2   192.168.8.2     78 msec    78 msec    63 msec
```

常用术语

1. 路由信息协议(RIP,Routing information Protocol):是应用较早、使用较普遍的内部网关协议(IGP,Interior Gateway Protocol),适用于小型同类网络,是典型的距离向量(distance-vector)协议。

2. 开放式最短路径优先(OSPF,Open Shortest Path First):是一个内部网关协议(Interior Gateway Protocol,IGP),用于在单一自治系统内决策路由。与 RIP 相对,OSPF 是链路状态路由协议,而 RIP 是距离向量路由协议。

3. 自治系统(Autonomous System,AS):一个自治系统就是处于一个管理机构控制之下的路由器和网络群组。在一个自治系统中的所有路由器必须相互连接,运行相同的路由协议,同时分配同一个自治系统编号。

4. 距离向量协议(Distance Vector Protocol):距离向量协议也称为距离矢量协议,是根据距离矢量(跳数)来进行路由选择的一个确定最佳路由的方法,比如 RIP 协议就是一种距离向量协议。

5. 链路状态协议(Link State Protocol):链路状态协议则是根据带宽、延迟等指标综合考虑而得到一个权值,再根据权值确定最佳路由的方法,比如 OSPF 就是典型的链路状态协议。

6. 邻居表(Neighbor Table):邻居表是 EIGRP 中最重要的表。每台 EIGRP 路由器维护一个列出毗邻路由器的邻居表。这个表可以和 OSPF 使用的毗邻数据库相类比。对于所支持的每种协议,EIGRP 都有一个邻居表。

7. 后继(Successor):后继是指被选中作为到达一个目的地所使用的主要路由的路由。

8. 可行后继(Feasible Successor):可行后继是一条备份路由。

9. 重分发(Redistribution):重分发是指一个网络运行了多种路由协议时,必须采取相应方法将一种路由协议获悉的网络告知另一路由选择协议,使每个端点能到达其他点。

习 题

一、选择题

1. 下面哪一项是距离向量路由协议? ( )
    A. RIP   B. OSPF   C. EIGRP   D. IS-IS

2. RIP 协议的默认管理距离是 ( )
    A. 90   B. 100   C. 110   D. 120

3. 下面哪一条命令用来停止 RIP 在接口上发送路由更新,但还可以接收 RIP 路由更新消息? ( )

A. Router(config-if)#no routing

   B. Router(config-if)#passive-interface

   C. Router(config-router)#passive-interface s0

   D. Router(config-router)#no routing updates

4. 对于以下输出叙述正确的有哪些？（选择两项）   （   ）

   04:06:16: RIP: received v1 update from 192.168.40.2 on Serial0/1

   04:06:16: 192.168.50.0 in 16 hops (inaccessible)

   04:06:40: RIP: sending v1 update to 255.255.255.255 via FastEthernet0/0 (192.168.30.1)

   04:06:40: RIP: build update entries

   04:06:40: network 192.168.20.0 metric 1

   04:06:40: network 192.168.40.0 metric 1

   04:06:40: network 192.168.50.0 metric 16

   04:06:40: RIP: sending v1 update to 255.255.255.255 via Serial0/1 (192.168.40.1)

   A. 有3个接口参与这次更新   B. ping 192.168.50.1 将会成功

   C. 至少有2个路由器在交换信息   D. ping 192.168.40.2 将会成功

5. 下面哪个命令用于显示 RIP 路由更新？   （   ）

   A. show ip route   B. debug ip rip

   C. show protocols   D. debug ip route

6. 输入命令 debug ip rip，看到到达网络 172.16.10.0 的度量值是 16。16 的含义是什么？   （   ）

   A. 路由距离是16跳   B. 路由延迟16毫秒

   C. 路由不可到达   D. 路由每秒发送16个消息

7. 下面哪个关于 OSPF 的陈述是错误的？   （   ）

   A. 它提供了无环路的拓扑

   B. 它是一个有类的协议，支持层次化设计

   C. 它比距离向量协议需要更多的内存和时钟处理周期

   D. 配置复杂，难于故障诊断

8. 下面关于 OSPF 进程号叙述正确的是哪个？   （   ）

   A. 局部的，并且是路由器的 ID

   B. 全局的，并且必须在每一台路由器上配置

   C. 局部的

   D. OSPF 不使用进程号，而使用 AS 号

9. OSPF 使用度量值是什么？   （   ）

   A. 带宽   B. 延迟   C. 成本   D. 跳

10. OSPF 的路由器 ID 是什么？   （   ）

    A. 如果配置了回环接口，那么使用回环接口上的最低 IP 地址，否则是活动接口上的最低 IP 地址

B. 如果配置了回环接口,那么使用回环接口上的最高 IP 地址,否则是活动接口上的最高 IP 地址

C. 如果配置了活动接口,那么使用活动接口上的最高 IP 地址,否则是回环接口上的最高 IP 地址

D. 如果配置了活动接口,那么使用活动接口上的最低 IP 地址,否则是回环接口上的最低 IP 地址

11. OSPF hello 消息每隔几秒多播一次?　　　　　　　　　　　　　　　(　　)
    A. 5   B. 10   C. 15   D. 40
12. 支持可变长子网掩码的路由协议有哪些?　　　　　　　　　　　　　　(　　)
    A. RIPv1   B. RIPv2   C. OSPF   D. IS-IS
    E. EIGRP
13. 以下哪些协议属于路由协议?　　　　　　　　　　　　　　　　　　　(　　)
    A. RIP   B. IS-IS   C. OSPF   D. PPP
    E. IP   F. IPX   G. BGP   F. EIGRP
14. 下面哪些是 EIGRP 的特点?　　　　　　　　　　　　　　　　　　　　(　　)
    A. 它是专有协议   B. 它使用 Dijsktra 算法来发现无环路径
    C. 它使用 DUAL 算法来发现无环路径   D. 它不支持 VLSM
15. 哪个特性允许 EIGRP 的运行独立于任何路由选择协议?　　　　　　　(　　)
    A. DUAL   B. CIDR   C. PDM   D. FSM
16. 下面哪些因素可以被 EIGRP 用于计算路由度量值?　　　　　　　　　(　　)
    A. 成本   B. ticks   C. 延迟   D. 带宽
17. 下面哪个表包含有与管理性设置的路由标缀有关的信息?　　　　　　(　　)
    A. 邻居表   B. 拓扑结构表 C. 路由表   D. FSM 表
18. 下面哪条语句对于一条 EIGRP 路由来说是正确的?　　　　　　　　　(　　)
    A. 一条路由只可以有一个后继路由和一个可行后继路由
    B. 一条路由可以有多个后继路由和只可以有一个可行后继路由
    C. 一条路由只可以有一个后继路由和多个可行后继路由
    D. 一条路由可以有多个后继路由器和多个可行后继路由器
19. 如果一条后继路由丢失了,且找不到可行后继路由,这时一台 EIGRP 路由器将会做什么?　　　　　　　　　　　　　　　　　　　　　　　　　　　　　　(　　)
    A. 关机   B. 将该路由置为消极状态
    C. 将该路由置为活跃状态   D. 发送 FSM 探索包来发现新的路由
20. 下面哪些是 EIGRP 的数据包类型?　　　　　　　　　　　　　　　　(　　)
    A. Hello   B. 数据库描述 C. 更新   D. 响应
21. 下面哪个是在 T1 或以上速率的接口上的缺省 Hello 间隔?　　　　　(　　)
    A. 60s   B. 30s   C. 10s   D. 5s
22. EIGRP 使用下面哪个多目组播地址来发送路由信息?　　　　　　　　(　　)
    A. 224.0.0.5 B. 224.0.0.6   C. 224.0.0.9   D. 224.0.0.10
23. 下面哪些语句对于 EIGRP 路由归纳来说是正确的?　　　　　　　　　(　　)

A. EIGRP 不归纳路由
B. EIGRP 在默认情况下自动进行路由归纳
C. EIGRP 不允许为路由归纳使用 CIDR 前缀
D. EIGRP 允许管理员为归纳路由定义 CIDR 前缀

二、判断题

1. 管理距离值越大，说明路由条目越可靠。 （　　）
2. RIP 协议使用跳数作为度量值，即衡量到达目标地址的路由距离。RIP 的跳数值最大为 16。 （　　）
3. OSPF 支持自治系统，但不需要配置自治系统号。 （　　）
4. RIPv2 支持无类路由，在同一网络中不同的子网使用不同的子网掩码。RIPv2 使用 D 类地址 224.0.0.9 组播传送路由更新信息。 （　　）
5. RIP 路由协议的默认管理距离是 120。 （　　）
6. OSPF 路由协议使用 SPF 算法确定最佳路径。 （　　）
7. 点到点网络中需要选举 DR 和 BDR。 （　　）
8. 网络中的所有 RIP 路由器维护同一个拓扑数据库。 （　　）
9. 路由信息协议 OSPF 用跳数来衡量到达目标地址的路由距离。 （　　）
10. 对于路由器，距离值越小，可信度越高，最佳距离值为 0，而最差距离值为 255。 （　　）
11. EIGRP 和 IGRP 使用相同的度量值计算方法。 （　　）
12. EIGRP 路由器使用一种叫作 DUAL 的先进路由选择算法。 （　　）
13. 与 IGRP 不同，EIGRP 通过在路由选择更新中交换子网掩码来对无类别的 IP 提供全面的支持。 （　　）
14. 可行距离是到每一个目的地的最小计算度量值。 （　　）
15. 可行后继是指被选中作为到达一个目的地所使用的主要路由的路由。 （　　）
16. 后继是一条备份路由。 （　　）
17. 重分发是指一个组织运行了多种路由协议时，必须采取方式将一种路由协议获悉的网络告知另一路由选择协议，使每个端点能到达其他点，这一过程就是重分发。 （　　）
18. IGRP 使用了 32 位长度的度量值（metric），而 EIGRP 使用 24 位的度量值。 （　　）
19. 动态路由协议发布网络的 network 命令后跟的是目的网络的网络号。 （　　）
20. OSPF 协议的骨干区域是 AREA 0。 （　　）
21. EIGRP 拓扑表中标记为活动（Active）的路由是稳定和可用的路由。 （　　）
22. 路由表中显示字母为 D 的路由表示是由 OSPF 路由协议学习到的路由。 （　　）
23. EIGRP 协议默认是启用自动汇总功能的。 （　　）

三、项目设计与实践

某学校有四个分院，每个分院各有一栋楼，每栋楼通过路由器连接，给你 10.0.0.0/8 的 IP 地址，设计一个合适的路由协议使网络连通。

项目五　网络访问控制与流量过滤

在 Cisco 网络设备上,通过配置基本的流量过滤策略可以实现简单的防火墙功能,过滤未经授权的或可能存在危险的数据包,以防止其进入网络。最常见的流量过滤方法之一是使用访问控制列表(ACL),用于管理和过滤进入或离开网络的流量。

本章将介绍如何在安全解决方案中使用标准 ACL 和扩展 ACL,并提供在 Cisco 路由器上配置 ACL 的方法。其中包含 ACL 的使用技巧、注意事项、建议和一般指导原则。

一、教学目标

最终目标:能根据需求,通过配置 ACL 实现网络访问控制和流量过滤。

促成目标:

1. 熟悉访问控制列表在网络通信中的作用和功能;
2. 熟悉标准访问控制列表的网络控制原理;
3. 通过标准访问控制列表实现简单的流量管理;
4. 熟悉扩展访问控制列表的网络控制原理;
5. 通过扩展访问控制列表实现基于业务类型的流量过滤;
6. 在路由器上使用访问控制和流量过滤技术实现网络防火墙特性。

二、工作任务

在 TCP/IP 网络中使用访问控制和流量过滤技术以增加网络安全性。熟悉基于访问控制和流量过滤技术在网络中实现防火墙的安全特性。

1. 部署访问控制列表,防止对设备的未经授权的访问;
2. 部署访问控制列表,控制来自于特定网络的流量,实现流量管理;
3. 部署访问控制列表,控制数据类型、数据源、数据目标,实现流量过滤;
4. 部署访问控制列表,实现防火墙的安全特性。

模块1 部署访问列表实现流量管理

一、教学目标
最终目的：会配置标准 ACL 来实现流量管理。
促成目标：
1. 熟悉访问控制列表在网络通信中的作用和功能；
2. 熟悉标准访问控制列表的网络控制原理；
3. 通过标准访问控制列表实现简单的流量管理。

二、工作任务
1. 熟悉 TCP/IP 协议工作原理、路由器数据报文处理过程、访问控制列表等；
2. 部署访问控制列表，防止对设备的未经授权的访问；
3. 部署访问控制列表，控制来自于特定网络的流量，实现流量管理。

三、相关知识点
1. ACL 功能及工作原理

在 Cisco 路由器上，通过配置简单的防火墙，实现基本的流量过滤功能。防火墙可以过滤未经授权或可能存在危险的数据包，以防止其进入网络。最常见的流量过滤方法之一是使用访问控制列表(ACL，Access Control List)，用于管理和过滤进出网络的流量。

配置 ACL 的主要目的是为网络提供安全性，ACL 是一系列 permit 或 deny 语句组成的顺序列表，可以基于地址或上层协议，为网络中所有路由器支持的网络协议配置 ACL。

ACL 能够控制进出网络的流量，可以只是简单地允许或拒绝网络层的主机地址或网络地址，也可以将 ACL 配置为根据应用或服务所使用的传输层端口来控制网络流量。

ACL 语句的长短不一，短到只有一条，长到数百条语句，前者只能允许或拒绝来自某个源地址的流量，后者则可允许或拒绝来自多个源地址的数据包。ACL 的主要用途是识别数据包的类型，以便决定是接受还是拒绝该数据包。如图 5-1 所示，ACL 可以识别各种类型的数据流量，除了实现流量管理和过滤功能外，ACL 在网络中还有以下几种功能：

(1) 指定用于执行 NAT 的内部主机；
(2) 识别或分类流量以便实现 QoS 和队列等高级功能；
(3) 限制路由更新的内容；
(4) 控制调试输出；
(5) 控制虚拟终端对路由器的访问。

使用 ACL 可能会带来一些问题：
(1) 路由器检查所有数据包会带来额外的开销，从而导致实际转发数据包的时间减少；
(2) 设计欠佳的 ACL 会给路由器带来更加沉重的负载，甚至可能导致网络中断；

(3) 位置不当的 ACL 可能会阻止本应允许的流量却允许本应阻止的流量。

在创建访问控制列表时，网络管理员将面临几种选择。需要哪种类型的 ACL 取决于设计要求的复杂程度。

访问控制列表由一条或多条语句组成。每条语句根据指定的 permit 或 deny 参数允许或拒绝流量。ACL 会将流量与列表中的每条语句逐一进行比较，直至找到匹配项或比较完所有语句为止。如果数据包与 permit 语句匹配，则该数据包可以进出路由器。如果数据包与 deny 语句匹配，则将停止传输。如果 ACL 中没有任何 permit 语句，则会阻止所有流量。因为在默认情况下，Cisco 路由器上配置的每个 ACL 的末尾都有一条隐含的 deny 语句，尽管实际上 ACL 中并没有显示该语句。隐含的 deny 语句会阻止所有流量，以防不受欢迎的流量意外进入网络。因此，ACL 会拒绝所有未明确允许的流量。

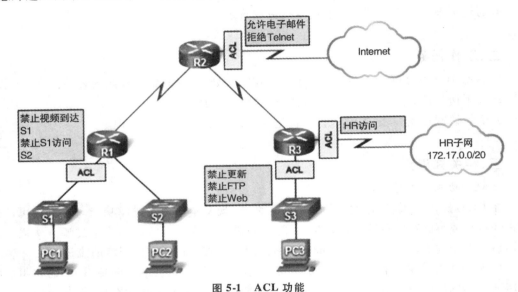

图 5-1 ACL 功能

相对路由器来说，ACL 控制的对象是进出接口的流量。管理员对路由器接口应用入站或出站 ACL。进入路由器接口的流量称为入站流量，流出接口的则称为出站流量。数据包到达接口时，路由器会检查以下问题：

(1) 是否有针对该接口的 ACL？
(2) 该 ACL 控制的是入站流量还是出站流量？
(3) 此流量是否符合允许或拒绝的条件？

路由器的每个接口的每个协议在每个方向(入站和出站)上都可设置一个 ACL。对于 IP 协议，一个接口可以同时有一个入站 ACL 和一个出站 ACL。应用到接口出站方向的 ACL 不会影响该接口的入站流量。对接口应用 ACL 将会加大流量的延迟，冗长的 ACL 会大大影响路由器的性能。

当流量进入路由器时，被按照 ACL 语句条目在路由器中的顺序进行比较。路由器会逐条比对 ACL 语句，直到发现匹配条目。因此，应该将最频繁使用的 ACL 条目放在列表顶部。如果路由器检查到列表末尾时仍然没有发现匹配条目，将拒绝该流量，因为 ACL 会隐式拒绝不符合任何测试条件的所有流量。如果 ACL 中仅包含一个 deny 条目，则效果与拒绝所有流量相同。因此,ACL 至少包含一条 permit 语句,否则所有流量都会被阻止。

如图 5-2 所示的配置示例,管理员创建了 ACL 1,应用在路由器接口 S0/0/0 上,只允许来自于主机 192.168.1.1 的数据报文进入路由器(或者说,是拒绝了除主机 192.168.1.1 之外的所有进入路由器的流量)。当主机 192.168.1.5 发送报文进入路由器时,路由器将数据报文的源地址与该接口上应用的 ACL 1 进行匹配,结果匹配到隐含的 deny any 语句,而将数据包丢弃。

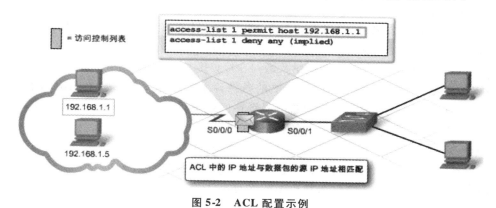

图 5-2　ACL 配置示例

2. ACL 的类型

Cisco ACL 有两种类型:标准 ACL 和扩展 ACL,可以分别用数字编号或命名方式表示 ACL。

标准 ACL 根据源 IP 地址允许或拒绝流量的一系列允许和拒绝条件的顺序集合。标准 ACL 在全局配置模式中创建。如图 5-3 中的标准 ACL,只允许来自网络 192.168.30.0/24 的所有流量,与数据包中包含的目的地址和端口无关。ACL 末尾隐含了"deny any",所以它将阻止所有其他流量。

扩展 ACL 根据多种属性(例如,协议类型、源 IP 地址、目的 IP 地址、源 TCP 或 UDP 端口、目的 TCP 或 UDP 端口)过滤 IP 数据包,并可依据协议类型信息(可选)进行更为精确的控制。扩展 ACL 在全局配置模式中创建。图 5-3 中的扩展 ACL,只允许来自 192.168.30.0/24 网络中任意地址到任意主机的 80 端口的流量。

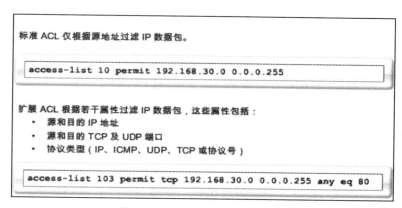

图 5-3　标准 ACL 和扩展 ACL

编号 ACL 适用于具有较多类似流量的小型网络,但无法通过编号得知 ACL 的作用。因此,从 Cisco IOS 11.2 版开始,可以使用名称来标识 Cisco ACL。在命名 ACL(NACL)中,描述性名称代替了标准 ACL 和扩展 ACL 中所需的数字范围。命名 ACL 具备标准 ACL 和扩展 ACL 的全部功能和优势;只是其创建语法不同。在名称中可以使用大小写字母及数字以方便在路由器的命令输出和故障排除中识别。在配置 NACL 时,路由器会切换到 NACL 配置子命令模式。

创建访问控制列表之后,必须将其应用到某个接口才可开始生效。标准 ACL 或扩展 ACL 应用到接口的方法与应用命名 ACL 的方法相同。可以采用与数字编号 ACL 相同的命令帮助评估命名 ACL 的语法、语句顺序及语句在接口上的位置是否正确。

路由器将按照 ACL 语句的允许或拒绝的条件逐条进行测试。第一个匹配的条件决定了是接受还是拒绝该数据流量。因为路由器将在匹配第一个条件之后停止测试,所以条件的顺序至关重要。如果没有匹配的条件,该数据流量将会遭到拒绝。

3. ACL 的设计规划步骤

设计正确的访问控制列表对网络的性能和可用性有积极的影响。在规划访问控制列表的设计和位置时应尽量扩大这种效果。ACL 的规划步骤如下:

①确定流量过滤需求;
②确定哪种类型的 ACL 最能满足要求;
③确定要将 ACL 应用到哪个路由器、哪个接口上;
④确定要过滤哪个方向的流量。

步骤 1:确定流量过滤需求。

从企业各个部门的利益主体处收集流量过滤需求。这些需求因企业而异,取决于客户的要求、流量类型、流量负载以及所关注的安全问题。

步骤 2:决定适合要求的 ACL 类型。

选择采用标准 ACL 或是采用扩展 ACL,取决于实际的过滤要求。ACL 类型的选择会影响 ACL 的灵活性以及路由器的性能和网络的链路带宽。

标准 ACL 的编写和应用很简单。但标准 ACL 只能根据源地址过滤流量,不能根据流量的类型或目的地址过滤流量。在多网络环境中,如果标准 ACL 离源地址太近,则可能会意外地阻止本应允许的流量。因此,务必将标准 ACL 尽量靠近目的地址。

如果过滤要求非常复杂,则应使用扩展 ACL。与标准 ACL 相比,扩展 ACL 通常能够提供更强大的控制功能。扩展 ACL 可以根据源地址和目的地址过滤流量。如有必要,它们还可根据网络层协议、传输层协议和端口号过滤。借助于更精确的过滤功能,网络管理员可以专门针对某个安全计划编写满足其特殊要求的 ACL。

扩展 ACL 应靠近源地址放置。通过查找源地址和目的地址,ACL 会在数据包离开源路由器之前就阻止它流向指定的目的网络。在数据包通过网络传输之前便对其进行过滤有助于节约带宽。

步骤 3:确定要应用 ACL 的路由器和接口。

应将 ACL 部署在接入层或分布层的路由器上。网络管理员必须能够控制这些路由器并实施安全策略。如果网络管理员不能访问路由器,则无法在该路由器上配置 ACL。

接口的选择取决于过滤要求、ACL 类型和指定路由器的位置。最好是在流量进入低带宽串行链路之前便予以过滤。在选择路由器之后,接口的选择也就明确了。

步骤4:确定要过滤的流量方向。

在确定要对哪个方向的流量应用ACL时,应从路由器的角度来看流量流。入站流量是指从外部进入路由器接口的流量。路由器会在路由表中查询目的网络之前先将传入数据包与ACL进行比较。此时丢弃数据包可以节约路由查询的开销。因此,对路由器来说,入站访问控制列表的效率比出站访问列表更高。

出站流量系指路由器内部通过某个接口离开路由器的流量。对于出站数据包,路由器已经完成路由表查询并且已将数据包转发到正确的接口中。因此,只需在数据包离开路由器之前将其与ACL进行比较。

4. 通配符掩码的结构和作用

简单的ACL仅指定一个要允许或拒绝的地址。要阻止多个地址或某个范围的地址,需要使用多条语句或使用通配符掩码。带有通配符掩码的IP网络地址大大提高了灵活性。利用通配符,只需一条语句便可阻止某个范围的地址乃至整个网络。在ACL语句中,通配符掩码指定要允许或拒绝的主机或地址范围。

在创建ACL语句时,IP地址和通配符掩码将作为参照字段。进出接口的所有数据包都要与ACL的每条语句进行比较以确定是否匹配。通配符掩码确定来访IP地址的多少比特位应与参照地址匹配。

通配符掩码使用0表示IP地址中必须完全匹配的部分,用1表示IP地址中不必与指定数字匹配的部分。通配符掩码0.0.0.0要求IP地址的所有32个比特位均应完全匹配。此掩码相当于使用host参数。通配符掩码255.255.255.255,将匹配任何的地址,此掩码相当于使用any参数。

举个例子,以下语句只允许来自192.168.16.0/20网络和192.168.0.0/16中的奇数子网中的所有主机并阻止其他所有主机:

access-list 1 permit 192.168.16.0 0.0.15.255
access-list 1 permit 192.168.1.0 0.0.254.255

图5-4中的两个示例较为复杂。在示例1中,前两组二进制八位数和第三组二进制八位数的前四位必须精确匹配。第三组二进制八位数的后四位和最后一组二进制八位数可以是任何有效的数字。结果该掩码会允许从192.168.16.0到192.168.31.0的地址。

示例1:		十进制	二进制
	IP地址	192.168.16.0	11000000.10101000.00010000.00000000
	通配符掩码	0.0.15.255	00000000.00000000.00001111.11111111
	结果范围	192.168.16.0 至 192.168.31.0	11000000.10101000.00010000.00000000 至 11000000.10101000.00011111.00000000

示例2:		十进制	二进制
	IP地址	192.168.1.0	11000000.10101000.00000001.00000000
	通配符掩码	0.0.254.255	00000000.00000000.11111110.11111111
	结果	192.168.1.0 192.168.0.0主网中编号为奇数的子网	11000000.10101000.00000001.00000000

图5-4 通配符掩码示例

示例 2 显示的通配符掩码匹配前两组二进制八位数和第三组二进制八位数中的最低位。最后一组二进制八位数和第三组二进制八位数中的前七位可以是任何有效的数字。结果是该掩码会允许或拒绝所有来自 192.168.0.0 主网的奇数子网的所有主机。

计算通配符掩码可能相当麻烦，利用 255.255.255.255 减去相应子网掩码这一方法可以简化计算过程。

四、实践操作

1. 配置编号的标准 ACL

在收集要求之后，规划访问控制列表，确定 ACL 的位置并配置 ACL。每个 ACL 都需要有一个唯一的标识符。该标识符可以是一个数字，也可以是一个描述性名称。在用数字标识的访问控制列表中，数字标识所建 ACL 的类型：

- 标准 IP ACL 的数字范围是 1 到 99 和 1300 到 1999。
- 扩展 IP ACL 的数字范围是 100 到 199 和 2000 到 2699。

使用 ACL 时主要涉及以下两项任务：

步骤 1：通过指定编号或名称的访问列表以及访问条件来创建访问列表。

步骤 2：将 ACL 应用到接口或终端线路。

任何路由器接口都存在一个限制：每个方向每个协议只有一个 ACL。如果路由器只运行 IP 协议，则每个接口最多可以处理两个 ACL：一个入站 ACL 和一个出站 ACL。由于每个 ACL 都会对通过接口传输的数据包进行比较，因此 ACL 会增加延时。

要在 Cisco 路由器上配置采用数字编号的标准 ACL，必须先创建标准 ACL，然后在接口上激活 ACL。进入全局配置模式。使用 access-list 命令，输入访问控制列表语句。以相同的 ACL 编号输入所有语句直至访问控制列表完成为止。

全局配置命令 access-list 以 1 到 99 范围内的数字定义标准 ACL。Cisco IOS 软件第 12.0.1 版扩大了编号的范围，允许使用 1300 到 1999 的编号，从而可以定义最多 799 个标准 ACL。这些附加的编号称为扩充 IP ACL。标准 ACL 命令行语法为：

access-list [access-list-number] [deny | permit] [source address] [source-wildcard] [log]

对于标准 ACL 的配置参数 *access-list-number*，使用 1 至 99 或 1300 到 1999 之间的数字标识标准的访问列表。

Deny，匹配条件时拒绝访问。

Permit，匹配条件时允许访问。

Remark，指出此条目是允许还是拒绝特定的流量，也可用来输入注释。

Source，发送数据报文的源网络地址或源主机地址。

Source-wildcard，用于限定源的范围的通配符位。

Log(可选)，对匹配的 ACL 语句的数据报文生成信息性消息，发送到控制台。控制台的消息记录级别取决于 logging console 命令。

每个数据包都需要与每条 ACL 语句进行比较直至找到匹配项，该语句在 ACL 中的顺序自然会影响 ACL 引起的延时。因此，应当合理安排语句的顺序，以使 ACL 中较常见的条件位于较不常见的条件之前。例如，如果某个语句所查询的对象流量最高，则该语句应置于

ACL 的开头。

一旦匹配到某条语句,该数据包将不会再与 ACL 中的任何其他语句进行比较。这意味着如果有一行语句允许某个数据包,虽然该 ACL 中该语句的后面有一行拒绝此数据包,则最终会允许传输此数据包。因此,ACL 的规划应确保较具体的要求排在较笼统的要求之前。换而言之,拒绝某个网络的指定主机的语句应放在允许整个网络的其他主机的语句之前。标准 ACL 配置示例,如图 5-5 所示。

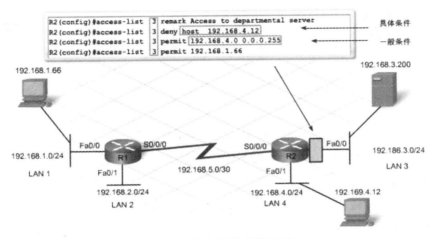

图 5-5　标准 ACL 配置示例

通常,当管理员创建 ACL 时,将完全理解 ACL 中每条语句的作用。但是,随着时间的推移,记忆会逐渐模糊。可以使用 remark 关键字在任何 IP 标准 ACL 或扩展 ACL 中添加有关条目的注释。remark 关键字用于记录信息,使访问列表更易于阅读和理解。每条注释限制在 100 个字符以内。为了给 IP 编号标准 ACL 或扩展 ACL 添加注释,可以使用 access-list *access-list-number* remark *remark-text* 全局配置命令。

注释可以出现在 permit 或 deny 语句的前面一行或后面一行。应该确保注释的位置保持一致,这样哪条注释描述哪条 permit 或 deny 语句会比较清楚。例如,如果某些注释出现在 permit 或 deny 语句之前,而另一些注释出现在这些语句之后,那有可能会出现混淆。要删除注释,可以使用该命令的 no 形式。

要删除 ACL,不能从标准 ACL 或扩展 ACL 中单独删除某一行,而需要将整个 ACL 删除或者整个替换,只能使用 no access-list *access-list-number* 命令删除整个 ACL。

设计正确的访问控制列表对网络的性能和可用性有积极的影响。ACL 必须被应用到某个接口才可开始生效,将 ACL 指派到一个或多个接口,并指定入站方向或出站方向。在多网络环境中,如果标准 ACL 离源地址太近,则可能会意外地阻止本应允许的流量。因此,务必将标准 ACL 尽量靠近目的地址。ACL 的应用示例如图 5-6 所示。

ACL 应用到接口上的默认方向是出站。尽管出站是默认设置,但明确指定方向仍然很重要,这样可以避免引起混淆并确保流量过滤的方向正确。在接口上应用 ACL,需要在接口配置模式中输入配置命令 ip access-group *access-list-number* [in | out]。要从接口中删除 ACL 的应用而不破坏 ACL,请使用接口配置命令 no ip access-group [in | out]。以下几条

ACL 命令可以检查 ACL 语句的语法、顺序以及语句在接口上的位置是否正确。

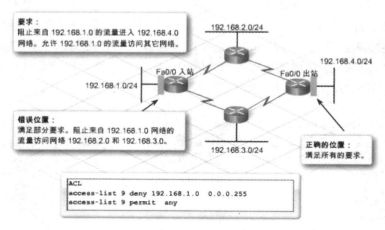

图 5-6　标准 ACL 的放置实例

show ip interface　显示 IP 接口信息并显示任何已分配的 ACL。

show access-lists [*access-list-number*] 显示路由器上所有 ACL 的内容。还可显示自应用 ACL 之后每个 permit 或 deny 语句的匹配项数。要查看特定的列表,可添加 ACL 名称或编号作为此命令的选项。

show running-config 显示路由器上所有已配置的 ACL,即使这些 ACL 当前并没有应用到接口上。

如果使用数字编号的 ACL,则在最初创建 ACL 之后输入的语句将添加到 ACL 的末尾。这个顺序可能会导致不希望的结果。要解决这个问题,请删除原始的 ACL 并重新创建 ACL。通常建议在文本编辑器中创建 ACL。这样可以方便地编辑 ACL 并将其粘贴到路由器配置中。但请切记:在复制并粘贴 ACL 时,务必先删除当前已应用的 ACL,否则所有语句都将粘贴到 ACL 的末尾。

2. 编号 ACL 的编辑

当配置 ACL 时,语句将按照在 ACL 末尾输入的顺序添加到其中。但是,没有内置编辑功能可供在 ACL 中进行编辑。无法选择性地插入或删除语句行。

强烈推荐在文本编辑器(例如,Microsoft 记事本)中创建 ACL。可以在编辑器中创建或编辑 ACL,然后将其粘贴到路由器中。对于现有的 ACL,可以使用 show running-config 命令显示 ACL,将其复制并粘贴到文本编辑器中,进行必要的更改并重新加载。

例如,ACL 20 的配置过程中主机 IP 地址的输入错误。不应该输入 192.168.10.100 主机,而应该输入 192.168.10.11 主机。编辑和更正 ACL 20 的步骤如图 5-7 所示。

步骤 1:使用 show running-config 命令显示 ACL。图中的示例使用 include 关键字以便仅显示 ACL 语句。

步骤 2:选中 ACL,将其复制并粘贴到记事本中。根据需要编辑列表。在记事本中更正了 ACL 之后,选中它并复制。

步骤 3:在全局配置模式下,使用 no access-list 20 命令禁用访问列表。否则,新的语句将附加到现有的 ACL 之后。然后,将新的 ACL 粘贴到路由器的配置中。

```
步骤 1   R1#show running-config | include access-list
         access-list 20 permit 192.168.10.100
         access-list 20 deny   192.168.10.0 0.0.0.255

步骤 2   access-list 20 permit 192.168.10.11
         access-list 20 deny 192.168.10.0 0.0.0.255

步骤 3   R1#conf t
         Enter configuration commands, one per line. End with
         CTRL/Z.
         R1(config)#no access-list 20
         R1(config)#access-list 20 permit 192.168.10.11
         R1(config)#access-list 20 deny 192.168.10.0 0.0.0.255
```

图 5-7 编辑编号 ACL

应该注意的是,当使用 no access-list 命令时,网络将失去 ACL 的保护。同时还需要注意,如果在新的列表中出现错误,那必须将其禁用并排查问题,在修复过程同样会失去 ACL 的保护。

3. 配置命名的 ACL

命名 ACL 让人更容易理解其作用。例如,用于拒绝 FTP 的 ACL 可以命名为 NO_FTP。当使用名称而不是编号来标识 ACL 时,配置模式和命令语法略有不同。新版本的 IOS 可以使用 ip access-list 命令编辑语句行编号的数字式 ACL 和命名 ACL。ACL 显示的行号为 10、20、30,依此类推。

步骤 1:进入全局配置模式,使用 ip access-list 命令创建命名 ACL。ACL 名称是字母数字,必须唯一而且不能以数字开头。

步骤 2:在命名 ACL 配置模式下,使用 permit 或 deny 语句指定一个或多个条件,以确定数据包应该转发还是丢弃。

步骤 3:使用 end 命令返回特权执行模式。

标准命名 ACL 的配置步骤如图 5-8 所示,在路由器 R1 接口 Fa0/0 上配置标准命名 ACL 的命令,该命令拒绝主机 192.168.11.10 访问 192.168.10.0 网络。ACL 名称不一定非要使用大写字母,但查看运行配置输出时大写字母会比较醒目。命名 ACL 的配置实例如图 5-9 所示。

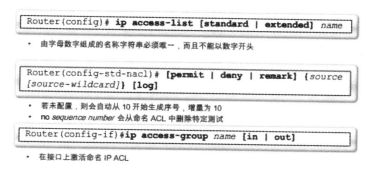

图 5-8 创建标准命名 ACL 的步骤

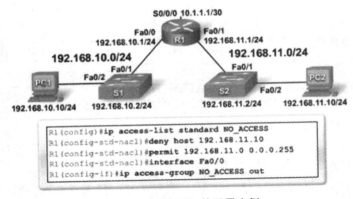

图 5-9　命名 ACL 的配置实例

当完成 ACL 配置后,可以使用 show 命令检验配置。图 5-10 示例显示了用于显示所有 ACL 内容的 Cisco IOS 语法。底部的示例显示了在路由器 R1 上发出 show access-lists 命令后得到的结果。采用大写字母表示的 ACL 名称(SALES 和 ENG)在屏幕输出中显得非常醒目。

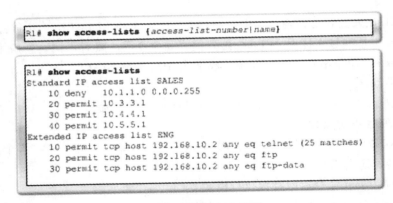

图 5-10　检验 ACL 配置

与编号 ACL 相比,命名 ACL 的一大优点在于编辑更简单。从 Cisco IOS 12.3 版本开始,命名 IP ACL 允许删除指定 ACL 中的具体条目。可以使用序列号将语句插入命名 ACL 中的任何位置。因为可以删除单个条目,所以可以修改 ACL 而不必删除整个 ACL 然后再重新配置。如果使用更早的 Cisco IOS 软件版本,那只能够在命名 ACL 的底部添加语句。

ACL 是一种路由器配置脚本,它根据源地址控制路由器是允许还是拒绝数据包。本练习的重点是:定义过滤条件、配置标准 ACL、将 ACL 应用到路由器接口,以及检验和测试 ACL 实施。

模块 2 部署访问列表实现流量过滤

一、教学目标

最终目标：会配置扩展 ACL 来实现流量过滤。
促成目标：
1. 熟悉访问控制列表在网络通信中的作用和功能；
2. 熟悉扩展访问控制列表的网络控制原理；
3. 通过扩展访问控制列表实现基于业务类型的流量过滤。

二、工作任务

1. 部署访问控制列表，防止对设备的未经授权的访问；
2. 部署访问控制列表，控制数据类型、数据源、数据目标，实现流量过滤。

三、相关知识点

1. 路由器上的 ACL 流量过滤

管理员可以通过流量过滤来控制各个网段中的流量。过滤是对数据包内容进行分析以决定是允许还是阻止该数据包的过程。数据包的过滤可能很简单，也可能相当复杂，拒绝或允许流量通过的依据有：源 IP 地址、目的 IP 地址、MAC 地址、协议、服务类型。

前一节中介绍了 Cisco ACL 的两种类型：标准 ACL 和扩展 ACL。标准 ACL 根据源 IP 地址允许或拒绝流量的一系列允许和拒绝条件的顺序集合；扩展 ACL 根据协议类型、源和 IP 地址、目的 IP 地址、源 TCP 或 UDP 端口、目的 TCP 或 UDP 端口等条件来过滤 IP 数据包，并可依据协议类型信息（可选）进行更为精确的控制。

数据包的过滤机制类似于垃圾邮件的过滤机制。许多电子邮件应用程序允许用户调整配置，以便自动删除来自特定源地址的电子邮件。数据包的过滤方法与此类似，即配置路由器使之识别不受欢迎的流量。在路由器上配置 ACL 可以执行以下任务：

（1）限制网络流量以提高网络性能。例如，如果公司政策不允许在网络中传输视频流量，那么就应该配置和应用 ACL 以阻止视频流量。这可以显著降低网络负载并提高网络性能。

（2）提供流量控制。ACL 可以限制路由更新的传输。如果网络状况不需要更新，便可从中节约带宽。

（3）提供基本的网络访问安全性。ACL 可以允许一台主机访问部分网络，同时阻止其他主机访问同一区域。例如，"人力资源"网络仅限选定用户进行访问。

（4）决定在路由器接口上转发或阻止哪些类型的流量。例如，ACL 可以允许电子邮件流量,但阻止所有 Telnet 流量。

(5)屏蔽主机以允许或拒绝对网络服务的访问。ACL 可以允许或拒绝用户访问特定文件类型,例如 FTP 或 HTTP。

(6)控制客户端可以访问网络中的哪些区域。

流量过滤可以改善网络的性能。通过在源地址附近拒绝不受欢迎或限制访问的流量,可以阻止这些流量在网络上传播并消耗宝贵的资源。ACL 可根据条件(例如源地址、目的地址、协议和端口号)检查网络数据包。除了允许或拒绝流量外,ACL 还可以对流量进行分类,以便线路按优先级处理事务。

在设计和规划 ACL 时,应根据不同的流量过滤需求及不同的 ACL 类型及特点进行。下面是设计 ACL 的指导原则:

(1)在位于内部网络和外部网络(例如 Internet)边界处的防火墙路由器上使用 ACL。

(2)在位于两个网络边界处的路由器上使用 ACL,以控制进出网络特定部分的流量。

(3)在位于网络边界的路由器上配置 ACL。这样可以在内外部网络之间,或在网络中受控度较低的区域与敏感区域之间起到基本的缓冲作用。

(4)为边界路由器接口上配置的每种网络协议配置 ACL。可以在接口上配置 ACL 来过滤入站流量、出站流量。

配置和应用 ACL 的指导原则:在路由器上应用 ACL 可以总结为 3P 原则——为每种协议(per protocol)、每个方向(per direction)、每个接口(per interface)配置一个 ACL。如图 5-11 所示。

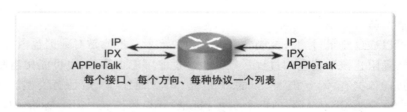

图 5-11　ACL 的 3P 原则

- 每种协议一个 ACL。要控制接口上的流量,必须为接口上启用的每种协议定义相应的 ACL。
- 每个方向一个 ACL。一个 ACL 只能控制接口上一个方向的流量。要控制入站流量和出站流量,必须分别定义两个 ACL。
- 每个接口一个 ACL。一个 ACL 只能控制一个接口(例如快速以太网 0/0)方向上一个协议的流量。

ACL 的编写可能相当复杂而且极具挑战性。每个接口上都可以针对多种协议和各个方向进行定义。图 5-11 中的路由器有两个接口配置了 IP、AppleTalk 和 IPX。该路由器可能需要 12 个不同的 ACL：协议数（3）乘以方向数（2），再乘以端口数（2）。

2. ACL 流量过滤原理

ACL 定义了一组规则，用于对进入入站接口的数据包、通过路由器中继的数据包，以及从路由器出站接口输出的数据包施加额外的控制。ACL 对路由器自身产生的数据包不起作用。ACL 要么配置用于入站流量，要么用于出站流量。

入站的 ACL 是路由器对传入的数据包进行处理以确定是否允许进入路由器，被允许之后数据包才会被路由到出站接口。入站 ACL 非常高效，如果数据包被丢弃，则节省了执行路由查找的开销。允许该数据包后，路由器才会处理路由工作。ACL 语句按顺序执行操作。这些语句从上到下、一条一条地对照 ACL 评估数据包。如图 5-12 显示了入站 ACL 的逻辑。

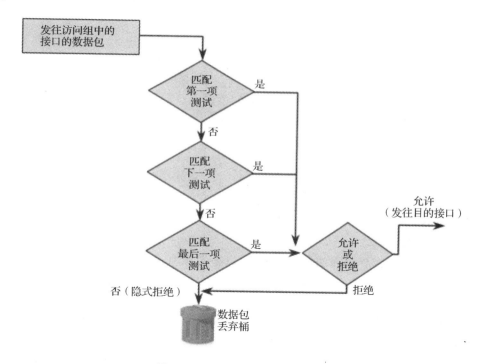

图 5-12　入站 ACL 的处理过程

如果数据包报头与某条 ACL 语句匹配，则会跳过列表中的其他语句，由匹配的语句决定是允许还是拒绝该数据包。如果数据包报头与 ACL 语句不匹配，那么将使用列表中的下一条语句测试数据包。此匹配过程会一直继续，直到抵达列表末尾。

最后一条隐含的语句适用于不满足之前任何条件的所有数据包。这条最后的测试条件与这些数据包匹配，并会发出"拒绝"指令。此时路由器不会让这些数据进入或送出接口，而是直接丢弃它们。最后这条语句通常称为"隐式 deny any 语句"或"拒绝所有流量"语句。由于该语句的存在，所以 ACL 中应该至少包含一条 permit 语句，否则 ACL 将阻止所有流量。可以将一个 ACL 应用到多个接口。但是，每种协议、每个方向和每个接口仅允许存在一个 ACL。

出站 ACL 是路由器在接收到传入数据包并路由到出站接口后,由出站 ACL 进行处理,以确定是否允许发送出去。在数据包转发到出站接口之前,路由器检查路由表以查看是否可以路由该数据包。如果该数据包不可路由,则丢弃它。接下来,路由器检查出站接口是否配置有 ACL。如果出站接口没有配置 ACL,那么数据包可以发送到输出缓冲区,也可以直接发送到出站接口。图 5-13 显示了出站 ACL 的逻辑。

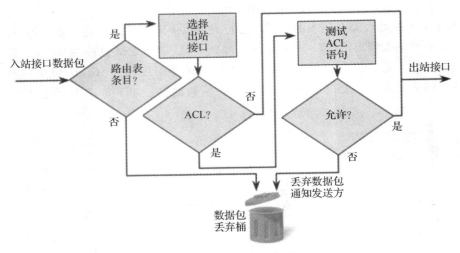

图 5-13 出站 ACL 的处理过程

如果出站接口配置有出站 ACL,那么只有在经过出站接口所关联的 ACL 语句的测试之后,根据 ACL 测试的结果,数据包会被允许或拒绝。对于出站列表,"允许"表示将数据包发送到输出缓冲区,而"拒绝"则表示丢弃数据包。

3. 扩展 ACL 的处理方法

扩展 ACL 能够提供更全面的控制功能,可以根据源 IP 地址、目的 IP 地址、协议类型和端口号允许或拒绝访问。由于扩展 ACL 可以非常具体,因此其语句数量可能会迅速增加。ACL 中包含的语句越多,就越难以管理。

为了更加精确地控制流量过滤,可以使用编号在 100 到 199 之间以及 2000 到 2699 之间的扩展 ACL(最多可使用 800 个扩展 ACL)。也可以对扩展 ACL 命名。适用于标准 ACL 的规则同样适用于扩展 ACL:如在一个 ACL 中配置多条语句;为每条语句分配相同的 ACL 编号;使用 host 或 any 关键字表示 IP 地址。

相对于标准 ACL,扩展 ACL 在语法上的主要区别上是要求在 permit 或 deny 条件之后指定协议。此协议可以是 IP 协议(表示所有的 IP 流量),也可以表示对特定 IP 协议簇(例如 TCP、UDP、ICMP 和 OSPF)的过滤。通常有许多不同的方法可以满足一组要求。

在 ACL 中的条目是逐个处理的,因此结果"否"并不一定等于"拒绝"。沿着逻辑决定路径前进,会发现"否"表示转到下一个条目,直到所有条目都测试完毕。只有当所有条目都已处理时,才会做出最终的"允许"或"拒绝"决定。

例如,校园网络中有一台地址为 192.168.3.75 的服务器。该学校有以下要求:

（1）允许 192.168.2.0 局域网中的所有主机访问该服务器；
（2）允许 IP 地址为 192.168.1.66 的主机访问该服务器；
（3）拒绝 192.168.4.0 局域网中的所有主机访问该服务器；
（4）允许校园网中的所有其他主机访问该服务器。
至少有 A、B 两种解决方案可以满足上述要求。如图 5-14 所示。

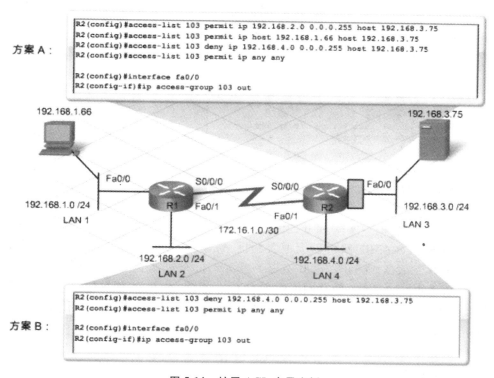

图 5-14　扩展 ACL 应用实例

由于扩展 ACL 具备根据协议和端口号进行过滤的功能，因此可以构建针对性极强的 ACL。利用适当的端口号，可以通过配置端口号或公认端口名称来指定应用程序。管理员通过在扩展 ACL 语句末尾添加 TCP 或 UDP 端口号的方法来指定端口号。可以使用逻辑运算，例如等于（eq）、不等于（neq）、大于（gt）和小于（lt）。

在规划 ACL 时，应尽可能根据以下几个方面的因素：选择 ACL 类型，选择在哪个路由器上放置 ACL，选择在哪个接口上、在接口的哪个方向上放置 ACL。并尽量使语句的数量控制在最低限度。以下几种方法可以减少语句数量和降低路由器的处理负载：

（1）在 ACL 中首先匹配流量大的通信并拒绝需要拦截的通信这种方法可以确保数据包不会与后面的语句进行比较。
（2）通过指定相应范围，将多条 permit 和 deny 语句合并为一条语句。
（3）考虑拒绝某个组而不是允许一个相反但更庞大的组。

如图 5-15 所示，在网络中只需要阻止来自网络 192.168.1.0 的数据流量进入到网络 192.168.2.0，但允许网络 192.168.1.0 的主机访问其他网络。

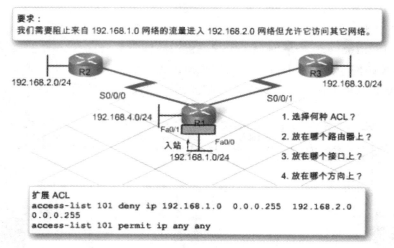

图 5-15　扩展 ACL 配置示例

根据要求使用扩展 ACL，在路由器 R1 LAN 接口 Fa0/0 的入站方向上配置拒绝 192.168.1.0 发向 192.168.2.0 的数据流量，并允许的数据流量。

通过将图 5-14 中的方案 A 和 B 的流量过滤方式进行比较，得出最佳方案为方案 B。因为，如果使用方案 A 在 R2 路由器上配置标准 ACL 的话，网络 192.168.1.0 中的主机向 192.168.2.0 发送数据，在到达 R2 LAN 接口出站时才被过滤和拒绝。而使用方案 B 则在 R1 的上 Fa0/0 的入站方向接收从网络 192.168.1.0 中的主机向 192.168.2.0 发送数据之后，根据与 ACL 比照后将丢弃该数据。从而减少了对 R1、R2 处理器和内存资源以及它们之间链路带宽的占用，提高了网络性能。

四、实践操作

1. 配置数字编号的扩展 ACL

为了更加精确地控制流量过滤，可以使用编号在 100 到 199 之间以及 2000 到 2699 之间的扩展 ACL（最多可使用 800 个扩展 ACL）。也可以对扩展 ACL 命名。

扩展 ACL 比标准 ACL 更常用，因为其控制范围更广，可以提升安全性。与标准 ACL 类似，扩展 ACL 可以检查数据包源地址，但除此之外，它们还可以检查目的地址、协议和端口号（或服务）。如此一来，我们便可基于更多的因素来构建 ACL。例如，扩展 ACL 可以允许从某网络到指定目的地的电子邮件流量，同时拒绝文件传输和网页浏览流量。

由于扩展 ACL 具备根据协议和端口号进行过滤的功能，因此可以构建针对性极强的 ACL。利用适当的端口号，可以通过配置端口号或公认端口名称来指定应用或服务。

配置扩展 ACL 的操作步骤与配置标准 ACL 的步骤相同：首先创建扩展 ACL，然后在接口上激活它。用于支持扩展 ACL 所提供的附加功能的命令语法和参数较为复杂。下面是扩展 ACL 的常用命令语法：

access-list access-list-number {deny | permit | remark} protocol source [source-wildcard] [operator operand] [port port-number or name] destination [destination-wildcard] [operator operand] [port port-number or name] [established]

对于扩展 ACL 的配置参数 *access-list-number*，使用 100 至 199（扩展 IP ACL）或 2000 到 2699（扩充 IP ACL）之间的数字标识访问列表。

Deny，匹配条件时拒绝访问。

Permit，匹配条件时允许访问。

Remark，指出此条目是允许还是拒绝特定的流量，也可用来输入注释。

Protocol，Internet 协议的名称或编号。如 ICMP、IP、TCP、UDP 等，要匹配所有的 Internet 协议需要使用 ip 关键字。

Source，发送数据报文的源网络地址或源主机地址。

Source-wildcard，用于限定源的范围的通配符位。

Destination，数据报文的目的网络地址或目的主机地址。

Destination-wildcard，用于限定目的范围的通配符位。

Operator（可选），对比源或目的端口，可用的操作符包括 lt（小于）、gt（大于）、eq（等于）、neq（不等于）和 range（范围）等。

Port（可选），用于 TCP 或 UDP 端口的十进制编号或协议名称。

Established（可选），仅用于 TCP 协议，表示已建立的连接。

要允许用户浏览不安全网站和安全的网站。首先考虑希望过滤传入流量还是传出流量。尝试访问 Internet 网站所生成的流量是传出流量。接收来自 Internet 的电子邮件所生成的流量是传入流量。考虑将 ACL 应用到接口时，根据观察角度的不同，传入和传出会有不同的含义。

将 ACL 指派到一个或多个接口，并指定是入站方向还是出站方向。尽可能在靠近目的地址的位置应用扩展 ACL。需要接口配置模式中输入：ip access-group *access-list-number* [in | out] 命令来应用扩展 ACL。

例如，春晖中学的路由器 R1 有 3 个接口。串行端口 S0/0/0 和快速以太网端口 Fa0/0、Fa0/1。根据校园网络安全策略需要拒绝来自网络 192.168.11.0 的 FTP 流量进入 192.168.10.0 网络，但允许所有其他流量通过路由器。请注意通配符掩码的使用及隐含的 deny all。配置拒绝 FTP 流量的扩展 ACL 语句的书写方式如下：

```
access-list 114 deny tcp 192.168.20.0 0.0.0.255 any eq ftp
access-list 114 deny tcp 192.168.20.0 0.0.0.255 any eq ftp-data
```

在使用扩展 ACL 时，可以选择指定的端口号，或通过名称指定公认端口。在前面的扩展 ACL 示例中，对于 FTP 来说，需要端口 20（ftp-data）和 21（ftp），因此需要同时指定 eq 20 和 eq 21 才能拒绝 FTP。或者同时指定 FTP 端口名称 eq ftp 和 eq ftp-data，如图 5-16 所示。

如果管理员根据校园网络特定需要创建扩展 ACL，拒绝来自 192.168.11.0 的 Telnet 流量从接口 Fa0/0 送出，但允许所有来自任何其他源的所有其他 IP 流量从 Fa0/0 送往任意目的地。请注意 any 关键字的使用，它表示从任意位置到任意位置。配置拒绝 Telnet 流量的扩展 ACL 示例如图 5-17 所示。

如果网络管理员需要限制 Internet 访问，仅允许浏览网站。允许来自 192.168.10.0 网络中任何地址的流量发送到任何目的地，条件是这些流量仅发往端口 80（HTTP）和 443

（HTTPS）。网络管理员希望返回的 HTTP 交换流量仅来自所请求的网站。因此，其设计的安全解决方案必须拒绝进入网络的任何其他流量。

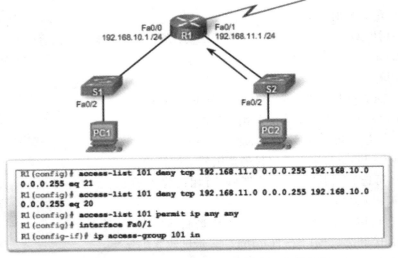

图 5-16　扩展 ACL 配置示例——拒绝 FTP 的流量

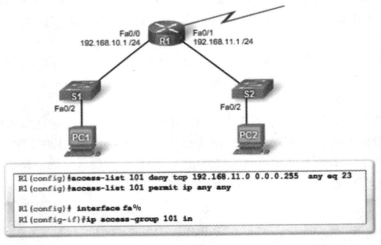

图 5-17　扩展 ACL 配置示例——拒绝 Telnet 流量

如图 5-18 所示，创建扩展 ACL 103 和 ACL 104，并将 ACL 103 应用到从网络 192.168.10.0 进入到路由器 R1 的入站流量，而 ACL 104 应用到从路由器出站进入网络 192.168.10.0 的流量。ACL 104 它会阻止除已建立连接以外的所有其他传入流量。HTTP 建立连接的方法是先发出初始请求，然后交换 ACK、FIN 和 SYN 消息。

请注意，图 5-18 示例使用了 established 参数。该参数允许响应 192.168.10.0/24 网络所发出请求的流量从 s0/0/0 接口入站。如果 TCP 数据报设置了 ACK 位或重置(RST)位(这些位表示数据包属于现有连接)，则其匹配所设置的 ACL 规则。如果 ACL 语句中没有 established 参数，客户端仍可以向 Web 服务器发送流量，但无法收到来自 Web 服务器的流量。

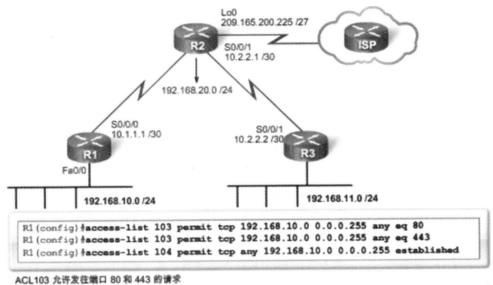

图 5-18　过滤特定的流量

2. 配置命名的扩展 ACL

Cisco IOS 11.2 版及更高版本可以创建命名 ACL(NACL)。在 NACL 中,描述性名称代替了标准 ACL 和扩展 ACL 中所需的数字范围。命名 ACL 具备标准 ACL 和扩展 ACL 的全部功能和优势;只是其创建语法不同。在特权执行模式下,使用以下步骤创建命名扩展 ACL。

步骤 1:进入全局配置模式,使用 ip access-list 命令创建命名 ACL;

步骤 2:在命名 ACL 配置模式中,指定希望允许或拒绝的条件;

步骤 3:返回特权模式,并使用 show access-lists [*number* | *name*] 命令检验 ACL;

步骤 4(可选):建议使用 copy running-config startup-config 命令将条目保存在配置文件中。

在本地路由器中,为 ACL 分配的名称是唯一的。在名称中使用大写字母可以方便在命令输出和故障排除中识别。命名 ACL 的语法:ip access-list {standard | extended} *name*。

在调用此命令后,路由器会切换到 NACL 配置子命令模式。在最初的命名命令之后,一次性输入所有的 permit 和 deny 语句。之后,NACL 使用以 permit 或 deny 语句开头的标准或扩展 ACL 命令语法。

将命名 ACL 应用到接口的方法与应用标准 ACL 或扩展 ACL 的方法相同。可以采用与标准 ACL 相同的命令帮助评估命名 ACL 的语法、语句顺序及语句在接口上的位置是否正确。创建命名 ACL 的配置示例如图 5-19 所示。

扩展 ACL 是一种路由器配置脚本,它根据源地址或目的地址,以及协议或端口来控制路由器允许还是拒绝数据包。扩展 ACL 提供了比标准 ACL 更强的灵活性和精确性。本练习的重点是:定义过滤条件、配置扩展 ACL、将 ACL 应用到路由器接口,以及检验和测试 ACL 实施。如果需要删除命名扩展 ACL,可以使用 no ip access-list extended *name* 全局配置命令。

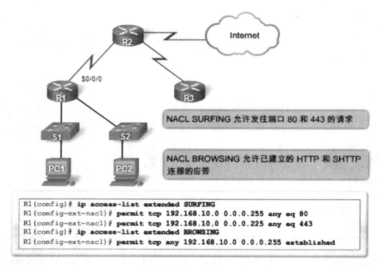

图 5-19　命名的扩展 ACL 配置示例

早期版本的 IOS 编辑 ACL,则必须首先将 ACL 复制到文本编辑器中,然后从路由器中删除 ACL,重新创建并应用编辑后的版本。此过程会让所有流量在编辑时顺利通过接口,因而让网络存在潜在的安全风险。

利用最新版本的 IOS,可以使用 ip access-list 命令编辑数字编号式 ACL 和命名 ACL。ACL 显示的行号为 10、20、30,依此类推。要编辑现有的行,可以使用 no line *number* 命令删除该行,并使用其行号重新添加该行;要将新的一行插入到已有的行 20 和行 30 之间,使用介于两个现有行号之间的数字(例如 25)开头。可使用命令 show access-lists,显示出 ACL 重新排序并按 10 递增重新编号之后的行。

设计正确的访问控制列表对网络的性能和可用性有积极的影响。扩展 ACL 应靠近源地址放置。通过查找源地址和目的地址,ACL 会在数据包离开源路由器之前就阻止它流向指定的目的网络。在数据包通过网络传输之前便对其进行过滤有助于节约带宽。扩展 ACL 放置实例如图 5-20 所示。

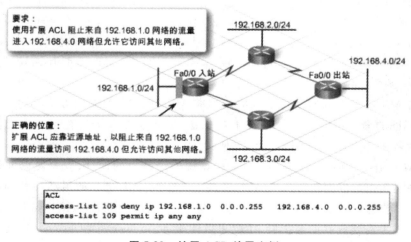

图 5-20　扩展 ACL 放置实例

模块 3 实现防火墙的安全特性

一、教学目标

最终目标：会配置 ACL 的高级特性来实现网络防火墙的安全特性。
促成目标：
在路由器上使用访问控制和流量过滤技术实现网络防火墙特性。

二、工作任务

1. 部署访问控制列表，实现防火墙的安全特性；
2. 部署控制列表，分析网络中的流量，实现防火墙的安全特性。

三、相关知识点

1. ACL 的高级特性

可以在标准 ACL 和扩展 ACL 的基础上构建复杂 ACL，从而实现 ACL 的高级功能和特性。复杂 ACL 的 3 种类型：动态 ACL、自反 ACL、基于时间的 ACL。

动态 ACL（或称为锁和钥匙 ACL）是流量过滤安全功能。动态 ACL 依赖于 Telnet 连接、身份验证（本地或远程）和扩展 ACL。

如果希望特定远程用户或用户组可以通过 Internet 从远程主机访问网络中的主机。"锁和钥匙"将对用户进行身份验证，然后允许特定主机或子网在有限时间段内通过防火墙路由器进行有限访问。

希望本地网络中的主机子网能够访问受防火墙保护的远程网络上的主机。此时可利用"锁和钥匙"，仅为有此需要的本地主机组启用对远程主机的访问。"锁和钥匙"要求在允许用户从其主机访问远程主机之前，通过 AAA、TACACS + 服务器或其他安全服务器进行身份验证。与标准 ACL 和静态扩展 ACL 相比，动态 ACL 在安全方面具有以下优点：

（1）简化大型网际网络的管理；
（2）使用询问机制对每个用户进行身份验证；
（3）在许多情况下，可以减少与 ACL 有关的路由器处理工作；
（4）降低黑客闯入网络的机会；
（5）通过防火墙动态创建用户访问，而不会影响其他所配置的安全限制。

关于自反 ACL 允许最近出站数据包的目的地发出的应答流量回到该出站数据包的源地址。这样可以更加严格地控制哪些流量能进入的网络，并提升了扩展访问列表的能力。

网络管理员使用自反 ACL 用于允许从内部网络发起的会话的 IP 流量，同时拒绝外部网络发起的 IP 流量。此类 ACL 使路由器能动态管理会话流量。路由器检查出站流量，当发现新的连接时,便会在临时 ACL 中添加条目以允许应答流量进入。自反 ACL 仅包含临时条目。当新的 IP 会话开始时(例如,数据包出站),这些条目会自动创建,并在会话结束时自动删除。

与前面介绍的带 established 参数的扩展 ACL 相比,自反 ACL 能够提供更为强大的会话过滤。established 选项不能用于 UDP 协议的过滤,也不适用于会动态修改会话流量源端口的应用程序。而自反 ACL 还可用于不含 ACK 或 RST 位的 UDP 和 ICMP。

自反 ACL 仅可在扩展命名 IP ACL 中定义。自反 ACL 不能在编号 ACL 或标准命名 ACL 中定义,也不能在其他协议 ACL 中定义。自反 ACL 可以与其他标准和静态扩展 ACL 一同使用。自反 ACL 具有以下优点:

(1)帮助保护网络免遭网络黑客攻击,并可内嵌在防火墙防护中;

(2)提供一定级别的安全性,防御欺骗攻击和某些 DoS 攻击。自反 ACL 方式较难以欺骗,因为允许通过的数据包需要满足更多的过滤条件;

(3)自反 ACL 使用简单。与基本 ACL 相比,它可对进入网络的数据包实施更强的控制。

基于时间的 ACL 功能类似于扩展 ACL,但它允许根据时间执行访问控制。要使用基于时间的 ACL,需要创建一个时间范围,指定一周和一天内的时段。可以为时间范围命名,然后对相应功能应用此范围。时间限制会应用到该功能本身。基于时间的 ACL 具有许多优点,例如:

(1)在允许或拒绝资源访问方面为网络管理员提供了更多的控制权;

(2)允许网络管理员控制日志消息。

ACL 条目可在每天定时记录流量,而不是一直记录流量。因此,管理员无需分析高峰时段产生的大量日志就可轻松地拒绝访问。

2. 使用日志记录检验 ACL 功能

在编写 ACL 并将其应用到接口之后,网络管理员需要计算匹配的项数。当传入数据包的各个字段与所有 ACL 参照字段完全相同时,则视为一个匹配项。查看匹配项数有助于确定 ACL 语句是否能够达到预期的效果。

默认情况下,ACL 语句统计匹配的项数并在每条语句的末尾显示该数字。使用命令查看匹配项:show access-list,该命令显示的基本匹配项数提供了匹配的 ACL 语句条数以及处理的数据包数。输出并不显示数据包的源地址或目的地址,也不显示正在使用的协议。

有关允许或拒绝的数据包的详细信息,可以启动称为日志记录的进程。日志记录的跟踪对象是单条 ACL 语句。要启用该功能,请在要跟踪的每条 ACL 语句的末尾添加 log 选项。

使用日志记录功能的时间不宜过长,完成 ACL 的测试后即应停用。事件记录的过程会给路由器带来额外的开销。日志记录功能示例如图 5-21 所示。

ACL 日志记录生成的参考性信息包含:ACL 编号、允许或拒绝的数据包、源地址和目的地址、数据包数量。

事件记录到控制台会占用路由器的内存,而路由器的内存资源非常有限。因此,应将路由器配置为向外部服务器发送事件日志,事件日志有时称为 syslog 消息。使用这种方法可以实时查看消息,也可以后查看。

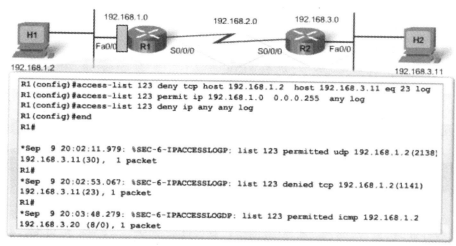

图 5-21 日志记录功能示例

不同的软件提供不同的报告级别和易用性，且 Internet 上也有一些免费的程序。syslog 是所有网络设备（包括交换机、路由器、防火墙、存储系统、调制解调器、无线设备和 UNIX 主机）都支持的协议。

要使用 syslog 服务器，请在 Windows、Linux、UNIX 或 MAC OS 服务器上安装该软件并将路由器配置为向 syslog 服务器发送记录的事件。指定安装 syslog 服务器的主机 IP 地址的命令示例如下：logging 192.168.3.11。在故障排除时，应设置服务时间戳以便记录日志。务必正确设置路由器的日期和时间，以便日志文件能够正确地显示时间戳。

3. ACL 最佳做法

网络管理员在实施 ACL 之前应评估 ACL 中每条语句的影响。对接口应用设计不当的 ACL 后，问题就会接踵而至。这些问题五花八门，从错误触发安全性警报到给路由器增加不必要的负载直至网络无法正常运行。ACL 的处理和创建原则：

（1）每个协议的每个方向仅配置一个访问列表；
（2）应用标准访问列表时应尽量靠近目的地址；
（3）应用扩展访问列表时应尽量靠近源地址；
（4）列表的编号范围应符合列表的类型；
（5）入站或出站方向的确定方法是从路由器内部的角度向外查看端口流量的方向；
（6）ACL 语句的处理顺序是从列表顶部向下依次处理；
（7）直到匹配允许的语句，否则最终将拒绝数据包；
（8）访问列表的语句输入顺序是从具体的明确的到更为广泛的；
（9）访问列表至少要包含一条 permit 语句，否则所有的数据流量将被拒绝。

在评估扩展 ACL 时，务必牢记：关键字 tcp 需要指定 tcp 类型的协议，如：FTP、HTTP、Telnet 之类的协议；关键短语 permit ip 用于允许所有 IP 协议，包括任何 TCP、UDP 和 ICMP 协议。

ACL 是非常强大的过滤工具，它们在应用到接口上之后会立即生效。在应用 ACL 之前抽点时间规划和排除隐患比在应用之后绞尽脑汁排除故障要强得多。管理员需要逐行检查 ACL 并回答以下问题：

(1)该语句拒绝什么服务？
(2)源地址是什么，目的地址是什么？
(3)拒绝哪些协议或端口号？
(4)如果将 ACL 移到其他接口，将会怎样？
(5)如果让该 ACL 过滤相反方向的流量，将会怎样？
(6)NAT 是否会带来问题？

在应用 ACL 之前务必测试基本的连通性。如果由于电缆故障或 IP 配置出错导致未能成功 ping 主机，ACL 会与这些问题纠缠在一起，从而更难以排除故障。在记录日志时，会在 ACL 的末尾添加 deny ip any 语句。该语句可以跟踪被拒数据包的匹配项数。

在使用远程路由器并测试 ACL 的功能时，可以使用 reload in 30 命令。如果 ACL 错误地阻止了对路由器的访问，远程连接可能会被拒绝。通过使用此命令，路由器会在 30 分钟内重新加载并恢复为启动配置。对 ACL 的运行状况感到满意之后，请将运行配置复制到启动配置。

四、实践操作

1. 配置 ACL 控制 VTY

网络管理员经常需要配置位于远程位置的路由器。要登录到远程路由器，网络管理员需要使用 Telnet 或安全外壳(SSH)之类的客户端。Telnet 会以纯文本格式传输用户名和口令，因此不是很安全。SSH 则以加密格式传输用户名和密码信息。

Cisco 推荐对路由器和交换机的管理连接使用 SSH。通过限制 VTY 访问，可以定义哪些 IP 地址能够通过 Telnet 访问路由器 EXEC 进程。可以通过配置 ACL 并应用到 VTY 线路上来控制用于管理路由器的管理工作站或网络，以进一步提高管理访问的安全性。

VTY 访问控制列表的创建过程与接口的 ACL 创建过程相同。但是，将 ACL 应用到 VTY 线路需要在 VTY 线路配置模式使用 access-class 命令，该命令可限制特定 VTY(接入 Cisco 设备)与访问列表中地址之间的传入和传出连接。在对 VTY 线路配置访问列表时，请遵循以下原则：

(1)对 VTY 线路要使用数字编号的 ACL(非命名 ACL)；
(2)对所有 VTY 线路应用相同的限制，因为无法控制用户会连接哪条线路；
(3)VTY 会话在 Telnet 客户端软件和目的路由器之间建立。

标准访问列表和扩展访问列表应用于经过路由器的数据包。它们并非设计用于阻止路由器内部产生的数据包。默认情况下，出站 Telnet 扩展 ACL 不会阻止由路由器发起的 Telnet 会话。因为使用 access-class 命令来根据源地址过滤传入或传出 Telnet 会话，并对 VTY 线路应用过滤，可以使用标准 ACL 语句控制 VTY 访问。Access-class 命令的语法是：access-class access-list-number {in | out}。参数 in 限制特定 Cisco 设备与访问列表中地址之间的传入连接，而参数 out 则限制特定 Cisco 设备与访问列表中地址之间的传出连接。配置 VTY 线路并应用 ACL 的示例如图 5-22 所示。

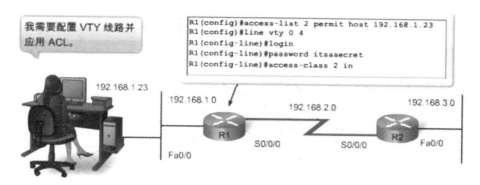

图 5-22 配置 VTY 线路并应用 ACL

图 5-22 中配置的 ACL 允许网络主机 192.168.1.23 通过 Telnet 访问路由器 R1 上的线路 VTY0-4。所有其他网络都被拒绝访问这些 VTY。

当配置 VTY 上的访问列表时,应该考虑到:只有编号访问列表可以应用到 VTY;应该在所有 VTY 上设置相同的限制,因为用户可以尝试连接到任意 VTY。

2. 配置复杂 ACL

(1) 配置动态 ACL

配置动态 ACL,首先需要应用扩展 ACL 来阻止通过路由器的流量。如图 5-23 所示,春晖中学校园网络管理员需要从 192.168.10.0/24 中的主机 PC2 上,通过路由器 R3 访问远程的网络 192.168.30.0/24。为满足此需求,我们在路由器 R3 的串行接口 S0/0/1 上配置了动态 ACL。

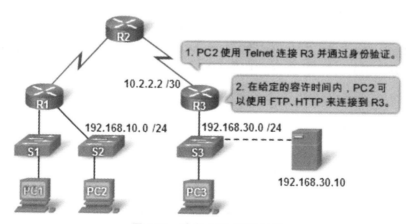

图 5-23 动态 ACL 配置示例

动态 ACL 的配置步骤及过程:

步骤 1:在需要启用动态 ACL 的路由器上,配置用于身份验证的用户名和密码。

步骤 2:允许用户建立 telnet 连接,除非触发了动态 ACL 的"锁和钥匙"。否则该动态 ACL 将被忽略。设置超时的时间,如 60min,超时后无论当前是否有活动链接,都将关闭连接。

步骤 3:在路由器特定接口上应用动态 ACL,在接口入站的方向上触发动态 ACL。

步骤 4：一旦使用 telnet 的用户通过身份验证，autocommand 命令便会运行，telnet 会话也将终止，用户便可以访问目标网络。如果线路空闲时间超过 5min，连接将自动关闭。

动态 ACL 配置步骤如图 5-24 所示。

步骤 1	R3(config)#username Student password 0 cisco
步骤 2	R3(config)# access-list 101 permit tcp any host 10.2.2.2 eq telnet R3(config)#access-list 101 dynamic testlist timeout 15 permit ip 192.168.10.0 0.0.0.255 192.168.30.0 0.0.0.255
步骤 3	R3(config)#interface serial 0/0/1 R3(config-if)#ip access-group 101 in
步骤 4	R3(config)#line vty 0 4 R3(config-line)#login local R3(config-line)# autocommand access-enable host timeout 5

图 5-24　动态 ACL 的配置步骤

PC2 上的管理员用户，要求通过身份认证后访问位于路由器 R3 上的 192.168.30.0/24 网络。路由器 R3 上已配置了动态 ACL，仅允许在有限的时间通过 R3 访问 192.168.30.0/24 网络中的资源。

（2）自反 ACL

自反 ACL 允许从内部网络发起的会话的 IP 流量，同时拒绝外部网络发起的 IP 流量，使路由器能动态管理会话流量。路由器检查出站流量，当发现新的连接时，便会在临时 ACL 中添加条目以允许应答流量进入。自反 ACL 仅当新的 IP 会话开始时（例如，数据包出站），会自动创建临时条目，并在会话结束时自动删除。自反 ACL 的示例如图 5-25 所示。当路由器收到由外部发起的入站流量时，该连接的流量因自反 ACL 的临时条目中不存在而被丢弃。

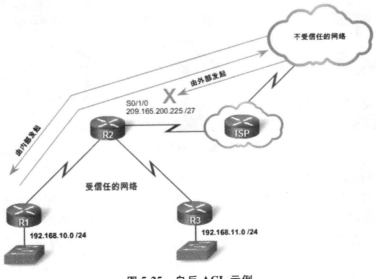

图 5-25　自反 ACL 示例

自反 ACL 不能直接应用到接口,只能应用在接口所使用的命名扩展 IP ACL 中。自反 ACL 不能在编号 ACL 或标准命名 ACL 中定义,也不能在其他协议 ACL 中定义。自反 ACL 可以与其他扩展命名的 ACL 一同使用。创建自反 ACL 的语法如下:

> ip access-list extended *outboundfilters-ACL-name*
> permit protocol source destination reflect Reflexive-ACL-name [timeoutseconds]
> ip access-list extended *inboundfilters-ACL-name*
> evaluate Reflexive-ACLs-name

首先,命令 ip access-list extended 创建命名的列表:outboundfilters-ACL-name 用于定义出站的流量,且只能在命名的扩展 ACL 中定义自反 ACL。

permit *protocol source destination* reflect *Reflexive-ACLs-name* 定义允许出站的流量。关键字 reflect 将所有出站流量反射到临时的自反列表 *Reflexive-ACLs-name* 中。可选关键字 timeoutseconds 指定该流量在自反列表中的有效时间。

命令 ip access-list extended 创建命名的列表:*inboundfilters-ACL-name* 用于定义入站的流量。

Evaluate 命令,定义了路由器参照自反列表 *Reflexive-ACLs-name* 中的出站流量,以确定所有入站的流量都是内部发起的并返回的流量。

自反 ACL 在接口上的应用如同命名的标准 ACL 或扩展 ACL 一样,在指定的接口上使用命令 ip access-group 在入站和出站的方向上进行相应的应用。配置自反 ACL 的示例如图 5-25 所示,管理员需要使用它来允许 ICMP 出站和入站流量,同时只允许从网络内部发起的 TCP 流量。所有其他流量都会遭到拒绝。该自反 ACL 应用到 R2 的出站接口。

配置自反 ACL 步骤及过程如下,图 5-26 中给出了配置命令:

步骤 1:配置命名的扩展 ACL,定义路由器内部发起的数据流量。

步骤 2:创建入站的策略,要求路由器检查传入的流量是否由内部发起,并将内部发起的出站列表与入站列表进行关联。

步骤 3:在指定的接口上应用入站的 ACL 和出站的 ACL。

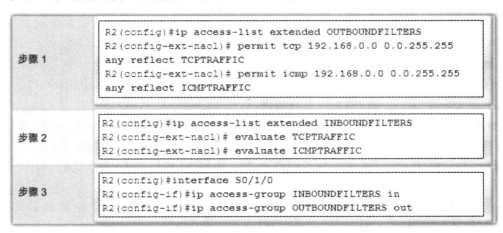

图 5-26 配置自反 ACL 示例

(3) 基于时间的 ACL

基于时间的 ACL 功能类似于扩展 ACL,但它允许根据时间执行访问控制。要使用基于时间的 ACL,需要创建一个时间范围,指定一周和一天内的时段。可以为时间范围命名,然后对相应功能应用此范围。时间限制会应用到该功能本身。

下面的示例中展示了配置所需的步骤。本例中管理员只允许网络 192.168.10.0/24 中的用户在星期一、星期三和星期五的工作时间内从内部网络通过 Telnet 连接到外部网络。基于时间的 ACL 配置步骤如下,图 5-27 中给出了所需的配置命令:

步骤 1:定义实施 ACL 的时间范围,并为其指定名称(本例中为 everyotherday)。
步骤 2:对该 ACL 应用此时间范围。
步骤 3:对该接口应用 ACL。

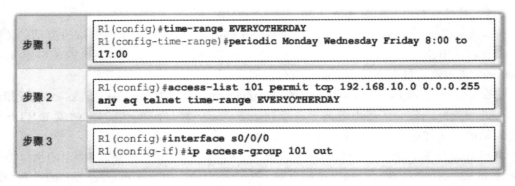

图 5-27 配置基于时间的 ACL

时间范围依赖于路由器的系统时钟。此功能与网络时间协议(NTP)一同使用时效果最佳,但也可以使用路由器时钟。

3. ACL 故障排除

使用前面介绍过的 show 命令可以发现大部分常见的 ACL 错误,以免其造成网络故障。在 ACL 实施的开发阶段使用适当的测试方法,以避免网络受到错误的影响。

当查看 ACL 时,可以根据有关如何正确构建 ACL 的规则检查 ACL。大多数错误都是因为忽视了这些基本规则。事实上,最常见的错误是以错误的顺序输入 ACL 语句,以及没有为规则应用足够的条件。

下面我们介绍一些常见的问题及其解决方案示例。

ACL 错误 1 如图 5-28 所示,主机 192.168.10.10 无法连接到 192.168.30.12。是否能从 show access-lists 命令的输出中发现错误原因?

解决方案 检查 ACL 语句的顺序。主机 192.168.10.10 无法连接到 192.168.30.12,原因是访问列表中规则 10 的顺序错误。因为路由器从上到下处理 ACL,所以语句 10 会拒绝主机 192.168.10.10,因此未能处理到语句 20。语句 10 和语句 20 应该交换顺序。最后一行允许所有其他 IP 流量。

ACL 错误 2 如图 5-29 所示,192.168.10.0/24 网络无法使用 TFTP 连接到 192.168.30.0/24 网络。是否能从 show access-lists 命令的输出中发现错误原因?

解决方案 192.168.10.0/24 网络无法使用 TFTP 连接到 192.168.30.0/24 网络,原因是 TFTP 使用的传输协议是 UDP。访问列表 120 中的语句 30 允许所有其他 TCP 流量。因为 TFTP 使用 UDP,所以它被隐式拒绝。语句 30 应该改为 ip any any。

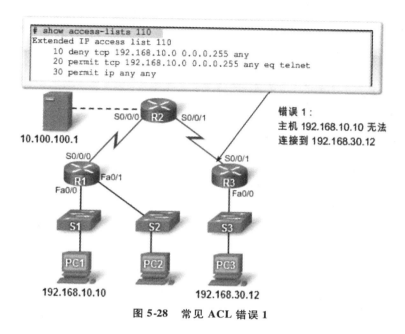

图 5-28 常见 ACL 错误 1

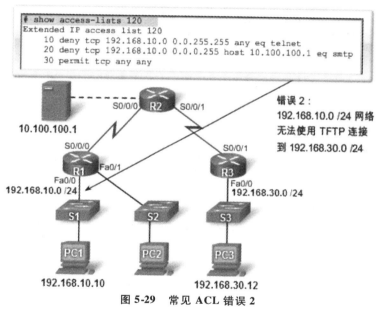

图 5-29 常见 ACL 错误 2

无论是应用到 R1 的 Fa0/0 还是 R3 的 S0/0/1，或者 R2 上 S0/0/0 的传入方向，该 ACL 都能发挥作用。但是，根据"将扩展 ACL 放置在最靠近源的位置"的原则，最佳做法是放置在 R1 的 Fa0/0 上，因为这样能够在不需要的流量进入网络基础架构之前过滤掉这些流量。

ACL 错误 3 如图 5-30 所示，192.168.10.0/24 网络可以使用 Telnet 连接到 192.168.30.0/24，但此连接不应获得准许。分析 show access-lists 命令的输出，看看是否能找到解决方案。应将该 ACL 应用到哪里？

解决方案 192.168.10.0/24 网络可以使用 Telnet 连接到 192.168.30.0/24 网络，因为

访问列表 130 中语句 10 里的 Telnet 端口号列在了错误的位置。语句 10 目前会拒绝任何端口号等于 Telnet 的源建立到任何 IP 地址的连接。如果希望在 S0 上拒绝入站 Telnet 流量，那应该拒绝等于 Telnet 的目的端口号，例如 deny tcp any any eq telnet。

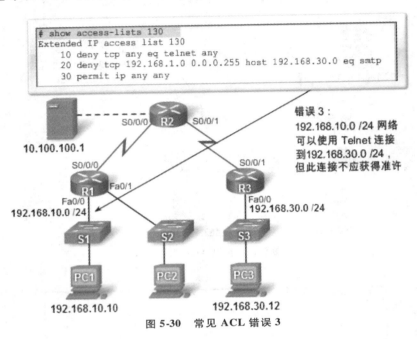

图 5-30 常见 ACL 错误 3

ACL 错误 4　如图 5-31 所示，主机 192.168.10.10 可以使用 Telnet 连接到 192.168.30.12，但此连接不应获得准许。分析 show access-lists 命令的输出。

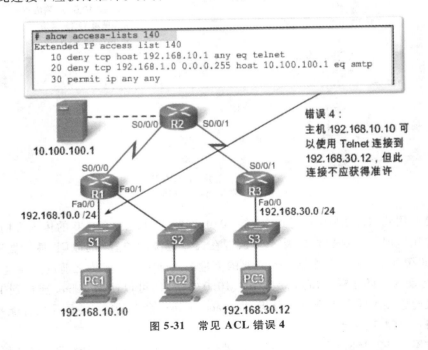

图 5-31 常见 ACL 错误 4

解决方案 主机192.168.10.10可以使用Telnet连接到192.168.30.12,因为没有拒绝该源(主机192.168.10.10或其所在的网络)的规则。访问列表140的语句10拒绝送出此类流量的路由器接口。但是,当这些数据包离开路由器时,它们的源地址都是192.168.10.10,而不是路由器接口的地址。修改语句10中的主机地址为192.168.10.10,该ACL应该应用到R1上Fa0/0的传入方向。

ACL 错误5 如图5-32所示,主机192.168.30.12可以使用Telnet连接到192.168.10.10,但此连接不应获得准许。查看show access-lists命令的输出并找出错误。

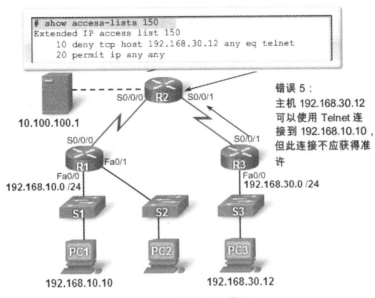

图 5-32 常见 ACL 错误 5

解决方案 主机192.168.30.12可以使用Telnet连接到192.168.10.10,原因是访问列表150应用到R3 S0/0/1接口的错误方向上。语句10拒绝源地址192.168.30.12,但只有当流量从R3 S0/0/1出站(而不是入站)时,该地址才可能成为源地址。

确保网络安全的一项必要工作就是控制哪些流量能进入的网络以及这些流量的源头。本实验将介绍如何通过配置基本和扩展访问控制列表来实现此目的。

五、ACL 部署实例

1. 春晖中学网络安全策略综述

随着网络技术在教育领域的迅速发展,网络安全问题日益突出,为此需要一种机制对网络访问进行有效控制。春晖中学搭建了数字化校园平台,通过校园网络实现信息交换和资源共享。因此需要在校园网络中部署安全策略,以提高网络的安全性和可靠性。

网络安全是一个复杂的问题,要考虑安全层次、技术难度及经费支出等因素,在校园网络中应用ACL是比较经济的做法。当然,随着安全技术的不断发展,主动防御、自防御的理念和技术将贯穿到整个安全领域中。因此,在经费允许的情况下尽可能提高网络系统的安全性和可靠性,保持网络原有的特性——对网络协议和传输具有较高的透明性;易于操作和维护、便于自动化管理、不增加或少增加附加操作;尽量不影响原网络拓扑结构,便于网络系统结构和功能的扩展。春晖中学校园网如图 5-33 所示。

  ACL 是网络访问控制的基本手段,它可以限制网络流量,提高网络性能。在路由器或交换机的接口上配置 ACL 来执行数据包过滤,可以对进出接口及通过接口中继的数据包进行安全检测。在校园网络中,要使有限的带宽得到充分利用并过滤未经授权的访问以保障校园网络安全。

  实现对用户上网权限的有效管理;对上网流量进行限制;对部门之间进行访问控制;隔离公共网络机房;过滤特定端口或协议来防范病毒的传播和网络安全风险;可以有效地限制不必要的网络流量、提高网络性能,降低网络通信阻塞或中断的可能。

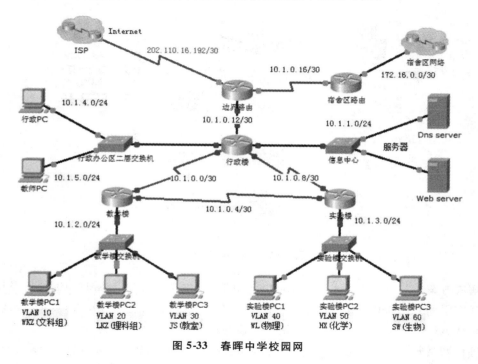

图 5-33 春晖中学校园网

2. 限制远程的非法登录

  春晖中学的校园网络设备支持远程管理功能,管理员经常通过 Telnet 连接路由器或交换机并对其进行配置和管理,由于可以从校园网中任何一台 PC 远程访问设备,并且 Telnet 是通过明文方式传送登录密码,存在密码被截获的可能,从而产生网络安全风险。如果对远程管理路由器和交换机的主机进行访问限制,并且采用安全连接的方式,则可以很大程度减少校园网络安全风险。

  春晖中学的网络管理人员工作于信息中心,网段地址是:10.1.1.0/24,如果要限制未经授权的用户访问网络设备,只允许来自于信息中心网段的 Telnet 访问校园网络设备,则需要在每个设备上配置 ACL 并应用 VTY 线路中,可以使用标准 ACL 或扩展 ACL 来实现。命令配置如下例所示:

(1) 标准 ACL

```
Router(config)#access-list 10 permit 10.1.1.0 0.0.0.255
Router(config)#line vty 0 4
Router(config-line)#access-class 10 in
```

(2) 扩展 ACL

```
Router(config)#access-list 100 permit ip 10.1.1.0 0.0.0.255 any
Router(config)#line vty 0 4
Router(config-line)#access-class 100 in
```

3. 学校各部门之间的访问控制

随着校园网络用户的信息技术的提高，运用信息技术能力越来越强，部分教师或学生用户经常会在校园网络中进行实验或测试操作，如更改 IP 地址、测试网络软件、试用网络安全工具等，可能导致 IP 地址冲突、ARP 攻击、广播泛洪、DOS 等攻击，导致网络服务中断，网络性能下降，甚至可能导致整个校园网处于半瘫痪状态。

在没有任何安全措施的网络中，任何一台 PC 均能访问所有的资源，包括从公共机房的 PC 访问办公室的打印机或非法访问学校财务部门的主机等情况。解决这类问题的简单方法就是在关键设备的接口处应用 ACL，对用户进行访问限制。

在学校各部门间的访问控制显然很重要，春晖中学的部门机构包括：校长办公室、信息中心、财务处、教务处、教师办公室、学生机房、多媒体教室等。校长办公室、财务处、教务处办公室等行政部门采用固定 IP 地址。根据学校访问策略需求，校长办公室等行政部门和信息中心的网络管理用户可以访问所有校园网络资源；教师、机房/教室、学生宿舍等用户只允许访问信息中心服务器的 Web、FTP 和 DNS 等服务和访问 Internet。因此行政部门和信息中心的访问需要部署自反 ACL 来实现；教师、机房/教室、学生用户的访问策略则需要在所连接的路由器上分别配置 ACL，并应用到相关接口上。考虑到访问控制策略需要指定了源 IP 和目标 IP 及服务端口，需要采用扩展 ACL 在不同路由器上分别实现，命令配置如下例所示。

(1) 行政楼的路由器自反 ACL 配置

```
ADMIN(config)#ip access-list extended ADMIN-IN
ADMIN(config-ext-nacl)#permit ip 10.1.1.0 0.0.0.255 10.1.4.0 0.0.0.255
ADMIN(config-ext-nacl)# evaluate PASS
ADMIN(config-ext-nacl)# deny ip any any
ADMIN(config)#ip access-list extended ADMIN-OUT
ADMIN(config-ext-nacl)#permit ip any any
ADMIN(config)#interface FastEthernet0/0.40
ADMIN(config)#ip access-group ADMIN-IN in
ADMIN(config)#ip access-group ADMIN-OUT out
```

上面的配置实例中，将允许行政部门访问所有的网络资源，只允许信息中心的主机访问行政部门，并在路由器连接行政部门网段的子接口上应用自反 ACL 策略。

以下的配置是只允许行政部门的主机访问信息中心的网络资源，允许其他校园网络用户只能访问特定的网络服务，并在路由器连接信息中心网段的接口上应用该策略。

```
ADMIN(config)#ip access-list extended INFO-IN
ADMIN(config-ext-nacl)#permit ip 10.1.4.0 0.0.0.255 10.1.1.0 0.0.0.255
ADMIN(config-ext-nacl)#permit tcp any 10.1.1.0 0.0.0.255 eq 80
ADMIN(config-ext-nacl)#permit tcp any 10.1.1.0 0.0.0.255 eq 20
ADMIN(config-ext-nacl)#permit tcp any 10.1.1.0 0.0.0.255 eq 21
ADMIN(config-ext-nacl)#permit tcp any 10.1.1.0 0.0.0.255 eq 53
ADMIN(config-ext-nacl)#permit udp any 10.1.1.0 0.0.0.255 eq 53
ADMIN(config-ext-nacl)# evaluate PASS
ADMIN(config-ext-nacl)# deny ip any any
ADMIN(config)#ip access-list extended INFO-OUT
ADMIN(config-ext-nacl)#permit ip any any
ADMIN(config)#interface FastEthernet0/0.40
ADMIN(config)#ip access-group INFO-IN in
ADMIN(config)#ip access-group INFO-OUT out
```

教师用户可以访问 Internet、只允许访问信息中心服务器的 Web、FTP 和 DNS 等服务,并可以访问机房/教室、学生宿舍区等。在教师用户所连接的路由器上分别配置 ACL:

```
ADMIN(config)#ip access-list extended TEACH-OUT
ADMIN(config-ext-nacl)#deny ip any 10.1.4.0 0.0.0.255
ADMIN(config-ext-nacl)#deny ip any 10.1.3.0 0.0.0.255
ADMIN(config-ext-nacl)#deny ip any 10.1.2.0 0.0.0.255
ADMIN(config-ext-nacl)#deny ip any 10.1.1.0 0.0.0.255
ADMIN(config-ext-nacl)#permit ip any any
ADMIN(config)#interface FastEthernet0/0.50
ADMIN(config)#ip access-group TEACH-OUT out
```

(2) 教学楼和实验楼路由器 ACL 配置

实验楼、教学楼的机房和教室的网络用户可以访问 Internet、只允许访问信息中心服务器的 Web、FTP 和 DNS 等服务(前面的实例中,已经配置并应用),并可以访问机房/教室、学生宿舍区等。在实验楼、教学楼所在的路由器上分别配置 ACL,教学楼配置 ACL 实例如下:

```
TEACH(config)#ip access-list extended STUDY
TEACH(config-ext-nacl)#deny ip any 10.1.5.0 0.0.0.255
TEACH(config-ext-nacl)#deny ip any 10.1.4.0 0.0.0.255
TEACH(config-ext-nacl)#deny ip any 10.1.1.0 0.0.0.255
TEACH(config-ext-nacl)#permit ip any any
TEACH(config)# interface Serial0/0
TEACH(config)#ip access-group STUDY out
TEACH(config)# interface Serial0/1
TEACH(config)#ip access-group STUDY out
```

实验楼与教学楼上的 ACL 配置类似,配置命令如下:

```
LAB(config)#ip access-list extended STUDY
LAB(config-ext-nacl)#deny ip any 10.1.5.0 0.0.0.255
LAB(config-ext-nacl)#deny ip any 10.1.4.0 0.0.0.255
LAB(config-ext-nacl)#deny ip any 10.1.1.0 0.0.0.255
LAB(config-ext-nacl)#permit ip any any
LAB(config)# interface Serial0/0
LAB(config)#ip access-group STUDY out
LAB(config)# interface Serial0/1
LAB(config)#ip access-group STUDY out
```

(3)宿舍区路由器 ACL 配置

以下配置中,允许学生宿舍区访问 10.1.1.0 网段的服务资源(前面的实例中,已经配置并应用),其他的访问都会被配置的 ACL 所过滤。

```
DROM(config)#ip access-list extended STUDENT
DROM(config-ext-nacl)#permit tcp any 10.1.1.0 0.0.0.255 eq 80
DROM(config-ext-nacl)#permit tcp any 10.1.1.0 0.0.0.255 eq 20
DROM(config-ext-nacl)#permit tcp any 10.1.1.0 0.0.0.255 eq 21
DROM(config-ext-nacl)#permit tcp any 10.1.1.0 0.0.0.255 eq 53
DROM(config-ext-nacl)#permit udp any 10.1.1.0 0.0.0.255 eq 53
DROM(config-ext-nacl)#deny ip any 10.1.0.0 0.0.255.255
DROM(config-ext-nacl)#permit ip any any
DROM(config)# interface Serial0/0
DROM(config)#ip access-group STUDENT out
```

4. 对学生上网权限进行有效管理

学校机房与学生宿舍、图书阅览室是学生从网上获取自己感兴趣信息的重要场所,在没有监督的情况下,如何让学生健康地从网上获取资源,促使学生身心健康地发展,是学校面临的重要问题,春晖中学对校园网络设置了不同的用户访问权限。

在学生宿舍,为了保障学生健康地使用网络,在宿舍区域需要再限制对部分非法网站的访问;图书阅览室搭建了专用的数字信息平台,学生用户只允许访问数字校园网上图书馆而无法访问互联网。限制特定的网络游戏站点及一些不良信息网站,并在连接 ISP 的出接口方向应用该 ACL。

```
GW(config)#ip access-list extended WAN_LIMIT
GW(config-ext-nacl)#deny ip any host a.b.c.d
……            11 重复添加希望禁止的网站 IP 地址!
GW(config-ext-nacl)#permit ip any any
GW(config)# interface Serial0/0
GW(config-if)#ip access-group WAN_LIMIT out
```

5. 限定上网的时间

在学生宿舍,自觉性与自我约束的能力比较差的学生用户,经常会上网忘了时间,使生活变得毫无规律,严重影响了正常的学习。为了保障学生休息时间,宿舍区域需要在不同时段性进行限制对网络的访问,利用 ACL 限定上网的时间范围,比如限定在某学期的周一至周五 00:00—6:30 不能访问 Internet,周末和放假期间可以放开。

基于时间的 ACL 可以设置为一天中的不同时段或者一周的不同日期,制订不同的访问控制策略,从而满足用户对网络的灵活需求。命令配置实例如下。

```
GW(config)#time-ange WAN_TIME_LIMIT
GW(config-time-range)# absolute start 00:00 01 September 2013 end 00:00 31 January 2014
GW(config-time-range)#periodic weekdays 22:30 to 23:59
GW(config-time-range)#periodic weekdays 0:00 to 6:30
GW(config)#access-list 120 deny ip 172.16.0.0 0.0.255.255 any WAN_TIME_LIMIT
GW(config)#access-list 120 permit ip any any
```

上例的 ACL 配置,限制了一个学期(从 2013 年 9 月 1 日到 2014 年 1 月 31 日),每周一到周五的 22:30 到 6:30,学生宿舍区的主机不允许访问 Internet。同样我们也可以限制机房/教室的上网时间。如,可以使用基于时间的 ACL 只允许学生在机房上课的时候使用特定的软件访问某些 IP 主机或指定的服务。

6. 应用 ACL 防范病毒

校园网络中,电脑没有及时更新补丁;用户访问有木马或其他病毒的网站;运行了含木马或其他病毒的软件等,都可能导致网络出严重问题。蠕虫感染、黑客攻击、木马、后门软件、间谍软件(Spyware)、网络小偷(键盘记录软件)、广告软件(Adware)的攻击和侵入等经常使用某些特定端口,如 135、445 等。如,早期的网络中发现冲击波病毒,造成了很多主机感染,导致网络瘫痪。关闭这些端口可有效防止常见病毒的攻击。

在校园网络中,在路由器和交换机部署 ACL 安全策略具有防蠕虫和防御黑客攻击能力,降低网络安全风险。通过 ACL 限制特定的网络协议端口,可以有效防范病毒,保障校园网络及应用系统的可用性,提升校园网络的安全性。本例中,在春晖中学校园网的 3 台路由器上分别进行如下配置,并应用到相应的接口上,以防范可能出现的安全隐患。

```
ip access-list extended ANTI-VIRUS
    deny udp any any eq 69
    deny tcp any any eq 135
    deny udp any any eq 135
    deny tcp any any eq 136
    deny udp any any eq 137
    deny udp any any eq 138
    deny tcp any any eq 139
    deny udp any any eq 139
    deny tcp any any eq 445
    deny tcp any any eq 593
    deny tcp any any eq 4444
    deny tcp any any eq 27665
    deny tcp any any eq 16660
```

```
deny tcp any any eq 6711
deny udp any any eq 31335
deny udp any any eq 27444
……      重复添加希望禁止的协议或端口号!
permit ip any any
```

常用术语

1. 访问控制列表(ACL,Access Control List):是一种路由器配置脚本,它根据从数据包报头中发现的条件来控制路由器应该允许还是拒绝数据包通过。

2. 入站 ACL(Inbound ACL):传入数据包经过处理之后才会被路由到出站接口。入站ACL非常高效,如果数据包被丢弃,则节省了执行路由查找的开销。当测试表明应允许该数据包后,路由器才会处理路由工作。

3. 数据包过滤(Packet Filtering):也称为静态数据包过滤,它通过分析传入和传出的数据包以及根据既定标准传递或阻止数据包来控制对网络的访问。

4. 出站 ACL(Outbound ACL):传入数据包路由到出站接口后,由出站 ACL 进行处理。

5. 3P 规则(3P Rules):每个协议一个 ACL;每个方向一个 ACL;每个接口一个 ACL。

6. 标准 ACL(Standard ACLs):根据源 IP 地址允许或拒绝流量。数据包中包含的目的地址和端口无关紧要。

7. 扩展 ACL(Extended ACLs):根据多种属性(例如,协议类型、源地址和 IP 地址、目的 IP 地址、源 TCP 或 UDP 端口、目的 TCP 或 UDP 端口)过滤 IP 数据包,并可依据协议类型信息(可选)进行更为精确的控制。

8. 自反 ACL(Reflexive ACLs):允许最近出站数据包的目的地发出的应答流量回到该出站数据包的源地址。这样可以更加严格地控制哪些流量能进入的网络,并提升了扩展访问列表的能力。

9. 基于时间的 ACT(Time-based ACLs):功能类似于扩展 ACL,但它允许根据时间执行访问控制。要使用基于时间的 ACL,需要创建一个时间范围,指定一周和一天内的时段。可以为时间范围命名,然后对相应功能应用此范围。

习 题

一、选择题

1. ACL 主要用于过滤流量,ACL 有哪两项额外用途?(选择两项)   (   )
  A. 对指定的数据源进行身份验证   B. 指定 NAT 的内部主机
  C. 保证 QoS 通信质量   D. 重新组织进入 VLAN 的流量
  E. 过滤 VTP 数据包

2. 对于路由器来说,为什么入站 ACL 比出站 ACL 更有效？　　　　　　（　　）
   A. 入站 ACL 可在查找路由前拒绝数据包
   B. 入站 ACL 所需的工作带宽比出站 ACL 的少
   C. 入站 ACL 可允许或拒绝发往 LAN 的数据包,而这一般比控制 WAN 的效率高
   D. 入站 ACL 应用于以太网接口,而出站 ACL 应用于较慢的串行接口
3. 下列有关标准 ACL 和扩展 ACL 的说法中哪三种正确？（选择三项）　　（　　）
   A. 通常放置扩展 ACL 后,所有数据包会通过网络并在接近目的地时被过滤
   B. 通常放置标准 ACL 后,所有数据包会通过网络并在接近目的地时被过滤
   C. 扩展 ACL 仅根据源地址进行过滤,而且如果要允许其他流量,则必须放置在靠近目的地的位置
   D. 标准 ACL 仅根据源地址进行过滤,而且如果要允许其他流量,则必须放置在靠近目的地的位置
   E. 扩展 ACL 会根据很多可能因素进行过滤,而且如果放置在靠近源的位置,则会只允许所需的数据包通过
   F. 标准 ACL 会根据很多可能因素进行过滤,而且如果放置在靠近源的位置,则会只允许所需的数据包通过
4. 管理员注意到从 ISP 处进入网络的流量大幅增加,在清除了 access-list 计数器之后,管理员又检查 ACL。根据最新的输出结果,下列哪些结论是正确的？　　（　　）

```
Extended IP access list 175
    10 deny icmp any any echo (1786 matches)
    20 permit tcp any host 210.32.224.145 eq www (21 matches)
    30 permit tcp any host 210.32.224.146 eq pop3 (189 matches)
    40 permit tcp any host 210.32.224.146 eq smtp (133 matches)
```

   A. 少量 HTTP 流量表明 Web 服务器未正确配置
   B. 较高的 POP3 流量（与 SMTP 流量相比）表明企业中 POP3 电子邮件客户端的数量比 SMTP 客户端数量多
   C. 大量 ICMP 流量在接口处被拒绝,这是受到 DoS 攻击的迹象
   D. 较高的电子邮件流量（与 Web 流量相比）表明攻击目标主要是电子邮件服务器
5. 网络管理员需要配置一个访问列表,以仅允许 IP 地址为 192.168.10.25/24 的管理主机以远程方式访问和配置路由器 RTA。请根据下图选择使用哪组命令可完成此任务？（　　）

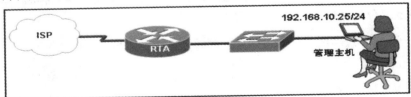

   A. Router(config)# access-list 101 permit tcp any 192.168.10.25 0.0.0.0 eq telnet
      Router(config)# access-list 101 deny ip any any
      Router(config)# int s0/0
      Router(config-if)# ip access-group 101 in
      Router(config-if)# int fa0/0
      Router(config-if)#ip access-group 101 in

B. Router(config)# access-list 10 permit 192.168.10.25 eq telnet
   Router(config)# access-list 10 deny any
   Router(config)# line vty 0 4
   Router(config-line)#access-group 10 in

C. Router(config)# access-list 86 permit host 192.168.10.25
   Router(config)# line vty 0 4
   Router(config-line)# access-class 86 in

D. Router(config)# access-list 125 permit tcp 192.168.10.25 any eq telnet
   Router(config)# access-list 125 deny ip any any
   Router(config)# int s0/0
   Router(config-if)# ip access-group 125 in

6. 哪个 ACL 可允许主机 10.1.6.10 访问 Web 服务器 192.168.3.244？ （　　）
   A. access-list 101 permit tcp host 10.1.6.10 eq 80 host 192.168.3.224
   B. access-list 101 permit ip 10.1.6.10 0.0.0.0 host 192.168.3.224 eq 80
   C. access-list 101 permit host 10.1.6.10 host 192.168.3.224 eq 80
   D. access-list 101 permit tcp 10.1.6.10 0.0.0.0 host 192.168.3.224 eq 80

7. 在路由器上输入 reload in30 命令后有什么效果？ （　　）
   A. 如果路由器进程停止运行，路由器就会在 30min 后自动重新加载
   B. 如果来自被拒绝源的数据包尝试进入应用了 ACL 的接口，路由器就会在 30min 后重新加载
   C. 如果远程连接持续超过 30min，路由器就会强制断开远程用户
   D. 管理员指定路由器在 30min 后自动重新加载

8. 管理员可采取什么措施尽量缓解外界的 ICMP DoS 攻击，同时又不影响从内部发往外部的连通性测试？ （　　）
   A. 创建一个访问列表，以仅允许来自外部的应答和"目的地不可达"数据包
   B. 创建一个访问列表，以拒绝来自外部的所有 ICMP 流量
   C. 仅允许来自已知外部源的 ICMP 流量
   D. 创建一个行尾带有 established 关键字的访问列表

9. 如下图所示，某公司网络管理员希望将路由器 RTA 配置为允许业务合作伙伴（合作伙伴 A）访问内部网络的 Web 服务器。该 Web 服务器分配有一个私有 IP 地址，且路由器上为公共 IP 地址配置了静态 NAT。在管理员添加 ACL 之后，合作伙伴 A 访问该 Web 服务器时被拒绝。此问题的原因是什么？ （　　）

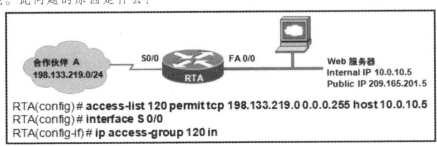

A. ACL 中应指定端口 80

B. 必须将服务器的公共 IP 地址 209.165.201.5 指定为目的地

C. 应该将 ACL 应用于 s0/0 出站接口

D. 必须在 ACL 中将源地址指定为 198.133.219.0 255.255.255.0

10. 某公司的新安全策略允许来自工程部 LAN 的所有 IP 流量访问 Internet，但对于来自营销部 LAN 的流量，则只允许其中的 Web 流量访问 Internet。如下图所示。

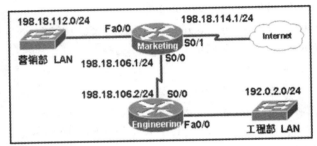

为实施新的安全策略，在 Marketing 路由器的 Serial 0/1 接口的出站方向上应用下列哪一组 ACL 配置？（　　）

  A. access-list 197 permit ip 192.0.2.0 0.0.0.255 any

   access-list 197 permit ip 198.18.112.0 0.0.0.255 any eq www

  B. access-list 165 permit ip 192.0.2.0 0.0.0.255 any

   access-list 165 permit tcp 198.18.112.0 0.0.0.255 any eq www

   access-list 165 permit ip any any

  C. access-list 137 permit ip 192.0.2.0 0.0.0.255 any

   access-list 137 permit tcp 198.18.112.0 0.0.0.255 any eq www

  D. access-list 89 permit 192.0.2.0 0.0.0.255 any

   access-list 89 permit tcp 198.18.112.0 0.0.0.255 any eq www

11. 如下图所示。如果路由器上已存在名为 Managers 的 ACL，则当网络管理员发出图中所示的命令时会发生什么？（　　）

```
Router(config)#ip access-list extended Managers
Router(config-ext-nacl)#deny tcp 192.168.1.0 0.0.0.255 any eq telnet
Router(config-ext-nacl)#deny tcp 192.168.1.0 0.0.0.255 any eq www
Router(config-ext-nacl)#deny tcp 192.168.1.0 0.0.0.255 any eq ftp
```

  A. 新命令会覆盖当前的 Managers ACL

  B. 新命令会被添加到当前 Managers ACL 的末尾

  C. 新命令会被添加到当前 Managers ACL 的开头

  D. 会出现一则错误消息，说明已经存在该 ACL

12. 如下图所示。

```
R3#show access-list
Extended IP access list OUT-IN
    10 permit tcp any host 220.30.40.1 eq www
    20 permit tcp any host 220.30.40.2 eq pop3
    30 permit tcp any host 220.30.40.3 eq smtp
    40 permit icmp any any echo-reply log
    50 permit tcp any any established
```

网络管理员需要将命令 deny ip 10.0.0.0 0.255.255.255 any log 添加到 R3 中。添加完该命令后，管理员使用 show access-list 命令检验变化情况。新条目的序列号是多少？（   ）
  A. 0
  B. 10，而且其他所有条目都转换成下一个序列号
  C. 50
  D. 60

二、判断题

1. 访问控制列表（ACL）是一种路由器配置脚本，控制着路由器是否根据数据包报头中的条件断路由或交换数据。（   ）

2. 相对于标准 ACL，扩展 ACL 在语法上的主要区别上是要求在 permit 或 deny 条件之后指定协议。可以是 IP 协议（表示所有的 IP 流量），也可以表示对特定 IP 协议（例如 TCP、UDP、ICMP 和 OSPF）的过滤。（   ）

3. ACL 通常部署在位于内部网络和外部网络之间的路由器或防火墙设备上。（   ）

4. 在网络中配置标准 ACL，需要指定数据过滤条件，并在路由器指定接口的出站方向上应用。（   ）

5. 因为每一 ACL 尾部都有一条隐含的允许语句，所以在配置 ACL 时至少要指定一条拒绝数据流量的语句。（   ）

6. 在规划 ACL 时，应首先匹配流量大的通信并拒绝需要拦截的通信以确保数据包不会与后面的语句进行比较。并尽量减少语句数量和降低路由器的处理负载。（   ）

7. 在对 VTY 线路配置访问列表时，要使用数字编号或命名的扩展 ACL。可以对不同的 VTY 线路应用不同的限制。（   ）

8. R1(config)#access-list 122 permit ip host 192.168.1.1 host 192.168.2.89。（   ）

9. 根据 ACL 配置 R1 将允许源地址为 192.168.1.1 使用端口 80 进行 HTTP 访问主机 192.168.2.89。由于每个访问列表的末尾都有隐含的 deny 语句，用户通过 telnet 或 FTP 访问主机 192.168.2.89 的流量因此被拒绝访问。（   ）

10. 与编号 ACL 相比，命名 ACL 的一大优点在于编辑更简单。从 Cisco IOS 软件第 12.3 版开始，命名 IP ACL 允许你删除指定 ACL 中的具体条目。你可以使用序列号将语句插入命名 ACL 中的任何位置。如果你使用更早的 Cisco IOS 软件版本，那你只能够在命名 ACL 的底部添加语句。因为可以删除单个条目，所以你可以修改 ACL 而不必删除整个 ACL，然后再重新配置。（   ）

11. 基于时间的 ACL 具有在允许或拒绝资源访问方面为网络管理员提供了更多的控制权、允许网络管理员通过 ACL 条目在每天定时记录流量等诸多优点。（   ）

12. 自反 ACL 可以保护网络免遭网络黑客攻击，防御欺骗攻击和某些 DoS 攻击。允许通过的数据包需要满足更多的过滤条件。与基本 ACL 相比，它可对进入网络的数据包实施更强的控制。（   ）

13. 动态 ACL 在安全方面具有使用询问机制对每个用户进行身份验证、简化网际网络的管理、减少与 ACL 有关的路由器处理工作、通过防火墙动态创建用户访问，而不会影响其他所配置的安全限制等特点。（   ）

三、项目设计与实践

1. 根据以下网络的安全策略和网络拓扑图,完成 ACL 配置任务:

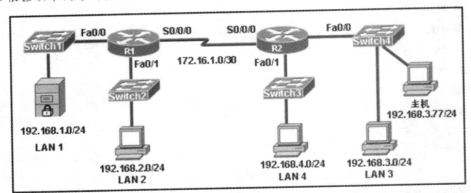

- 网络 192.168.3.0/24 中的所有主机(除主机 192.168.3.77 外)应能访问网络 192.168.2.0/24。
- 网络 192.168.3.0/24 中的所有主机应能访问网络 192.168.1.0/24。
- 从网络 192.168.3.0 发出的其他所有流量应被拒绝。

请参考 ACL 的规划步骤,确定哪种类型的 ACL 最能满足要求?确定要将 ACL 应用到哪个路由器、哪个接口上?确定要过滤哪个方向的流量?通过配置 ACL 满足安全需求?

2. 某公司网络拓扑如下图所示,网络的安全策略有以下指导原则:

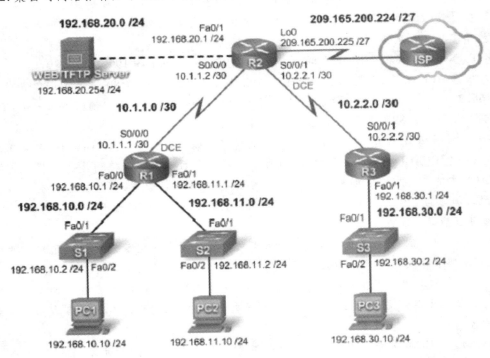

本任务需要配置命名的标准 ACL,用于只阻止来自 192.168.11.0/24 网络的流量访问 R3 上的任何本地网络。并在控制台显示匹配该语句的每个数据包的日志消息。此 ACL 将

应用于 R3 串行接口的入站流量。

此网络的另一条策略规定，只允许 192.168.10.0/24 LAN 中的设备访问内部网络，而不允许此 LAN 中的计算机访问 Internet。因此，必须阻止这些用户访问 IP 地址 209.165.200.225。此 ACL 将应用于 R1 Serial 0/0/0 接口的出站流量。

配置标准 ACL，限制对路由器 VTY 线路的访问。在 R2 上配置命名标准 ACL，允许来自 10.2.2.0/30 和 192.168.30.0/24 的流量，拒绝所有其他流量。将该 ACL 命名为 TASK-5。最后检查是否可从 R1 和 R3 telnet 至 R2。

项目六　设计交换网络

交换式以太网是目前最为主流的局域网技术,而以太网交换机是交换以太网中的核心设备,基于以太网交换机的 VLAN 技术更是当今局域网管理的重要手段。因此,熟练掌握以太网交换机的使用与配置是一个优秀的网络工程师或网络管理人员的必备的能力。本项目主要讲述交换式以太网络中 VLAN 的定义、VLAN 的类型、VLAN 的帧标记,2900 系列交换机上配置、验证和删除 VLAN,VTP 实现 VLAN 的统一管理等知识和方法。

一、教学目标

最终目标:实现园区网络的 VLAN 划分与管理。
促成目标:
1. 掌握 VLAN 的概念;
2. 能正确地规划并在交换机上配置 VLAN;
3. 掌握 VLAN 中继的概念,实现 VLAN 中继;
4. 掌握 VTP 的概念,实现 VLAN 信息的统一管理。

二、工作任务

1. 交换机 VLAN 配置;
2. VLAN Trunk 配置;
3. VTP 的配置。

模块 1　划分虚拟局域网(VLAN)

一、教学目标

最终目标:能根据组网需要在交换机上进行 VLAN 的划分。
促成目标:
1. 掌握 VLAN 的分类;

2. 掌握交换机上 VLAN 的划分；
3. 进行 VLAN 的测试。

二、工作任务

根据网络需求进行 VLAN 划分。

三、相关知识点

1. VLAN 概念

以太网交换式的一个主要特征是虚拟局域网(VLAN)技术,它是一个聚集工作站和服务器的逻辑网络分组。数据流被限制在一个 VLAN 中传输,交换机和网桥只能将单播帧、多播帧和广播帧在其所属的 VLAN 内部发送。也就是说,在第二层设备连接的网络中,一个主机只能够与同属一个 VLAN 中的主机完成通信,这样,一个交换式的网络工作起来就像是许多互不相连的单独的 LAN 一样。如果需要完成多个 VLAN 间的通信,则需要使用路由器来提供不同 VLAN 之间的连接通信。

VLAN 技术对交换式网络进行逻辑分段,它根据组织结构的功能、应用等因素将网络中的设备或用户划分成网络群体,而无须考虑它们所在的物理位置。例如,一个特定工作组使用的所有工作站和服务器可以连接到同一个 VLAN 中,而无须考虑它们与网络的物理连接或它们的物理位置。图 6-1 描述了网络划分的物理分段与逻辑分段。

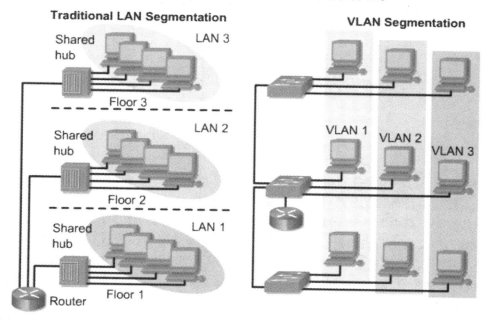

图 6-1　网络划分的物理分段与逻辑分段

图 6-1 显示了在传统的局域网中工作站的物理分段和 VLAN 中工作站的逻辑分段。在 VLAN 的设计中,定义了跨越多台交换机的 3 个 VLAN,VLAN 之间则使用一台路由器完成

连接。只需要通过软件而无须拔出和移动线缆或设备就可以对网络进行重新配置。

VLAN 从逻辑上将网络划分为不同的广播域,并且只能在同一个 VLAN 的交换机端口上实现数据分组的交换。也就是说处于一个 VLAN 中的客户工作站通常被限制为只能访问处于同一个 VLAN 上的资源,如主机、文件服务器、网络打印机等。所以一个 VLAN 被看作是一个使用一台或多台交换机连接的广播域。VLAN 由许多不同的终端设备构成,这包括主机及网络设备,这些主机或网络设备(例如网桥和路由器)被连接到一个单独的桥接域中。桥接域支持各种不同的网络设备,局域网交换机为每一个 VLAN 的独立网桥组运行桥接协议。

在局域网的环境中,VLAN 实际上提供了传统上由路由器提供的网络分段服务。VLAN 的实施增强了网络的可扩展性、安全性和可管理性。VLAN 拓扑结构中的路由器提供广播过滤、安全性和流量控制管理。局域网中的交换机一般情况下不转发 VLAN 之间的数据流量,因为这样会破坏 VLAN 广播域的完整性,而这些流量应该只能在 VLAN 间通过第三层设备进行路由。图 6-2 显示了一个基于公司不同工作组和楼层位置来设计的 VLAN。在这个例子中,为每个部门(工程部、市场部和会计部)定义一个 VLAN,它分布在 3 个不同物理位置的 3 台交换机上。

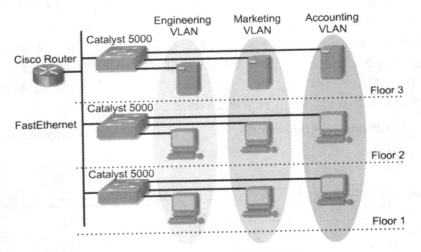

图 6-2 分布在不同楼层的 VLAN

VLAN 是一组网络设备和服务的集合,一个 VLAN 是由一台或多台交换机生成的一个广播域。路由器使得数据分组可以在广播域间进行路由,这些广播域就像使用独立的第 3 层的网段。通过路由器的一个或多个链路可以实现广播域间的连接。

局域网中交换机与集线器的一个主要区别是:与集线器相连的所有设备都工作在相同的冲突域中;而在交换机连接的网段中,交换机的每个端口是一个单独的冲突域。默认情况下,交换机上的所有端口在相同的广播域中。然而交换机可以通过创建 VLAN 来分隔广播域。假设所有设备通过交换机互连,且没有第 3 层设备的限制,VLAN 将可以跨越交换机,而不受限于交换网络中物理边界。一个 VLAN 可以包含在一台交换机中或跨越多台交换机,网络中的交换机将维持 VLAN 的完整性。例如,如果某一个 VLAN 中的一台主机产生了一个广播,所有交换机都会确认只有该 VLAN 中的其他设备会接收到广播,其他 VLAN 中的设备则不会,即使在跨越交换机时也是这样。

交换机与网桥的端口具有相同的功能,因此交换机也基本上被认为是多端口的网桥。一般情况下,网桥将过滤掉那些流向非目标网段的流量。如果一个帧需要穿过网桥,并且网桥知道该帧目标设备所在的端口,那么网桥将会把这个帧转发到正确的端口而不会转发到其他别的端口上;如果网桥或交换机不知道目的地在哪里,它将会把该帧扩散到广播域中(VLAN)除源端口外的所有端口。

在 VLAN 的实施中,每个 VLAN 都应该被分配一个唯一的第 3 层网络或子网地址,这样可以通过路由器在 VLAN 间交换分组。而在交换机中可配置的 VLAN 的数目依据不同的因素可能会变化很大,这些因素包括流量模式、应用程序的类型、网络管理的需要以及组的共同特点。

2. VLAN 的运行方式

一个 VLAN 构成了一个交换式网络,它可以根据功能、项目组或应用而无须考虑用户的物理位置来进行逻辑分段。交换机的每个端口都可以分配给一个 VLAN。分配到相同 VLAN 的端口共享广播域,分配到不同 VLAN 的端口不能共享广播域。通过减少网络中不必要的且浪费带宽的广播流量,VLAN 技术全面提高了网络的性能。实施和创建 VLAN 分为静态 VLAN、动态 VLAN 两种方式。

(1) 静态 VLAN

静态 VLAN 的实施方法也被称为基于端口 (port-based) 的 VLAN 成员身份。只需要简单地手动将端口分配给一个 VLAN 就可以创建静态 VLAN。当一台设备连接到交换机的这个端口上时,它被自动分配成为这个端口所属 VLAN 的成员。如果用户改变了端口但又想访问同一个 VLAN,网络管理员就必须为这个新连接手动添加一个端口到 VLAN 的分配。如图 6-3 所示。

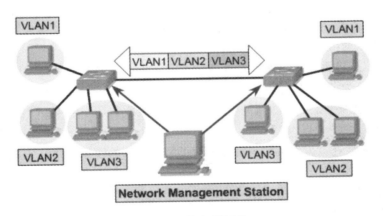

图 6-3 静态 VLAN

(2) 动态 VLAN

动态 VLAN 在交换网络中需要通过使用如 CiscoWorks 2000 之类的网络管理软件进行创建。通过 VLAN 管理策略服务器,可以基于连接到交换机端口上的设备 MAC 地址,动态地将设备分配给指定的 VLAN。目前动态 VLAN 能基于设备的 MAC 地址来建立 VLAN 成员身份。当一台设备连接到网络时,交换机需要查询 VMPS 上的数据库以确定 VLAN 成员身份。这一过程如图 6-4 所示,其中每台交换机都有一个唯一的 MAC 地址。

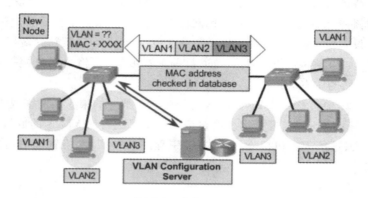

图 6-4 动态 VLAN

在静态 VLAN 方式中,端口被分配给某个特定的 VLAN,它与连接到该端口上的用户、设备或系统无关。就是说连接到该端口上的所有用户和设备应该都是同一个 VLAN 的成员,如连接一台单独的用户工作站或连接多个工作站的集线器可以连接到一个单独的交换机端口。在配置静态 VLAN 的实例中,端口被配置属于指定的 VLAN,不能够自动改变成另外一个 VLAN,除非手动地对交换机进行重新配置。而网络管理员通常负责 VLAN 的管理和端口的分配。

当用户连接到相同的共享网段时,如传统的基于集线器的以太网一样,所有用户将共享该网段的带宽。每当新的用户连接到这个共享介质,每个用户的可用带宽就会变少,因为所有的用户都处于同一个冲突域。如果共享介质的设备太多,冲突就会大量发生,用户应用程序的性能也会随之下降。交换机通过使用微分段为设备间提供独享带宽来减少冲突。然而,交换机依然转发广播,如 ARP 广播。VLAN 通过定义独立的广播域为处于同一共享网络的用户提供更多的带宽。

缺省情况下,交换机上每个端口都是 VLAN1 的成员,VLAN1 作为管理 VLAN 存在,且不可被删除。并且为了管理交换机,至少要有一个端口被分配给 VLAN1。可以通过创建新的 VLAN,将端口重新分配到这些新的 VLAN 中,来改变端口所在的 VLAN。

3. VLAN 的优点

VLAN 允许网络管理员去组织逻辑上的而不是物理上的区域网络。它表现出一些重要的优点:

(1) 容易在 LAN 中移动工作站;
(2) 容易在 LAN 中添加工作站;
(3) 容易改变 LAN 的配置;
(4) 容易控制网络中的流量;
(5) 增加了 LAN 的安全性。

VLAN 提供了一套机制来控制这些改变并大大降低与集线器、路由器重新配置相关的成本。同一个 VLAN 中的用户共享相同的网络地址空间(即 IP 子网),而不管他们的位置如何。当某个 VLAN 中的用户从一个位置移动到另一个位置时,只要他们仍然处于同一个 VLAN 而且连接到一台交换机的端口,他们的网络地址就不用改变。位置的变化可以像把一个用户插到一台支持 VLAN 的交换机的一个端口,再把那个端口配置为所需的 VLAN 那样简单。在动态 VLAN 中,当在 VMPS 中查找到已移动工作站的网络接口卡的 MAC 地址时,交换机会自动把那个端口配置为相应的 VLAN。

VLAN 是一种把防火墙从路由器延伸到交换机结构并保护网络免受潜在的危险广播破坏的有效机制。通过把交换机的端口或用户分配到特定的 VLAN 组来创建防火墙;这些 VLAN 组可以在同一台交换机上,也可以跨越多台交换机,一个 VLAN 中的广播流量不会传输到该 VLAN 之外。为增加安全性,一种既可以降低成本又可以方便管理的技术是把网络分成多个广播组,如图 6-5 所示。

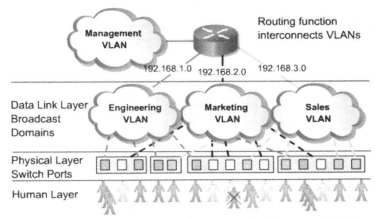

图 6-5 VLAN 的安全性

网络管理员通过 VLAN 的实施可以完成以下的工作:
(1) 限制一个 VLAN 组中用户的人数;
(2) 防止其他用户在没有得到 VLAN 网络管理员允许的情况下加入网络;
(3) 把所有未使用的端口配置为一个缺省的低等级服务的 VLAN。

在 VLAN 安全性的实例中,基于应用和访问特权的类型来对交换机端口进行分组,受限制的应用和资源通常放在一个安全的 VLAN 中。在安全的 VLAN 中,交换机限制对该组的访问。可以是基于工作站的地址、应用程序的类型或者协议类型来建立限制。

4. VLAN 帧标识

在由多台交换机构成的 VLAN 中,数据帧在发送到交换机间的链路上之前,帧的头会被封装或者改变并加入 VLAN ID 信息,以标识出此数据帧来自某个 VLAN,这个数据帧将基于 VLAN ID 和 MAC 地址被转发到适当的交换机或路由器中。该数据帧在到达目标设备前,帧头中的 VLAN ID 的信息将被移除,还原帧格式后转发到终端设备。

数据帧标识提供了一个控制广播和应用程序流量的机制。目前存在着多种数据帧标识的方法,主要包括 IEEE 802.1Q、ISL、FDDI 802.10 和 LANE。

(1) IEEE 802.1Q 帧标记

IEEE 802.1Q 是由电气电子工程学会(IEEE)制定的一个开放标准的 VLAN 标识,是用来标识 VLAN 帧的一种标准方法,它通过修改数据帧,在帧的头部插入 VLAN 标识符来标记

VLAN,这个过程称为帧标记。主机能够读取的没有标记的帧,但是不能读取其他帧。在不同厂商的交换机之间交换 VLAN 的信息时,IEEE 802.1Q 是优先选择的帧标记方法。Catalyst 2950 交换机不再支持 ISL 中继,只支持 IEEE 802.1Q 帧标识。路由器上也支持此类型的帧标识。

(2) ISL 帧标识

交换机间链路,是 Cisco 专用的封装协议,用于维持 VLAN 的信息在交换机或路由器之间传输流量,它用来互连多台交换机,并且在交换机和路由器上都支持。目前已经逐渐被 IEEE 802.1Q 标准的帧标识所替代。

Catalyst 系列交换机使用的 ISL 帧标记是一种低延迟的机制,它把来自于多个 VLAN 的流量复用到一条单独的物理路径上。它应用于交换机、路由器以及使用在诸如服务器之类的节点上的网络接口卡之间的连接。为了支持 ISL 特性,每一台连接的设备都必须配置了 ISL。已经配置了 ISL 的路由器可以用来实现 VLAN 之间的通信,如果 ISL 帧的报头加上数据帧的大小超过了最大传输单元(MTU),则当一个非 ISL 设备接收到这个 ISL 封装的以太网帧后,也许会把它认为是协议错误的帧。管理员利用生成树协议(STP),采用 ISL 帧标记来维护冗余连接和并行链路间的负载均衡。

(3) 局域网仿真

局域网仿真 LANE 是由 ATM 论坛定义的一个标准,用于异步传输模式(ATM)网络中模拟以太网络的运行方式。它为两台通过 ATM 连接的工作站提供了在传统的 LAN 中通常所具有的功能。LANE 协议就是在异步传输模式(ATM)网络的终端仿真以太网的方式,LANE 协议定义了一种仿真 IEEE 802.3 以太网或者 802.5 令牌环网的机制。它使用与 VLAN ID 类似的虚连接划分不同的网络。

LANE 协议为高层(即网络层)协议定义了一个服务接口,这些接口与现存的 LAN 中的接口是一样的。通过 ATM 网络传输的数据会以适当的局域网 MAC 格式进行封装。换句话说,LANE 协议使得一个 ATM 网络看上去以及行为上都表现得像一个以太网或者令牌环网。

(4) FDDI 802.10

FDDI 802.10 是一种 Cisco 的专有方法,它在标准 IEEE 802.10 帧(FDDI)中传输 VLAN 信息。VLAN 信息是写在 802.10 帧的安全协会标识符(SAID)部分。这种方法通常用于 FDDI 骨干网传输 VLAN。

四、实践操作

1. 配置静态 VLAN

静态 VLAN 是在交换机上手工将一些端口分配给某个 VLAN,它通过利用 VLAN 管理应用程序或使用 CLI 命令行直接在交换机上面配置来进行分配。除非管理员改变这些配置,否则这些端口就保持它们已经指定的 VLAN 配置。尽管静态 VLAN 需要手动改变,但它们安全、易于配置和易于监控。而动态 VLAN 并不依靠分配端口给某个特定的 VLAN,而是基于 MAC 地址、逻辑地址或者协议类型来进行 VLAN 分配。

在 Catlyst 29xx 系列的交换机上配置静态 VLAN 时,应遵守以下的准则:

（1）VLAN 的最大数目取决于交换机及交换机端口的数目；
（2）VLAN1 是出厂时定义的缺省 VLAN 之一；
（3）VLAN1 是缺省的以太网 VLAN；
（4）Cisco 发现协议（CDP）和 VLAN 中继（Trunking）协议（VTP）通告是在 VLAN 1 上发送的；
（5）必须在所有参与到 VLAN 的交换中继上配置相同的封装协议，例如：802.1Q 或 ISL；
（6）配置 VLAN 的命令会随着型号的不同而有所区别；
（7）Catalyst 29xx 系列交换机的 IP 地址是在 VLAN1 的广播域中；
（8）为了创建、添加或者删除 VLAN，交换机必须配置为 VTP 服务器模式。

在 Catalyst 系列交换机上创建静态 VLAN 是一个直接而简单的任务。如果你正在使用一台基于 Cisco IOS 命令的 2900 交换机，在特权 EXEC 模式下输入命令"VLAN database"进入 VLAN 配置模式。创建一个 VLAN 所必需的配置步骤如下：

```
Switch#VLAN database
Switch(VLAN)#VLAN VLAN_number name VLAN_name
Switch(VLAN)#exit
```

如果需要，也可以配置 VLAN 的名称，退出 VLAN 配置模式时，VLAN 的信息会应用（applied）到交换机上，如果不需要保存结果，请使用"abort"命令退出。下面是在 1900 和 2900 的交换机上创建 VLAN 和分配一个或者多个接口的过程：

```
Catalyst 2900 交换机：
Switch#VLAN database
Switch(VLAN)#VLAN VLAN_number name VLAN_name
Switch(VLAN)#exit
Switch#configure terminal
Switch(config)#interface FastEthernet solt/interface_number
Switch(config-if)#switchport access VLAN VLAN_number
```

在交换机上创建了 VLAN 并分配了端口后，可以利用"show running-configuration"命令来验证 VLAN 的配置，此命令的输出实例中，显示了 FastEthernet 0/2 和 FastEthernet O/3 两个端口都属于 VLAN 2。而 FastEthernet 0/1 显示没有被分配给其他 VLAN 而属于 VLAN 1。

```
Switch#show running-config

Hostname Switch
ip subnet-zero
!
interface FastEthernet 0/1
!
interface FastEthernet 0/2
switchport access VLAN 2
!
```

```
interface FastEthernet O/3
    switchport access VLAN2
...
```

2. 验证 VLAN 的配置

为了在交换机上确认已存在的 VLAN 配置信息，或对交换机的 VLAN 故障调试，可以使用下面几条命令来验证 VLAN 配置：

```
show VLAN
show VLAN brief
show VLAN id id_number
```

在 2950 交换机上使用"show vlan brief"命令，显示当前交换机 VLAN 的配置状态：

```
switch# show vlan brief
VLAN Name              Status        Port
----                   ------        ----
1     default          active        fa0/1，fa0/2，fa0/4，fa0/12
2     VLAN2            active        fa0/3，fa0/5，fa0/6，fa0/7
3     VLAN2            active        fa0/8，fa0/9，fa0/10，fa0/11
1002  fddi-default     active
1003  token-ring-default active
1004  fddinet-default  active
1005  trnet-default    active
```

3. 保存 VLAN 的配置

在不同的交换机上保存配置的命令是不同的，Catlyst1900 系列交换机的操作会自动保存下来。而 Catlyst 2900 系列交换机需要像保存路由器配置一样使用"copy running-config startup-config"命令来完成。而把 VLAN 配置的副本作为文本文件保存下来是非常有用的，它可以达到备份或审核的目的。常用的两种方法可以备份 VLAN 的配置，然后把它传送到不同的计算机或交换机上。

第一种方法：通过 Copy 命令将交换机的配置信息保存到 TFTP 服务器上：

```
Switch#copy running-config tftp
```

或

```
Switch#copy VLAN.dat tftp
Address or name of remote host []? 10.1.1.1
Destination filename [VLAN.dat]?
!!!!
616 bytes copied in 0.052 secs (11846 bytes/sec)
Switch#
```

第二种方法：可以通过在超级终端窗口中使用文本捕获的方法来保存配置信息，以下的步骤描述如何复制一个 VLAN 配置：

(1)经由交换机控制台的连接,进入到交换机上的特权模式;
(2)转到超级终端窗口的"传送"选项;
(3)选择"捕获文本";
(4)选择配置文件将会保存的位置(例如桌面);
(5)给文件取名,如:VLANconfig.txt;
(6)选择"开始";
(7)在交换机上,键入 show running-config;
(8)当配置文件显示完毕的时候(如果没有显示完毕,则按空格键来完成显示),回到超级终端窗口的"传送"选项;
(9)再次选择"捕获文本","停止"来保存和关闭文件。
如果该 VLAN 配置文件中捕获有一些无关的字符,则在使用之前将它们删除。

4. 删除 VLAN 的配置

基于 Cisco IOS 命令的交换机接口上删除一个 VLAN,犹如在一台路由器上删除一条命令一样。当一个端口被从一个 VLAN 删除后,会自动被加入到 VLAN1。如前面的例子所示,可以使用命令在 FastEthernet 0/3 创建了 VLAN2:

```
Switch(config)#interface FastEthernet 0/3
Switch(config-if)#switchport access VLAN2
```

如果要从这个接口上删除该 VLAN,只要在接口上使用这条命令的 no 格式即可:

```
Switch(config)#interface FastEthernet 0/3
Switch(config-if)#no switchport access VLAN2
```

如果要删除 VLAN 的配置,需要在 VLAN 的配置模式下完成,如下例:

```
Switch#VLAN database
Switch(VLAN)#no VLAN3
```

模块 2 实现跨交换机的 VLAN 管理

一、教学目标

最终目标: 实现 VLAN 的跨交换机的统一管理。
促成目标:
1. 掌握 Trunk 的概念;
2. 掌握 VTP 域的概念;
3. 实现 VLAN 的集中管理。

二、工作任务

在一个企业网络中实现 VLAN 的集中统一管理。

三、相关知识点

1. 中继（Trunking）

中继的历史可以追溯到无线电技术和电话技术的起源。在无线电技术中，中继线路是在单一的通信线路上可以承载多信道的电气信号。中继的概念与两点间的通信路径或信道相关。共享的多条中继线也可以作为中心局之间的冗余连接。

目前，同样的中继原理已经应用于网络交换技术，中继是两台交换机之间的一个物理和逻辑连接，用于传输网络通信，中继线路是承载（或启用）多条逻辑链路的一条物理连接。交换网络中的中继通信如图 6-6 所示。

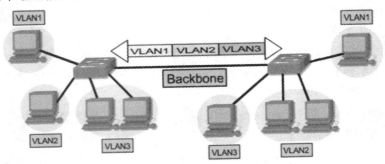

图 6-6 交换网络中的中继通信

（1）中继的概念

对于 VLAN 交换环境而言，中继是一条支持多个 VLAN 的点到点链路。中继线路的目的是为了在实现 VLAN 的两台交换机之间创建链路时节省端口数量。图 6-7 显示了在 SwitchA 和 SwitchB 两台交换机上连接 VLAN 的两种方式。图 6-7 显示的第一种方法是在设备间建立了两条物理链路，每条链路承载一个 VLAN 的通信。这是一种简单的实现交换机间 VLAN 通信的解决方案，但是它不易扩展且浪费交换机的端口资源。如果要加入第三个 VLAN，就需要每个交换机上再使用一个端口进行连接。这种设计同样无法胜任负载均衡，某些 VLAN 的通信也被证明不必单独占用一条专门的链路。一条中继多条虚拟的逻辑链路捆绑在一条物理链路上，并且这允许多个 VLAN 的流量可以在交换机间通过一条线路。

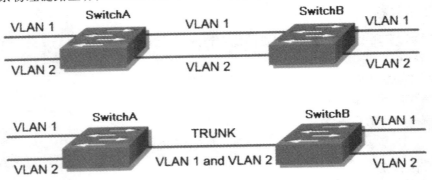

图 6-7 VLAN 间的连接

一个 VLAN 是在一个或多个局域网上的一组设备，通过配置（使用管理软件）这些设备就像连在同一条电缆上一样进行通信，但实际上它们分布在许多不同的局域网网段中。中继提供了一种有效的手段来向其他交换机分发 VLAN ID 信息，并完成网络中交换机之间的通信，中继机制能帮助 VLAN 交换网络的扩展。中继链路不属于某一特定 VLAN。中继链路的职责是扮演交换机与交换机或交换机与路由器间的 VLAN 管道。

为了有效地管理两台网络设备之间单条物理线路或链路上来自不同 VLAN 的帧传输，在这两台设备之间需要一种通信语言即协议。使用这种通信协议，设备能够对帧在中继两端相关端口上传输和分发。中继协议允许来自不同 VLAN 的帧通过单条物理线路进行传输，或对帧的分发进行管理，以将其分发分到对应的 VLAN 端口。中继协议建立了一个在中继线路两端将帧分发到相关端口的规则。目前，存在着两种中继机制：帧过滤和帧标记。IEEE 推荐的标准中继机制是使用帧标记。

帧标记是一种标准的中继机制，与帧过滤相比，帧标记为 VLAN 的部署提供了一种更具扩展性的解决方案，使其能够在区域网络范围内实现。IEEE 802.1Q 是实现 VLAN 的帧标记方法。VLAN 帧标记是专为交换式通信开发的一种方法，在每一帧被转发穿越骨干网络时，帧标记在每一帧的头部设置一个唯一的标识符。每台交换机在向其他交换机、路由器或终端设备进行帧的传送之前，都会理解并检测这个标识符。当这个帧要离开网络骨干时，交换机会在帧被传输至目标终端站之前，去掉这个标识符。帧标识的识别是第 2 层设备具有的功能（functions），只需要占用设备很少的处理时间或管理开销。图 6-8 显示了一个中继链路的例子。

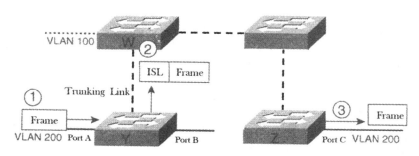

图 6-8 中继链路

（2）中继的实现

中继协议采用帧标记机制的中继协议为每个帧分配一个标识符，使得管理它们更为容易，从而实现更快捷的帧传送。这些标记在中继线链路开始的一端添加并在另一端删除标记。标记的帧不会被传送到工作站也不进行广播。交换机使用 ISL 相互通信，ISL 是在交换机间数据流传输时维护 VLAN 信息的一种协议。在 ISL 中，以太网帧与一个包含 VLAN ID 的报头一起被封装。两台交换机之间唯一的物理链路能够承载任何 VLAN 的通信。因此，在这条链路上发送的每一个帧都被打上标记来标识它所属的 VLAN。帧标记方式存在不同的方案，以太网段中最常用 ISL 和 802.1Q 两种方案：

①ISL（Inter-Switch Link，交换机间链路），Cisco 专有的交换机间链路协议（A Cisco proprietary protocol）。

②802.1Q 是一种 IEEE 标准方法，它在以太网帧中插入 VLAN 成员信息。

在一台基于 Cisco IOS 命令的交换机上创建或配置一条 VLAN 中继,首先将端口配置为中继,然后指定中继的封装。中继两端的封装必须一致。为此需要使用如下所示的命令。

配置 VLAN 中继线命令:

```
2950(config)#interface type 0/port_#
2950(config-if)#switchport mode trunk
2950(config-if)#switchport trunk?
allowed        Set allowed VLAN characteristics when interface is in trunking mode
encapsulation  Set trunking encapsulation when interface is in trunking mode
native         Set trunking native characteristics when interface is in trunking mode
pruning        Set pruning VLAN characteristics when interface is in trunking mode

2950(config-if)#switchport trunk encapsulation ?
dot1q          Interface uses only 801.1q trunking encapsulation when trunking
isl            Interface uses only ISL trunking encapsulation when trunking
2950(config-if)#switchport trunk encapsulation isl
```

2. VLAN 中继协议

(1) VTP 的概念

VTP 的产生是为了解决在 VLAN 交换式网络环境运行中潜在的问题。例如,考虑一个拥有支持多 VLAN 的多台互连交换机的域,每个域的用户或资源都是受到一台服务器控制逻辑分组,这台服务器又称为主域控制器(PDC)。为了创建和维护 VLAN 间的连通性,每个 VLAN 必须手动配置在每台交换机上。随着组织结构的增长,其他交换机被加入到网络中,每个新加入的交换机必须手动配置 VLAN 信息。任何一个错误的 VLAN 分配都可能导致下面两个潜在的问题:

① 由于 VLAN 配置不一致造成的 VLAN 交叉连接;

② 在混合介质环境中,例如以太网和光纤分布数据接口(FDDI),VLAN 配置发生冲突。

在 VLAN 交换式网络环境使用 VTP,可以在一个公共管理域中维持 VLAN 配置的一致性。另外,VTP 减少了管理和监控 VLAN 网络的复杂性。

VTP 的任务是可以在一个公共的网络管理域中维持 VLAN 配置的一致性。VTP 是一种消息协议,它使用第 2 层的中继帧来管理一个单独域中 VLAN 的添加、删除和重命名。而且,VTP 还允许向网络中的所有其他交换机集中传达变化。

VTP 消息被封装在 ISL 或 IEEE 802.1Q 协议帧中,然后通过中继链路传送给其他设备。在 IEEE 802.1Q 帧中,使用了一个 4 字节字段来标记每个帧。两种格式都带有 VLAN ID。尽管交换机端口一般只被分配到一个 VLAN 中,中继端口缺省传输来自所有 VLAN 的帧。

VTP 可以减少在发生改变时可能产生的配置不一致。这种不一致性将导致违反安全策略,因为使用重复的命名会造成 VLAN 出现交叉连接;此外,当 VLAN 从一种局域网类型映射到另一种局域网类型时(如从以太网到 ATM 或 FDDI),也会由于违反安全策略而在内部断开。VTP 提供以下好处:

① 整个网络的 VLAN 配置一致性;

② 与允许跨越混合介质中继一个 VLAN 的映射方案,如将以太网 VLAN 映射到高速骨

于 VLAN 中(如 ATM 或 FDDI);
③对 VLAN 的准确跟踪和监控;
④关于整个网络中新增 VLAN 的动态报告;
⑤加入新 VLAN 时的即插即用配置。

在交换机上创建 VLAN 之前,必须首先建立一个 VTP 管理域,在这个域内可以检查当前网络上的 VLAN。同一个管理域中的所有交换机彼此共享它们的 VLAN 信息,并且一台交换机只能参加一个 VTP 管理域。不同域中的交换机不会共享 VTP 信息,每台 Catalyst 系列交换机会在它的中继线端口通告以下信息:
①管理域;
②配置版本号;
③已知的 VLAN 及其具体参数。

(2) VTP 操作模式

一个 VTP 域由一台或多台互联设备组成,它们共享同一个 VTP 域名。一台交换机只能属于一个 VTP 域中。当向网络中其他交换机传输 VTP 消息时,VTP 消息被封装在一个中继协议帧中,如 ISL 或 IEEE 802.1Q。域名必须与被传输的信息完全匹配(大小写敏感)。

VTP 头不同取决于 VTP 消息类型,但通常而言,以下 4 项可以在所有 VTP 消息中找到:
- VTP 协议版本——版本 1 或版本 2;
- VTP 消息类型——指出 4 种类型之一;
- 管理域名长度——指出后面的名称长度;
- 管理域名——指出为管理域配置的名称。

VTP 交换机工作在服务器(Server)模式、客户端(Client)模式、透明(Transparent)模式 3 种模式之一:

①VTP 服务器(缺省模式)

如果一台交换机被配置为服务器模式,你将可以创建、修改和删除 VLAN 并对整个 VTP 域指定其他配置参数(parameters),如 VTP 版本和 VTP 修剪。VTP 服务器在 Catalyst 系列交换机的 NVRAM 中保存 VLAN 配置信息。VTP 服务器从所有中继端口发送 VTP 消息。

VTP 服务器向同一 VTP 域中的其他交换机通告它们的 VLAN 配置信息,并通过中继链路上接收的通告与其他交换机同步 VLAN 配置。该模式是交换机的缺省模式。

②VTP 客户端

被配置为 VTP 客户端模式的交换机不能创建、修改或删除 VLAN 信息。此外,客户端也不能保存 VLAN 信息。这种模式适用于那些缺乏足够存储器来保存大量 VLAN 信息表的交换机。VTP 客户和服务器一样处理 VLAN 变化,而且它们也从所有中继线端口发送 VTP 消息。

③VTP 透明模式

被配置为透明模式的交换机不参与 VTP。一台 VTP 透明模式的交换机不通告它自己的 VLAN 配置,也不会基于收到的通告去同步自己的 VLAN 配置。它们转发其中继线端口上收到的 VTP 通告(版本 2),却忽略消息中所包含的信息。一台透明交换机既不会在收到更新时修改它的数据库,也不会发送更新以指示其 VLAN 状态的变化。

(3) VTP 的运行方式

检测通告中 VLAN 的增加信息作为对交换机(服务器模式和客户模式)的一种通知,使它们可以准备接收中继端口上具有最新定义的 VLAN ID、仿真局域网名称或 802.10 SAID（Security Association Identifiers，安全组织标识符）的网络通信。

图 6-9 中，交换机 SwitchC 保存的数据库有一个配置修订版号 revision number，添加或删除的 VTP 数据库条目，将"修订版号"加"1"后传输给交换机 SwitchA 和交换机 SwitchB。配置修订号越高意味着被发送的 VLAN 信息比所存储的拷贝数据更新。当一台交换机收到一个具有更高配置修订号的更新时，交换机会用发送来的 VTP 更新中的新信息覆盖（overwrites）自己存储的信息。而交换机 F 因为属于另一个域而不会处理更新。另外，VTP 维护信息在自己的 NVRAM。使用 erase startup-configuration 命令可以清除 NVRAM 中的内容，但不会清除掉 VTP 数据库的修订版号。如果想将配置修订版号清零，只能将交换机重启。

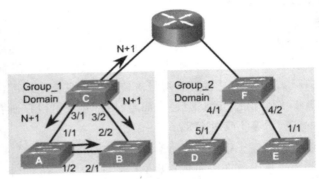

图 6-9　VTP 操作模式

在缺省状态下，管理域处于一种非安全模式，也就是说交换机的相互操作无需密码。给管理域添加一个密码将自动使其进入安全模式。必须在管理域中的每一台交换机上配置同一个密码才能使用安全模式。

（4）VTP 的配置

在网络上配置 VTP 和 VLAN 之前需要考虑几个基本步骤：

步骤一：确定（determine）即将使用的 VTP 版本号。

步骤二：决定这台交换机是不是一个已存在的管理域的成员或者是否需要创建一个新的域。如果已经存在一个管理域，确定域的名称和密码。

步骤三：为交换机选择一个 VTP 模式。

① 配置 VTP 版本

在管理域中可以运行两种不同版本的 VTP：VTP 版本 1 和 VTP 版本 2。两个版本不能互操作（interoperable）。如果选择把管理域中的一台交换机配置成 VTP 版本 2，则必须把该域中所有交换机都配置成 VTP 版本 2。缺省是 VTP 版本 1。如果需要一些 VTP 版本 2 提供但 VTP 版本 1 没有提供的特殊特性，需要执行 VTP 版本 2。

在一台基于 Cisco IOS 命令的交换机上配置 VTP 版本，首先进入 VLAN 数据库模式（VLAN database mode）。使用以下命令改变一台基于 Cisco IOS 命令的交换机上的 VTP 版本号：

```
Switch#vlan database
Switch#(vlan)#vtp v2-mode
```

VTP 版本 1 不支持而 VTP 版本 2 支持的特性如下：
- 对令牌环的支持：VTP 版本 2 支持令牌环局域网交换和 VLAN。
- 不能识别的类型/长度/值(TLV)支持：VTP 服务器或客户向其他的中继传播配置变化，甚至包括它不能解析的 TLV。这些不能识别的 TLV 保存在 NVRAM 中。
- 版本相关的透明模式：在 VTP 版本 1 中，一台 VTP 透明交换机检查 VTP 消息中的域名和版本，并仅当版本和域名匹配时才转发这个消息。因为监控引擎软件只支持一个域，所以在透明模式下 VTP 版本 2 中不需要检查版本就能转发 VTP 消息。
- 一致性检查：在 VTP 版本 2 中，只有通过 CLI 或简单网络管理协议(SNMP)输入新信息时，才执行 VLAN 一致性检查（如 VLAN 名和值）。当新信息是从一个 VTP 消息中获得或从 NVRAM 中读取的，则不执行一致性检查。如果一个收到的 VTP 消息中的摘要是正确的，则这些信息无需经过一致性检查就被接受。一台能运行 VTP 版本 2 的交换机，只要它的 VTP 版本 2 处于禁用状态，就可以和运行于 VTP 版本 1 的交换机共同运行在同一个域中。

如果一个域中的所有交换机都能够运行 VTP 版本 2，只需要在一台交换机上启用 VTP 版本 2。版本号会传播给该 VTP 域中其他能运行 VTP 版本 2 的交换机。

②配置 VTP 域

如果所安装的交换机是网络中的第一台交换机，要创建管理域。否则，验证要加入的管理域的名字。如果管理域被配置为安全模式，则要使用该域配置密码。使用如下命令创建一个管理域：

```
Switch(vlan)#vtp domain cisco
Changing VTP domain from NULL to cisco
```

域名长度可以在 1~32 个字符之间，并且大小写敏感。密码必须在 8~64 个字符之间。

在一个现有 VTP 域中加入新的 VTP 客户端时，一定要核实该交换机的 VTP 配置修订号低于 VTP 域中其他交换机的配置修订号。使用 show vtp status 命令。一个 VTP 域中的交换机使用具有最高 VLAN 配置修订号的交换机的 VLAN 配置。如果一台新加入的交换机具有一个比 VTP 域更高的修订号，那么它可以擦除 VTP 服务器和 VTP 域中的所有 VLAN 信息。

③配置 VTP 的模式

为交换机选择 3 种可用 VTP 模式之一。如果是管理域中的第一台交换机，并且还期望添加其他交换机，那么可以把此交换机设为服务器模式。在 VTP 的网络中至少要有一台交换机被设置为 VTP 服务器，其他交换机会从这台交换机中获知 VLAN 信息。

如果管理域中有其他交换机，设置交换机模式为客户端以防止新交换机意外地向现有网络传播错误信息。如果希望这台交换机最终成为 VTP 服务器，那么在它从网络上获知正确的 VLAN 信息之后将其模式改为服务器。

如果某台交换机不会与网络中的其他任何交换机共享 VLAN 信息，则将该交换机设置为透明模式。在透明模式下，可根据意愿创建、删除和重命名 VLAN，而该交换机不会把这些改变传播给其他交换机。如果网络中有很多人在配置设备，那么你将面临网络中具有两种不同意义但有相同 VLAN 标识的重叠 VLAN 的风险。

使用如下命令设置基于 Cisco IOS 命令的交换机的正确 VTP 模式：

```
Switch(vlan)#vtp client | server | transparent
```

④验证 VTP 配置

为了显示并验证交换机上的 VTP 配置,可以使用基于 Cisco IOS 命令的 show vtp 或 show vtp status 命令,输出如下所示:

```
show vtp status 命令
1900# show vtp status
VTP version                              : 1
Configuration revision                   : 1
Maximum VLANs supported locally          : 1005
Number of existing VLANs                 : 5
VTP domain name                          : group
VTP password                             : cisco
VTP operating mode                       : Server
VTP pruning mode                         : Enabled
VTP traps generation                     : Enabled
Configuration last modified by: 0.0.0.0 at 00-00-0000 00:00:00
```

四、实践操作

配置 2950 交换机的 VLAN

与 Cisco 路由器不同,Cisco 销售的每台交换机具有默认配置。例如,交换机上已经有一些预先配置的 VLAN,包括 VLAN1。在配置期间,所有 VLAN 命令引用 VLAN 号,即使可以为 VLAN 配置可选名称。交换机上的每个端口默认被分配给 VLAN 1。所有来自交换机自身的通信——VTP 消息、CDP 组播及交换机产生的其他流量——在 VLAN 1 发生。2950 系列交换机的 IP 配置是基于 VLAN 接口的,应该为此接口配置 IP 地址。

如果决定将交换机放在不同的 VLAN 中,推荐在所有管理设备上修改该配置,以便更容易地保护它们,这样其他 VLAN 必须通过第 3 层设备访问它们。在该第 3 层设备上,可以设置访问控制列表(ACL)来过滤不希望的流量。所有交换机在相同 VTP 中是很重要的,因为许多交换机的管理协议会在交换机的管理 VLAN 发生,如 CDP、VTP 和动态中继协议(DTP)。

(1) 配置 VTP

在交换机上首先执行的 VLAN 配置任务之一是设置 VTP。

2950 系列交换机 VTP 配置:

2950 系列交换机 VTP 的配置,实际是通过在特权 EXEC 模式下执行 VLAN database 命令,在 VLAN 配置模式下执行几个配置命令来完成交换机的 VTP 配置:

```
2950#VLAN database
2950(VLAN)#vtp domain vtp_domain_name
2950(VLAN)#vtp server|client|transparent
2950(VLAN)#vtp password vtp_password
```

```
2950(VLAN)#vtp pruning
2950(VLAN)#exit
```

在特权 EXEC 模式下，使用 VLAN database 命令访问 VLAN 和 VTP 配置。在该模式下，VTP 命令基本上与 1900 系列交换机上相同。有两条命令影响修改的结果是否保存在 VLAN 数据库中。如果输入"abort"命令，不保存修改结果，返回到特权 EXEC 模式。如果使用"exit"，会保存修改并且返回到特权 EXEC 模式。一旦完成配置 VTP，使用 show vtp status 命令检查交换机的 VTP 配置：

```
2950#show vtp status
VTP Version: 1
Configuration Revision: 17
Maximum VLANs supported locally: 250
Number of existing VLANs: 7
VTP Operating Mode: Server
VTP Domain Name: Group
VTP Pruning Mode: Enabled
VTP V2 Mode: Disabled
VTP Traps Generation: Disabled
MD5 digest: 0x95 0xAB 0x29 0x44 0x32 0xA1 0x2C 0x31
Configuration last modified by 0.0.0.0 at 3-1-03 15:18:37
Local updater ID is 10.1.6.2 on interface Vl1
(Lowest numbered VLAN interface found)
```

在该实例中，根据输出信息"Configuration Revision"字段，可以知道 VTP 完成了 17 次配置，当前的修订版号是"17"。交换机在 Group 域中以服务器模式运行。下面的 show vtp counters 命令显示了与 VTP 消息发送与接收相关的 VTP 统计信息：

```
2950#show vtp counters
VTP statistics:
Summary advertisements received: 12
Subset advertisements received: 0
Request advertisements received: 0
Summary advertisements transmitted: 7
Subset advertisements transmitted: 0
Request advertisements transmitted: 0
Number of config revision errors: 0
Number of config digest errors: 0
Number of V1 summary errors: 0
< - - output omitted - - >
```

(2) 配置中继

①动态中继协议(DTP)

动态中继协议用于动态完成并验证两台 Cisco 交换机之间的中继连接。DTP 是动态 ISL(DISL)的增强版本。当 Cisco 交换机上 802.1Q 不可用时,使用 DISL。

如果 2950 交换机的一个接口中继模式设置为打开或中继模式,会使交换机在该接口上产生 DTP 消息,同时在接口上基于中继类型(802.1Q 或 ISL)标记帧。当设置为打开时,即使远端不支持中继,中继接口也总是假设连接是中继。

如果中继模式设置为期望(desirable)模式,接口会在其上产生 DTP 消息,它假设另一端不是可中继的,并等待来自远端的 DTP 消息。在该状态下,该接口以访问链路连接启动。如果远端发送一条 DTP 消息,该消息表明在两台交换机之间中继是兼容的,则会形成中继,并且交换机开始在接口上标记帧。如果另一端不支持中继,接口会保持作为接入链路连接。

如果中继模式设置为自动协商(auto-negotiate)模式,接口被动(passively)收听来自远端的 DTP 消息,并让接口作为访问链路连接。如果接口接收到一条 DTP 消息,该消息匹配接口的中继能力,那么接口会从访问链路连接更改为中继连接并开始标记帧。这是用于可中继接口的默认 DTP 模式。

如果接口设置为关闭模式,接口被配置为接入链路。在该模式下不产生 DTP 消息,也不标记帧。

如果接口设置为非协商(no-negotiate)模式,接口被设置为中继连接,并会使用 VLAN 信息自动标记帧。然而,接口不会产生 DTP 消息:DTP 是禁用的。该模式通常用于将中继连接连接到非 Cisco 设备上,这些设备不理解 Cisco 专有中继协议的,因此无法理解这些消息的内容。

②2950 系列交换机中继配置

在 2950 系列交换机上设置中继的命令如下:

```
2950(config)#interface interface_type 0/port_#
2950(config-if)#switchport mode trunk|dynamic desirable|dynamic auto|nonegotiate
2950(config-if)#switchport trunk encapsulation dot1q
2950(config-if)#switchport trunk native vlan vlan_number
```

2950 系列交换机上的所有端口都支持中继连接。如果你希望打开中继状态,使用配置命令 switchport mode 加上 trunk 参数。如果期望打开 DTP 状态,则使用参数 dynamic desirable;如果期望打开自动协商状态,则使用参数 dynamic auto。默认模式是自动协商。如果不希望使用 DTP,但仍希望执行中继,使用 nonegotiate 参数。使用 DTP 协议封装的 switchport trunk encapsulation dot1q 配置命令将接口封装为 802.1Q 中继,记住 2950 系列交换机只支持 802.1Q 中继,因此,在 2950 交换机上可以省略此命令。对于 802.1Q 中继,本地管理 VLAN 是 VLAN1。你可以用 switchport trunk native VLAN 命令更改它。配置中继连接之后,可以使用 show interfaces type 0/port_#switchport|trunk 命令来验证它。

下面是使用 switchport 参数的一个实例:

```
2950#show interface fastEthernet0/1 switchport
Name:Fa0/1
```

```
    Switchport: Enabled
    Administrative mode: trunk
    Operational Mode: trunk
    Administrative Trunking Encapsulation: dot1q
    Operational Trunking Encapsulation: dot1q
    egotiation of Trunking: Disabled
    Access Mode VLAN: 0(Inactive)
    Trunking Native Mode VLAN: 1 (default)
    Trunking VLANs Enabled: ALL
    Trunking VLANs Active: 1,2
    Pruning VLANs Enabled: 2-1001
    Priority for untagged frames: 0
    Override VLAN tag priority: FALSE
    Voice VLAN: none
```

在该实例中,fa0/1 的中继模式设置为中继方式,本地管理 VLAN 设置为 VLAN1。

(3) VTP 修剪

缺省情况下一个交换机总是在网络上传播广播和未知分组。这种行为会导致不必要的数据流穿过网络。而 VTP 的修剪功能可以通过减少不必要的通信泛洪,如广播、组播、未知和泛洪的单播分组,来提高网络带宽。VTP 修剪通过限制泛洪通信进入正常通信用来访问网络设备必须使用的中继线,来增加可用带宽。缺省情况下,VTP 修剪是禁用的。如果在一台远端交换机上没有任何来自 VLAN3 的可用设备,则修剪可以阻止该交换机将 VLAN 3 的数据流发送到中继上从而阻止带宽浪费。

在一台 VTP 服务器上启用 VTP 修剪也就在整个管理域启动了修剪。在启用 VTP 修剪后,它需要几秒钟才能生效。在缺省情况下,VLAN 2—1000 都可以修剪。VTP 修剪不会修剪来自不具有修剪资格的 VLAN 的数据通信。VLAN 1 永远没有修剪资格,因此来自 VLAN 1 的数据通信不能被修剪。可以在设备上有选择地设置特定 VLAN 具有修剪资格或不具有修剪资格。使用如下命令在基于 Cisco IOS 命令的交换机上设置 VLAN 具有修剪资格:

在 Catlyst 2900 交换机上使用如下命令启用修剪功能:

```
switch(VLAN)#vtp pruning
```

或在 Catlyst 1900 交换机上使用如下命令启用修剪功能:

```
switch(config)#vtp pruning
```

根据以上实例,在春晖中学教学区和实验区的交换机应做如下的配置:

①教学区三层交换机:

```
SW2(config)#vlan 10
SW2(config-vlan)#name wkz
SW2(config)#vlan 20
SW2(config-vlan)#name lkz
```

```
SW2(config)#vlan 30
SW2(config-vlan)#name js                          //创建 VLAN 并命名
SW2(config)#vtp domain jxq
SW2(config)#vtp mode server
SW2(config)#vtp password jxq                      //创建 VTP 服务器
SW2(config)#interface fastEthernet 0/2
SW2(config-if)#switchport mode access
SW2(config-if)#switchport access vlan30           //将 fastEthernet 0/2 加入 VLAN30
SW2(config)#interface fastEthernet 0/1
SW2(config-if)#switchport mode trunk              //将 fastEthernet 0/1 设为 VLAN 中继口
SW2(config)# vtp pruning                          //启用修剪功能
```

② 教学区二层交换机：

```
SW4(config)#vtp domain jxq
SW4(config)# vtp mode client
SW4(config)#vtp password jxq                      //创建 VTP 客户端
SW4(config)#interface fastEthernet 0/2
SW4(config-if)#switchport mode access
SW4(config-if)#switchport access vlan20
SW4(config)#interface fastEthernet 0/3
SW4(config-if)#switchport mode access
SW4(config-if)#switchport access vlan10           //将端口加入相应的 VLAN 中
SW4(config)#interface fastEthernet 0/1
SW4(config-if)#switchport mode trunk              //将 fastEthernet 0/1 设为 VLAN 中继口
```

③ 实验区三层交换机：

```
SW3(config)#vlan40
SW3(config-vlan)#name wl
SW3(config)#vlan50
SW3(config-vlan)#name hx
SW3(config)#vlan60
SW3(config-vlan)#name sw                          //创建 VLAN 并命名
SW3(config)#vtp domain syq
SW3(config)#vtp mode server
SW3(config)#vtp password syq                      //创建 VTP 服务器
SW3(config)#interface fastEthernet 0/2
SW3(config-if)#switchport mode access
SW3(config-if)#switchport access vlan60           //将 fastEthernet 0/2 加入 VLAN60
SW3(config)#interface fastEthernet 0/1
```

```
SW3(config-if)#switchport mode trunk          //将fastEthernet 0/1设为VLAN中继口
SW3(config)# vtp pruning                      //启用修剪功能
```

④ 实验区二层交换机：

```
SW5(config)#vtp domain syq
SW4(config)# vtp mode client
SW4(config)#vtp password syq                  //创建VTP客户端
SW4(config)#interface fastEthernet 0/2
SW4(config-if)#switchport mode access
SW4(config-if)#switchport access vlan40
SW4(config)#interface fastEthernet 0/3
SW4(config-if)#switchport mode access
SW4(config-if)#switchport access vlan50       //将端口加入相应的VLAN中
SW4(config)#interface fastEthernet 0/1
SW4(config-if)#switchport mode trunk          //将fastEthernet 0/1设为VLAN中继口
```

常用术语

1. 虚拟局域网(VLAN,Virtual LAN)：在一个或多个LAN上的一组设备，经配置后它们就可以如同连接在同一线路上那样进行通信，而这时它们实际上是位于几个不同的局域网段。

2. 中继(Trunk)：是两点间(通常是交换中心)的一条独立的传输信道。

3. 中继连接(Trunking)：两台交换机之间传输网络流量的一条物理和逻辑连接。一个网络骨干由多条中继线组成。

4. VLAN中继协议(VTP,VLAN Trunking Protocol)：VTP是一种消息协议，它使用第2层的中继帧来管理一个网络范围中VLAN的添加、删除和重命名。

5. 交换机间链路(ISL,Inter-Switch Link)：Cisco提出的、专有的中继协议，它可以互连多台交换机，并且当流量在交换机间的中继线链路上传输时维护VLAN信息。ISL在每个数据帧上添加26字节的头，并在末尾追加4字节的CRC。

6. IEEE 802.1Q：用于标识与以太网帧相关联的VLAN，IEEE 802.1Q Trunking通过在以太网帧头内插入VLAN标识来实现这种功能。

7. 动态干道协议(DTP)：一种Cisco专用的协议，能自动协商Trunk是使用ISL还是802.1Q。

习 题

一、选择题

1. 当使用 VLAN 来对网络进行分段时，下面哪三项描述是正确的？（选择三项）（   ）
   A. 它们增加了冲突域的大小
   B. 它们允许根据用户的功能对端口进行逻辑分组
   C. 它们可以增强网络的安全性
   D. 它们增加了广播域的大小同时也减少了冲突域的大小
   E. 它们增加了广播域的数目同时也减少了广播域的大小
   F. 它们简化了交换机的管理

2. 你需要在交换机上建立一个新的 VLAN 叫作 CISCO，下面哪几个步骤可以完整地建立这个新的 VLAN？（选择所有可能的答案）   （   ）
   A. 这个 CISCO VLAN 必须要先建立
   B. 需要的端口必须要加入新的 CISCO VLAN 当中去
   C. 这个 CISCO VLAN 必须加到所有的域当中去
   D. 这个 CISCO VLAN 必须被命名
   E. 这个 CISCO VLAN 必须要配置一个 IP 地址
   F. 以上所有的 VLAN 建立过程都不是自动完成的

3. 一个新的交换机要连入一个已经工作的交换机上，你希望在两个交换机上配置 VTP，这样 VLAN 的信息便可以在交换机之间传递，你应该怎么做才能完成这个工作？（选择所有可能的答案）   （   ）
   A. 你必须将中继线的两端封装成 IEEE 802.1e
   B. 你必须为两个交换机设置成相同的 VTP 管理域名
   C. 你必须将两个交换机上的所有端口设置为接入端口
   D. 你必须将其中一个交换机设置成 VTP 服务器模式
   E. 你必须使用一个翻转线来连接两个交换机

4. 在一个交换局域网环境中 ISL 和 802.1q 帧标记的特征是什么？   （   ）
   A. 它们用来找到穿过一个网络的最好路径
   B. 它们用来交换过滤表
   C. 它们定义了生成树协议的不同结果
   D. 它们允许交换路由表
   E. 它们提供了在交换机内部的 VALN 之间的通信

5. 下面哪种封装类型可以作为中继配置在一个 Cisco 交换机上（选择两项）？（   ）
   A. VTP   B. ISL   C. CDP   D. 802.1Q
   E. 802.1p   F. LLC   G. IETF

6. 下面哪几个 VLAN 的帧封装类型被配置在一个 Cisco 交换机上？（选择两项）
                                                                ( )
   A. VTP   B. 802.1Q   C. LLC   D. ISL
   E. CDP   F. PAP

7. 当一个交换机在一个管理域中增加或删除 VLAN 时，下面哪个 VTP 模式可以选择？
                                                                ( )
   A. Transparent   B. Server   C. Auto   D. Client
   E. User

8. 下面哪个几个命令一起使用时可以建立一个 802.1Q 的连接？（选择两项） ( )
   A. Switch(VLAN)#mode trunk
   B. Switch(config)#switchport access mode trunk
   C. Switch(config-if)#switchport mode trunk
   D. Switch(config-if)#switchport trunk encapsulation dot1q
   E. Switch(config)#switchport access mode 1
   F. Switch(VLAN)#trunk encapsulation dot1q

二、判断题

1. 划分 VLAN 可以使局域网的广播得到有效控制。   ( )
2. 帧标记发生在 OSI 模型的第 3 层。   ( )
3. 通过中继（Trunk），不同的 VLAN 之间可以互相通信。   ( )
4. 一个管理域中能运行两种不同版本的 VTP：VTP 版本 1 和 VTP 版本 2。这两种版本可以互操作。   ( )
5. ISL 协议是 Cisco 专有的并设计用于传输来自多个 VLAN 的流量。   ( )
6. 使用中继链路的主要好处是有效使用交换机的端口。   ( )
7. 交换机即使划分了多个 VLAN 也不能分隔广播域。   ( )
8. VTP 功能主要是为了对 VLAN 进行统一管理。   ( )

三、项目设计与实践

结合前面所述春晖中学校园网的情况，列表规划校园网各部门的 VLAN 划分。并提出方案以实现 VLAN 的创建、删除和重命名由网络管理中心的交换机统一管理。

项目七　实现三层交换

当前园区网络组建工程中,已经大量应用三层交换机作为联网的核心设备并取代原来的路由器,三层交换(也称多层交换技术,或 IP 交换技术)是相对于传统交换概念而提出的,简单地说,三层交换技术就是:二层交换技术 + 三层转发技术。三层交换技术的出现,解决了局域网中网段划分之后,子网之间必须依赖路由器进行管理的局面,解决了传统路由器低速、复杂所造成的网络瓶颈问题。本项目将介绍如何利用三层交换机进行园区网络的组建。

一、教学目标

最终目标:会调试安装三层交换机。
促成目标:
1. 掌握三层交换机的应用场合;
2. 了解三层交换机的工作原理;
3. 会配置三层交换机的基本参数;
4. 会配置三层交换机上的 VLAN 的划分;
5. 会配置三层交换机上 VLAN 间路由;
6. 会调试三层交换机上的流量和访问控制;
7. 能实现多个三层交换机在园区网中的联调。

二、工作任务

1. 配置三层交换机基本参数;
2. 配置和调试三层交换机上的 VLAN 及 VLAN 间路由;
3. 配置和调试三层交换机上的流量和访问控制。

模块 1   配置三层交换机基本参数

一、教学目标

最终目标：会配置三层交换机的基本参数。
促成目标：
1. 了解三层交换机的工作原理和基本特点；
2. 会正确选择三层交换机的应用场合；
3. 会配置三层交换机的基本参数。

二、工作任务

1. 区分三层交换机与路由器之间的区别；
2. 正确判断三层交换机的整机运行状态和端口工作状态；
3. 配置三层交换机的整机运行状态；
4. 配置三层交换机的端口工作状态。

三、相关知识点

1. 什么是三层交换机(Layer 3 Switch)

从前面的内容中我们了解到交换机是数据链路层(也就是第二层)的设备,二层交换技术从最早的网桥发展到虚拟局域网(VLAN,Virtual LAN),在局域网建设和发展中得到了广泛的应用。第二层交换技术工作在 OSI 七层网络模型中的第二层,即数据链路层。它按照所接收到数据帧的目的 MAC 地址来进行转发,对于网络层或者高层协议来说是透明的。它不处理网络层的 IP 地址,不处理高层协议的诸如 TCP、UDP 的端口地址,更不可能识别来自应用层的协议,它只能识别数据帧的物理地址即 MAC 地址,数据交换是靠纯硬件来实现的,其速度从 10M、100M 到如今的 1000M 或更高,发展相当迅速,这是二层交换的一个显著优点。

但是,二层交换机(Layer 2 Switch)不能处理不同 VLAN 或 IP 子网之间的数据交换。路由器可以处理跨越 IP 子网的数据包,所以为了处理不同子网或 VLAN 之间的通信问题,我们可以采用单臂路由(如图 7-1 所示)的方式,将交换机和路由器用 Trunk 方式连接起来,让路由器处理子网之间的通信问题。但是单纯使用路由器来实现 VLAN 之间的路由存在一些问题,一方面路由器端口数量有限,价格也比较昂贵,在园区 VLAN 划分比较复杂的情况下灵活性不足;另一方面单纯用路由器实现 VLAN 路由在性能上存在瓶颈:由于路由器利用通用的 CPU,传发完全依靠软件进行,同时支持各种通信接口,给软件带来的负担也比较大,软件处理要包括报文接收、校验、查找路由、选项处理、报文分片等工作,导致性能不能做到很高,要实现高的转发率就会带来高昂的成本。

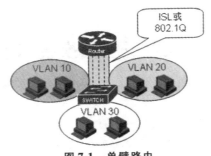

图 7-1 单臂路由

对高速网络的需求为新技术的发展提供了推动力。路由器的决策过程是高速网络的一个瓶颈,它的转发效率远远比二层转发效率要低得多,因此要想利用二层转发效率高这一优点,又要处理三层的 IP 数据包,三层交换技术就诞生了。三层交换(也称多层交换技术,或 IP 交换技术)是相对于传统交换概念而提出的,从其起源就可以总结出什么是三层交换技术,简单地说,三层交换技术就是:二层交换技术 + 三层转发技术。三层交换可以工作在 OSI 七层网络模型中的第三层即网络层,是利用第三层协议中的 IP 包的报头信息来对后续数据业务进行标记,因此,三层交换机(如图 7-2 所示)就没有必要将每次接收到的数据包进行拆包来判断路由,而是直接将数据包进行转发,将数据流进行交换,即我们经常听到的"一次路由,多次交换"就是这个原理。三层交换技术的出现,解决了局域网中网段划分之后,子网之间必须依赖路由器进行管理的局面,解决了传统路由器低速、复杂所造成的网络瓶颈问题。

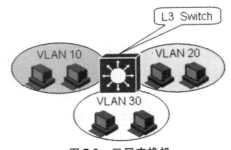

图 7-2 三层交换机

二层交换机和路由器在功能上的集成构成了三层交换机,三层交换机在功能上实现了 VLAN 划分、VLAN 内部的二层交换和 VLAN 间路由的功能。三层交换机就是具有部分路由功能的交换机,三层交换机的最重要目的是加快大型局域网内部的数据交换,所具有的路由功能也是为这一目的服务的,能够做到一次路由,多次转发。其本质就是"带有路由功能的(二层)交换机"。路由属于 OSI 参照模型中第三层网络层的功能,因此带有第三层路由功能的交换机才被称为"三层交换机"。三层交换机是为 IP 设计的,接口类型简单,拥有很强二层包处理能力,非常适用于大型局域网内的数据路由与交换,它既可以工作在协议第三层,替代或部分完成传统路由器的功能,同时又具有几乎第二层交换的速度,且价格相对路由器便宜。

2. 三层交换机的路由引擎

三层交换机使用硬件技术,采用巧妙的处理方法把二层交换机和路由器在网络中的功能集成到一个机箱里,提高了网络的集成度,增强了转发性能。

为了实现各种异构网络的互联，IP 协议实现了十分丰富的内容，标准的 IP 路由需要在转发每一个 IP 报文的时候做很多处理，经过很多流程，就像前面所说的给软件带来巨大负担的工作。但是这样的工作并不是在处理每一个报文都必需的，绝大多数的报文只需要经过很少一部分的过程，IP 路由的方法有很大的改进余地。

三层交换机的设计基于对 IP 路由的仔细分析，把 IP 路由中每一个报文都必须经过的过程提取出来，对 IP 路由过程进行了简化。

- IP 路由中绝大多数报文是不包含 IP 选项的报文，因此处理报文 IP 选项的工作在多数情况下是多余的；
- 不同的网络的报文长度都是不同的，为了适应不同的网络，IP 实现了报文分片的功能，但是在全以太网的环境中，网络的帧（报文）长度是固定的，因此报分片的功能也是一个可以裁减的工作；
- 三层交换机采用了和路由器的最长地址掩码匹配不同的方法，使用精确地址匹配的方式处理，有利于硬件实现快速查找；
- 三层交换机使用了 Cache 的方法，把最近经常使用的主机路由放到了硬件的查找表中，只有在这个 Cache 中无法匹配到的项目才会通过软件去转发，这样，只有每个流的第一个报文会通过软件进行转发，其后的大量数据流则可以在硬件中得以完成。

三层交换机在 IP 路由的处理上做了以上改进，实现了简化的 IP 转发流程，利用 ASIC（专用集成电路，Application Specific Integrated Circuit）芯片实现了硬件的转发，这样绝大多数的报文处理都在硬件中实现了，只有极少数报文才需要使用软件转发，整个系统的转发性能能够得以成百上千地增加。相比相同性能的路由器在成本上得以大幅度下降。

3. 三层交换机的工作原理

三层交换机把支持 VLAN 的二层交换机和路由器的功能集成在一起了，在三层交换机上分别体现为二层的 VLAN 转发引擎和三层转发引擎两个部分。一个具有三层交换功能的设备，是一个带有第三层路由功能的第二层交换机，但它是二者的有机结合，并不是简单地把路由器设备的硬件及软件叠加在局域网交换机上。三层交换机将路由处理引擎集成在与交换引擎相同的模块上，交换机的背板（Backplane，交换机箱内部使用的高速交换通道）提供了交换引擎和路由引擎之间的通信路径。三层交换机结构如图 7-3 所示。

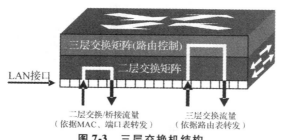

图 7-3　三层交换机结构

每个 VLAN 对应一个 IP 网段，在二层上，VLAN 之间是隔离的。二层交换引擎实现同一网段内的快速二层转发，这一点跟二层交换机中的交换引擎的功能是一模一样的。

不同的 IP 网段之间的访问要跨越 VLAN，在使用二层交换机和外部路由器的组网中，每个需要与其他 IP 网段（VLAN）通信的 IP 网段（VLAN）都需要使用一个路由器接口（或子接口)做网关。三层交换机的应用也同样符合 IP 的组网模型,三层转发引擎相当于传统组网中的路由器的功能,当需要与其他 VLAN 通信时也要为之在三层交换引擎上分配一个路由接口,用来作 VLAN 的网关。这个 VLAN 的网关是在三层转发引擎和二层交换引擎上通过配置转发芯片来实现的,与路由器的接口不同,这个接口不是直观可见的,通常称为 SVI (Switch Virtual Interface)接口。为 VLAN 指定路由接口的操作实际上就是为 SVI 接口指定一个 IP 地址和子网掩码。

从技术上,交换机的内部路由处理器使用的数据流与外部路由器和交换机配合工作(单臂路由)时的数据流类似,但有一点重要差别:在交换机的背板上有连接交换机和路由处理器的 Trunk。这项差别提供了两种关键的优势——速度与集成性。由于路由处理器直接与交换机背部相连,这使得路由器能更紧密地集成到交换过程中。这不仅能简化配置,还能提供网络中二层和三层之间的智能通信。另外,由于这种方案提供了比外部 Trunk 速率更高的链路,因此性能得到改善。

4. 三层交换的工作流程

第三层交换工作在 OSI 七层网络模型中的第三层即网络层,是利用第三层协议中的 IP 包的报头信息来对后续数据业务流进行标记,具有同一标记的业务流的后续报文被交换到第二层数据链路层,从而打通源 IP 地址和目的 IP 地址之间的一条通路。这条通路经过第二层链路层。有了这条通路,三层交换机就没有必要每次将接收到的数据包进行拆包来判断路由,而是直接将数据包进行转发,将数据流进行交换。

传统路由技术对每个报文进行处理,并基于第三层地址信息转发报文。这一方法称为逐包转发。以图 7-4 为例,报文进入系统中 OSI 参考模型的第一层物理接口,然后到达第二层接口进行目的 MAC 地址检查,如果检查的结果不能交换则进入第三层。在第三层,报文经过路由计算、地址解析等处理,经过三层处理后,报文头被修改并被传回第二层,二层确定合适的输出端口后,报文通过第一层传送到物理介质上。对于后续的每一个报文的转发,都要经历这样的一个过程。

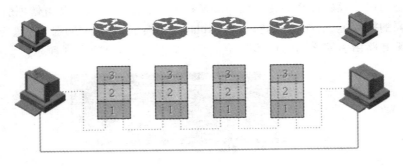

图 7-4　传统路由器的数据转发

如果只是第一个报文经过第三层处理,其他后续报文则只进行第二层转发,这种交换方式就是流交换方式。在流交换中,第一个报文被分析以确定是否表示了一个"流"或一组具有相同源地址和目的地址的报文。如果第一个报文具有了正确的特征,则该标识流中的后续报文将拥有相同的优先权,同一流中的后续报文被交换到基于第二层的目的地址,流交换节省了检查每一个报文要花费的处理时间。现在三层交换机为了实现高速交换,大都采用流交换的方式。如图 7-5 所示。

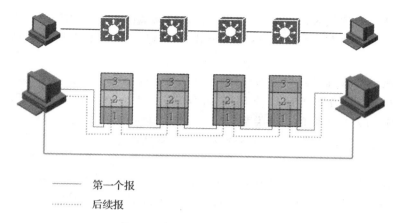

——— 第一个报
········ 后续报

图 7-5 三层交换机的数据转发

5. 三层交换机与路由器的区别

三层交换与路由的最大区别在于：路由要对每一个数据包进行路由转发，而三层交换只对每次通信的握手连接进行路由查找，对真正的用户数据只进行二层转发，速度快了很多。三层交换机具有路由能力，也就支持常用的路由协议，例如静态路由、RIP、OSPF 等，可以把三层交换机作为纯粹的多以太网端口路由器使用。但这不代表三层交换机能取代路由器，因为三层交换机中的路由引擎是简化版的，主要针对局域网内不同子网间的高速交换，为提高路由效率只是保留了部分对 LAN 路由有用处的功能，而省略了许多路由器所具备的其他功能，诸如丰富的接口和协议支持、高级的安全和策略管理、与 WAN 的连接性等。所以三层交换机并不等于路由器，同时也不可能取代路由器。第三层交换机非常适合局域网环境，而路由器非常适合应用于广域网中。也就是说，第三层交换机无法适应网络拓扑各异、传输协议不同的广域网络系统。具体而言，有下面几点：

（1）三层交换机与路由器的主要功能不同

虽然三层交换机与路由器都具有路由功能，但不能因此而把它们等同起来。就像现在有许多宽带路由器不仅具有路由功能，还提供了交换机端口、硬件防火墙功能，但不能把它与交换机或者防火墙等同起来一样。因为这些路由器的主要功能还是路由功能，其他功能只不过是其附加功能，其目的是使设备适用面更广、使其更加实用。这里的三层交换机也一样，它仍是交换机产品，只不过它是具备了一些基本的路由功能的交换机，它的主要功能仍是数据交换。也就是说它同时具备了数据交换和路由转发两种功能，但其主要功能还是数据交换；而路由器仅具有路由转发这一种主要功能。

（2）三层交换机与路由器使用的场所不同

三层交换机主要是用于简单的局域网连接。正因如此，三层交换机的路由功能通常比较简单，路由路径远没有路由器那么复杂。它用在局域网中的主要用途还是提供快速数据交换功能，满足局域网数据交换频繁的应用特点。

而路由器则不同，它的是为了满足不同类型的网络连接。虽然也适用于局域网之间的连接，但它的路由功能更多地体现在不同类型网络之间的互联上，如局域网与广域网之间的连接、不同协议的网络之间的连接等，所以路由器主要是用于不同类型的网络之间。它最主要的功能就是路由转发，解决好各种复杂路由路径网络的连接就是它的最终目的，所以路由器的路由功能通常非常强大,不仅适用于同种协议的局域网间,更适用于不同协议的局域网与广域网间。它的优势在于选择最佳路由、负载分担、链路备份及和其他网络进行路由信息的交换等路由器所具有的功能。为了与各种类型的网络连接,路由器的接口类型非常丰富,而三层交换机则一般仅提供同类型的局域网接口,非常简单。

传统的路由器提供丰富的接口种类,比如 E1/T1、ISDN、Frame-Relay、X.25、POS、ATM、SMDS 等,每种接口对应不同的封装类型,而且每种接口所对应的最大传输单元和最大接收单元都不相同,这样存在数据报分片的概率相当大,概括起来,这些特性使得路由器的转发效率低。

而三层交换机是由二层交换机发展起来的,而且其发展过程中一直遵循为局域网服务的指导思想,没有过多的引入其他接口类型,而只提供跟局域网有关的接口,比如以太网接口、ATM 局域网仿真接口等,这样接口类型单纯;大部分情况下,三层交换机只提供以太网接口,这样在多种类型接口路由器上所碰到的问题就彻底消除了,比如,最大传输单元问题,由于各个接口都是以太网接口,一般不存在冲突的问题,分片的概率就大大降低了。

接口类型单纯的另外一个好处就是在进行数据转发的时候,内部经过的路径比较单纯。现在的通信处理器一般都是集中在一块 ASIC 芯片上的,而且不同的接口类型有不同的 ASIC 芯片进行处理。如果接口类型比较单一,所需要的 ASIC 芯片就相对单一,交互起来必定流畅,使用 ASIC 芯片本身带的功能就可以完成多个接口之间的数据交换,但如果接口类型不统一,则必须有一个转换机构来完成这些芯片之间的数据交换,效率上大大受到影响。

(3)三层交换机与路由器处理数据的方式不同

路由器和三层交换机在数据包交换操作上存在着明显区别。路由器一般由基于微处理器的软件路由引擎执行数据包交换,而三层交换机通过硬件执行数据包交换。三层交换机在对第一个数据流进行路由后,它将会产生一个 MAC 地址与 IP 地址的映射表,当同样的数据流再次通过时,将根据此表直接从二层通过而不是再次路由,从而消除了路由器进行路由选择而造成网络的延迟,提高了数据包转发的效率。同时,三层交换机的路由查找是针对数据流的,它利用缓存技术,很容易利用 ASIC 技术来实现,因此,可以大大节约成本,并实现快速转发。而路由器的转发采用最长匹配的方式,实现复杂,通常使用软件来实现,转发效率较低。

6. 三层交换机的应用场合

通过上面的分析,我们可以看到路由器端口类型多,支持的三层协议多,路由能力强,所以适合于在大型网络之间的互连。虽然不少三层交换机甚至二层交换机都有异质网络的互连端口,但一般大型网络的互连端口不多,互连设备的主要功能不在于能否在端口之间进行快速交换,而是要选择最佳路径,进行负载分担、链路备份,最重要的是能与其他网络进行路由信息交换,所有这些都是路由器才能完成的功能。

因为传统的路由器更注重对多种介质类型和多种传输速度的支持,而目前数据缓冲和转换能力比线速吞吐能力和低时延更为重要。路由器的高费用、低性能,使其成为网络的瓶颈。但由于网络间互连的需求,它又是不可缺少的并处于网络的核心位置,虽然也开发了高速路由器,但是由于其成本太高,仅用于 Internet 主干部分。

正因如此,从整体性能上比较的话,三层交换机的性能要远优于路由器,非常适用于数据交换频繁的局域网中;而路由器虽然路由功能非常强大,但它的数据包转发效率远低于三层交换机,更适合于数据交换不是很频繁的不同类型网络的互联,如局域网与互联网的互联。如果把路由器,特别是高档路由器用于局域网中,则在相当大程度上是一种浪费(就其强大的路由功能而言),而且还不能很好地满足局域网通信性能需求,影响子网间的正常通信。

三层交换机应用最多的地方就是在园区网络中代替传统路由器作为网络的核心。在园区网中,一般会将三层交换机用在网络的核心层,用三层交换机上的千兆端口或百兆端口连接不同的子网或 VLAN,因为其网络结构相对简单,节点数相对较少而且其不需要较多的控制功能,要求成本较低。不过应清醒地认识到,三层交换机出现最重要的目的是加快大型局域网内部的数据交换,所具备的路由功能也多是围绕这一目的而展开的,所以它的路由功能没有同一档次的专业路由器强。毕竟在安全、协议支持等方面还有许多欠缺,并不能完全取代路由器工作。

在实际应用过程中,典型的做法是:处于同一个局域网中的各个子网的互联以及局域网中 VLAN 间的路由,用三层交换机来代替路由器,而只有局域网与公网互联之间要实现跨地域的网络访问时,才通过专业路由器。

在城域网建设中,通常的组网方式是在核心层使用 GSR(千兆交换路由器),汇聚层使用三层交换机。当然,对于一个小型的城域网,也可以直接拿三层交换机组网,不需要 GSR。

在小区宽带网络建设中,三层交换机一般被放置在小区的中心和多个小区的汇聚层,核心层一般采用高速路由器。这是因为,在宽带网络建设中网络互连仅仅是其中的一项需求,因为宽带网络中的用户需求各不相同,因此需要较多的控制功能,这正是三层交换机的弱点。因此,宽带网络的核心一般采用高速路由器。

四、实践操作

1. 准备工作

(1)在本次工作任务中,你将利用一台三层交换机,来查看和配置三层交换机的整机工作状态和端口工作状态,为后续工作奠定基础。

(2)本实验需要以下资源:

- 1 台 3 层交换机;
- 2 台 PC,2 条直通网线。

2. 操作步骤

步骤1:请按图 7-6 所示拓扑结构连接设备。

步骤2:开启三层交换机的路由功能。

```
Switch > enable
Switch#conf terminal
Switch(config)#ip routing                //开启三层交换机的路由功能
```

提示:在全局配置方式中输入 no ip routing 命令可以关闭三层交换机的路由功能,也就是把它当作一个纯二层交换机来用。

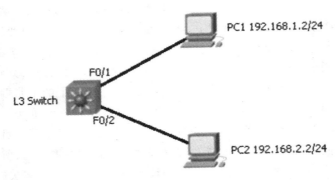

图 7-6　拓扑结构

步骤 3：查看三层交换机当前工作状态。

```
Switch#show protocol                           //显示已启用的网络路由协议
Global values：
    Internet Protocol routing is enabled       //显示 IP 路由协议已启用
FastEthernet0/1 is up, line protocol is up
FastEthernet0/2 is up, line protocol is up
……
```

步骤 4：查看三层交换机端口状态。

```
Switch#show running-config                     //显示当前配置清单
Building configuration...
Current configuration：997 bytes
……
interface FastEthernet0/1                      //所有接口都是默认二层交换端口
!
interface FastEthernet0/2
!
interface FastEthernet0/3
!
interface FastEthernet0/4
!
interface FastEthernet0/5
……
```

步骤 5：按照拓扑图配置三层交换机的端口的运行状态。

```
Switch(config)#int f0/1                        //先进入需要配置的接口，此处为 F0/1
Switch(config-if)#no switchport                //该命令用来开启三层交换机端口的路由功能
```

```
Switch(config-if)#ip address 192.168.1.1 255.255.255.0
                                //路由接口可配置 IP 地址作为网关
Switch(config-if)#no shutdown
Switch(config-if)#int f0/2       //先进入需要配置的接口,此处为 F0/2
Switch(config-if)#no switchport  //该命令用来开启三层交换机端口的路由功能
Switch(config-if)#ip address 192.168.2.1 255.255.255.0
                                //路由接口可配置 IP 地址作为网关
Switch(config-if)#no shutdown
Switch(config-if)#end
Switch#show running-config       //显示设备当前配置清单
Building configuration...
Current configuration : 1140 bytes
……
interface FastEthernet0/1
 no switchport                   //no switchport 代表已配置为三层路由接口
 ip address 192.168.1.1 255.255.255.0
 duplex auto
 speed auto
!
interface FastEthernet0/2
 no switchport                   //no switchport 代表已配置为三层路由接口
 ip address 192.168.2.1 255.255.255.0
 duplex auto
 speed auto
!
interface FastEthernet0/3
 switchport access vlan 2        //代表该接口为二层交换端口,并划归在 VLAN2 中
 switchport mode access          //显式地配置为二层交换接入端口
!
interface FastEthernet0/4
 switchport mode trunk           //显式地配置为二层交换中继端口
!
interface FastEthernet0/5        //接口下无显示为默认的二层交换端口(在 VLAN1 中)
!
interface FastEthernet0/6        //接口下无显示为默认的二层交换端口(在 VLAN1 中)
!
interface FastEthernet0/7
……
```

步骤6：验证、测试配置。

主机测试：将PC1和PC2的IP地址按照拓扑图所示进行设置，然后两台PC应能够互相ping通。

```
PC1 > ping 192.168.2.2
Pinging 192.168.2.2 with 32 bytes of data：

Reply from 192.168.2.2：bytes = 32 time = 63ms TTL = 127
Reply from 192.168.2.2：bytes = 32 time = 63ms TTL = 127
Reply from 192.168.2.2：bytes = 32 time = 62ms TTL = 127
Reply from 192.168.2.2：bytes = 32 time = 62ms TTL = 127

Ping statistics for 192.168.2.2：
    Packets：Sent = 4，Received = 4，Lost = 0(0% loss)，
Approximate round trip times in milli-seconds：
    Minimum = 62ms，Maximum = 63ms，Average = 62ms
```

提示：①三层交换机默认开启了路由功能，命令ip routing开启三层交换机上的路由功能；②三层交换机的所有端口在默认情况下都属于二层端口（交换端口），不具备路由功能；③不能给物理端口直接配置IP地址。但可以开启物理端口的三层路由功能从而分配IP地址；④在本项目中不涉及VLAN划分。

五、拓展知识

1．三层交换技术的发展及变革

由于应用环境正在面临巨大的变化，因此即使在三层交换技术相当成熟的现在，三层交换机也从来没有停止过它的发展。

随着时间的推移、技术的发展，以太网的传输速度从10Mbps逐步扩展到100Mbps、1Gbps，甚至更高，以太网的价格也跟随规模经济而迅速下降。如今，以太网已经成为局域网（LAN）中的主导网络技术，而且随着万兆以太网的出现，以太网正在向城域网（MAN）大步迈进，可见市场应用环境的不断扩大给三层交换技术的更深层次的变革提供了广泛的空间。

这种在技术上的变革不仅体现在其内在结构及功能变化上，还体现在其应用上。

（1）三层交换技术的变革

①从交换机体系结构上，从最早的总线及共享内存的结构发展到今天的共享矩阵式结构（crossbar技术），真正实现了内部无阻碍。使交换机的结构更合理，转发速度更快。当然成本也相对较高。

②在对业务的承载能力上，由于三层交换技术的出现，使原来必须要核心设备处理的业务流量，可以在有三层交换机的汇聚层完成。因此，汇聚层设备则要同时兼顾性能和多业务

支持能力。

③在应用操作上三层交换机具有更加丰富和简易的网络监控和管理能力。如,交换机和 IDS、流量分析仪等其他设备之间的联动。通过对数据流提供强有力的管理手段和强大的分析监控能力,保证交换机上所有业务的有效转发。

所以,不难看出,在市场飞快变化、技术飞速变革的现代社会,三层交换技术也在随之不断的变化与革新,以满足市场和企业用户的需要。

(2)三层交换技术的演变

①CrossBar 技术:随着核心交换机的交换容量从几十千兆位每秒到现在的几百千兆位每秒,其内部结构也从总线、共享内存发展到今天的 crossbar 结构,使得其共享交换架构中的线路卡到交换结构的物理连接简化为点到点连接,实现起来更加方便,从而更加容易保证大容量交换机的稳定性。并且 crossbar 技术支持所有端口同时线速交换数据,真正实现内部无阻碍,因此它能很好地弥补共享内存模式的一些不足。

②基于硬件的线速路由:和传统的路由器相比,第三层交换机的路由速度一般要快十倍或数十倍,能实现线速路由转发。传统路由器采用软件来维护路由表,而第三层交换机采用 ASIC(Application Specific Integrated Circuit)硬件来维护路由表,因而能实现线速的路由。

③路由功能:传统的二层交换机由于 VLAN 间属于不同网段,无法识别 IP 地址并进行通信,而具有三层交换技术的交换机,只要设置完 VLAN,并为每个 VLAN 设置一个路由接口,第三层交换机就会自动把子网内部的数据流限定在子网之内,并通过路由实现子网之间的数据包交换。

④多协议支持:三层交换技术的交换机不仅可以支持二层协议,还要支持大部分三层协议。比如一个具备三层功能的交换机不能仅仅是通过划分 VLAN 来达到互相访问的目的,还要能够通过路由协议来选择路径,因此要支持常用的路由协议,如、RIP、OSPF 等。对这些协议的支持使得三层交换机可以应用在更加复杂、要求更高的环境当中。

⑤过滤服务功能:过滤服务功能用来设定界限,以限制不同的 VLAN 成员之间和使用单个 MAC 地址和组 MAC 地址的不同协议之间进行帧的转发。随着网络中用户数量的增多,用户需要对 MAC 地址、IP 地址、TCP/UDP 端口号等信息进行控制,从而实现了严格限制局域网资源的访问,同时也用这个功能限制局域网用户对网络设备自身的访问。

⑥三层(网络层)VLAN:第三层交换机的第三层 VLAN,不仅可以手工配置,也可以由交换机自动产生。交换机通过对数据包的分析,自动配置 VLAN,自动更新 VLAN 的成员。第三层交换机能够工作在以 DHCP(Dynamic Host Control Protocol)分配 IP 地址的网络环境中。交换机能自动发现 IP 地址,动态产生基于 IP 子网的 VLAN,当通过 DHCP 分配一个新的 IP 地址时,第三层交换机能很快地定位这个地址。第三层交换机通过 IGMP、GMRP、ARP 和包探测技术来更新其三层的 VLAN 成员组。通过基于 Web 的网络管理界面,可以对自动学习的范围进行设定:自动学习可以是完全不受限、部分受限或者完全禁止。

2. 三层交换机的常见型号和特点

随着三层交换机产品的价格在不断下降,产品的性价比不断提高,其市场可提升空间也在不断地扩大。下面是 Cisco 公司的部分交换机产品介绍:

(1)Cisco catalyst 2950 交换机,二层交换机,Catalyst 2950 系列包括 Catalyst 2950T-24、Catalyst 2950-24、Catalyst 2950-12 和 Catalyst 2950C-24 交换机。Catalyst 2950-24 交

机有 24 个 10/100 端口;2950-12 有 12 个 10/100 端口;2950T-24 有 24 个 10/100 端口和 2 个固定 10/100/1000 BaseT 上行链路端口；2950C-24 有 24 个 10/100 端口和 2 个固定 100 BaseFX 上行链路端口。Catalyst 2950 具备 8.8Gbps 的交换背板。

（2）Catalyst 3550 交换机，有三层交换功能，分为 SMI 和 EMI 两种，前者只支持静态路由和 RIP 路由，后者支持 OSFP、EIGRP 等路由协议。Catalyst 3550 系列包括 Catalyst 3550-24（24 * 10/100M + 2 * 1000M GBIC），Catalyst 3550-48（48 * 10/100M + 2 * 1000M GBIC），Catalyst 3550-12T（10 * 1000M TX + 2 * 1000M GBIC），Catalyst 3550-12G（10 * 1000M GBIC + 2 * 1000M TX）。Catalyst 3550 的背板最大可达 24Gbps。

（3）Catalyst 3750 交换机，与 Catatlyst 3550 最大的区别是 3750 支持思科 StackWise 堆叠技术，该技术使得 Catalyst 3750 的堆叠带宽可以达到 16Gbps。

（4）Catalyst 4500 系列交换机，是原来 4000 系列的升级产品，三层交换机，可部署于小型企业的核心层或者中型企业的分布层，支持引擎和电源的冗余，并提供线上供电功能。Cisco Catalyst 4500 系列包括 3 种新型 Cisco Catalyst 机箱：Cisco Catalyst 4507R（7 个插槽）、Cisco Catalyst 4506（6 个插槽）和 Cisco Catalyst 4503（3 个插槽）。Catalyst 4500 的交换性能取决于其配置的引擎模块，最大可达 64Gbps。

（5）Catalyst 6000 交换机可配置于大中型企业的核心层，三层交换机，Catalyst 6000 具有超强的性能，借助于 Supervisor Engine 720 引擎，可以达到 720Gbps 的超级背板带宽。

3. 四层交换机

OSI 模型的第四层是传输层。传输层负责端对端通信，即在网络源和目标系统之间协调通信。在 IP 协议栈中这是 TCP 传输控制协议和 UDP（用户数据报协议）所在的协议层。

在第四层中，TCP 和 UDP 标题包含端口号（port number），它们可以唯一区分每个数据包包含哪些应用协议（例如 HTTP、FTP 等）。端点系统利用这种信息来区分包中的数据，尤其是端口号使一个接收端计算机系统能够确定它所收到的 IP 包类型，并把它交给合适的高层软件。端口号和设备 IP 地址的组合通常称作"插口（socket）"。TCP/UDP 端口号提供的附加信息可以为网络交换机所利用，这是第四层交换的基础。

四层交换技术的实质就是基于硬件的、考虑了第四层参数的三层路由，在传输层协议 TCP/UDP 中，应用类型被作为端口号标识在数据段/报文的头部中。四层交换技术通过检查端口号，识别不同报文的应用类型，从而根据应用类型对数据流进行分类。根据数据流的应用类型，可以方便地提供 QoS 以及流量统计。

网络中传输的数据可以看作是由一些在特定时间内、特定源和目的之间的数据报文组（也称为数据流）组成的。四层交换机识别数据流的信息，并根据这些信息对数据报文进行交换。四层交换技术仍然采用硬件实现，降低了对 CPU 处理能力的需求，提高了交换速度。

每台第四层交换机都保存一个与被选择的服务器相配的源 IP 地址以及与源 TCP 端口相关联的连接表。然后第四层交换机向这台服务器转发连接请求。所有后续包在客户机与服务器之间重新映射和转发，直到交换机发现会话为止。在使用第四层交换的情况下，接入可以与真正的服务器连接在一起来满足用户制订的规则，诸如使每台服务器上有相等数量的接入或根据不同服务器的容量来分配传输流。

模块2　配置三层交换机VLAN间路由

一、教学目标

最终目标:用三层交换机实现VLAN间路由。
促成目标:
1. 会在三层交换机上配置和划分VLAN;
2. 会配置三层交换机上VLAN间路由;
3. 会配置三层交换机在园区网中的骨干路由功能。

二、工作任务

1. 在三层交换机上划分和配置VLAN信息;
2. 在三层交换机上配置VLAN间路由;
3. 启用三层交换机上的路由功能,实现园区网骨干路由。

三、实践操作

1. 准备工作
（1）工作任务：
①单个三层交换机实现VLAN划分和VLAN间路由；
②单个三层交换机＋二层交换机VLAN划分和VTP设置；
③多个三层交换机实现园区网骨干路由。
（2）本实验需要以下资源：
①三层交换机1～3台；
②二层交换机若干；
③PC若干,用以连接测试。
2. 单三层交换机实现VLAN划分和VLAN间路由
【需求分析】　春晖中学的行政楼上主机数量不多,假设在该楼上存在3个部门,分别是教导处、办公室和信息室,需要对这3个部门进行VLAN划分,并实现VLAN间路由。
【操作步骤】
步骤1:请按图7-7的拓扑图正确连接交换机及各部门的PC。

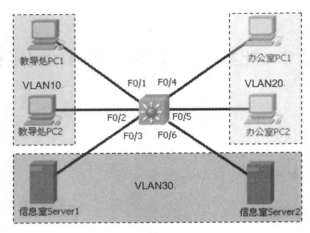

图 7-7

步骤 2：为各 PC 及服务器配置正确的 IP 地址相关属性，各处室的 IP 地址及 VLAN 划分方案如表 7-1 所示。

表 7-1 单三层交换机 IP 及 VLAN 划分

设备名称	IP 地址	子网掩码	网关地址	所属 VLAN
教导处 PC1	10.1.1.2	255.255.255.224	10.1.1.1	VLAN10
教导处 PC2	10.1.1.3	255.255.255.224	10.1.1.1	VLAN10
办公室 PC1	10.1.1.34	255.255.255.224	10.1.1.33	VLAN20
办公室 PC2	10.1.1.35	255.255.255.224	10.1.1.34	VLAN20
信息室 Server1	10.1.1.66	255.255.255.192	10.1.1.65	VLAN30
信息室 Server2	10.1.1.67	255.255.255.192	10.1.1.65	VLAN30

步骤 3：按拓扑结构在交换机上创建 VLAN。

```
Switch > enable
Switch#conf terminal
Switch(config)#ip routing              //开启三层交换机的路由功能
Switch(config)#vlan10                  //创建 VLAN10
Switch(config-vlan)#name jdc           //为 VLAN10 命名为 jdc
Switch(config-vlan)#vlan20             //创建 VLAN20
Switch(config-vlan)#name office        //为 VLAN20 命名为 office
Switch(config-vlan)#vlan30             //创建 VLAN30
Switch(config-vlan)#name nic           //为 VLAN30 命名为 nic
Switch(config-vlan)#exit
```

步骤 4：按拓扑结构将端口划分到正确的 VLAN 中。

```
Switch(config)#int range f0/1-2                //进入 F0/1 和 F0/2 端口
Switch(config-if-range)#switchport mode access //设置端口为二层接入端口
```

```
Switch(config-if-range)#switchport access vlan10      //将端口划归到 VLAN10 中
Switch(config-if-range)#int range f0/4 - 5            //进入到 F0/4 和 F0/5 端口
Switch(config-if-range)#switchport mode access        //置端口为二层接入端口
Switch(config-if-range)#switchport access vlan20      //将端口划归到 VLAN20 中
Switch(config-if-range)#int range f0/3, f 0/6         //进入 F0/3 和 F0/6 端口
Switch(config-if-range)#switchport mode access        //设置端口为二层接入端口
Switch(config-if-range)#switchport access vlan30      //将端口划归到 VLAN30 中
Switch(config-if-range)#exit
```

步骤 5：设置三层交换机 VLAN 间的通信

```
Switch(config)#interface vlan 10                      //创建虚拟接口 VLAN 10
Switch(config-if)#ip address 10.1.1.1 255.255.255.224
//配置虚拟接口 VLAN10 的地址为 10.1.1.1,此 IP 地址是 VLAN 内主机的网关地址
Switch(config-if)#no shutdown                         //启用接口

Switch(config-if)#interface vlan20                    //创建虚拟接口 VLAN20
Switch(config-if)#ip address 10.1.1.33 255.255.255.224
Switch(config-if)#no shutdown

Switch(config-if)#interface vlan30                    //创建虚拟接口 VLAN30
Switch(config-if)#ip address 10.1.1.65 255.255.255.192
Switch(config-if)#no shutdown
```

步骤 6：验证和测试。

```
Switch#show vlan brief                                //显示当前 VLAN 信息概要

VLAN Name              Status      Port
----  ----------       ---------   --------------------------------
1     default          active      Fa0/7, Fa0/8, Fa0/9, Fa0/10
                                   Fa0/11, Fa0/12, Fa0/13, Fa0/14
                                   Fa0/15, Fa0/16, Fa0/17, Fa0/18
                                   Fa0/19, Fa0/20, Fa0/21, Fa0/22
                                   Fa0/23, Fa0/24, Gig0/1, Gig0/2
10    jdc              active      Fa0/1, Fa0/2
20    office           active      Fa0/4, Fa0/5
30    nic              active      Fa0/3, Fa0/6
1002  fddi-default     active
```

```
1003 token-ring-default                           active
1004 fddinet-default                              active
1005 trnet-default                                active

Switch#show ip interface vlan10                   //显示第三层接口的信息
Vlan10 is up, line protocol is up
   Internet address is 10.1.1.1/27
    Broadcast address is 255.255.255.255
    Address determined by setup command
    MTU is 1500 bytes
    ……

Switch#show ip route                              //显示当前路由表
Codes：C-connected, S-static, I-IGRP, R-RIP, M-mobile, B-BGP
       D-EIGRP, EX-EIGRP external, O-OSPF, IA-OSPF inter area
       N1-OSPF NSSA external type 1, N2-OSPF NSSA external type 2
       E1-OSPF external type 1, E2-OSPF external type 2, E-EGP
       i-IS-IS, L1-IS-IS level-1, L2-IS-IS level-2, ia-IS-IS inter area
       * – candidate default, U-per-user static route, o-ODR
       P-periodic downloaded static route

Gateway of last resort is not set

      10.0.0.0/8 is variably subnetted, 3 subnets, 2 masks
C        10.1.1.0/27 is directly connected, Vlan10
C        10.1.1.32/27 is directly connected, Vlan20
C        10.1.1.64/26 is directly connected, Vlan30

Switch#show running-config                        //显示当前配置清单
Building configuration...
Current configuration : 1482 bytes
ip routing
!
interface FastEthernet0/1
 switchport access vlan10
 switchport mode access
!
interface FastEthernet0/2
 switchport access vlan10
```

```
    switchport mode access
!
interface FastEthernet0/3
  switchport access vlan30
  switchport mode access
!
interface FastEthernet0/4
  switchport access vlan20
  switchport mode access
!
interface FastEthernet0/5
  switchport access vlan20
  switchport mode access
!
interface FastEthernet0/6
  switchport access vlan30
  switchport mode access
!
interface FastEthernet0/7
!
interface FastEthernet0/8
!
……
interface Vlan10
  ip address 10.1.1.1 255.255.255.224
!
interface Vlan20
  ip address 10.1.1.33 255.255.255.224
!
interface Vlan30
  ip address 10.1.1.65 255.255.255.192
……
!
End
```

【项目总结】 根据以上配置，各部门内部组成的 VLAN 内部及 VLAN 间可以实现互联互通，同时 VLAN 技术在二层上隔离了各部门子网的广播信息。这种组网方式适合于主机数量不多的小型网络，若主机数量较多，可另外增加二层交换机以添加主机接入端口。

3. 单个三层交换机 + 二层交换机 VLAN 划分和 VTP 设置

【需求分析】 按照春晖中学的园区网络规模,我们可以采用单核心的三层交换机来构建网络骨干,教学楼和实验楼上采用二层交换机接入,在各交换机上进行 VLAN 划分,并实现 VLAN 间路由。这样可有效降低组网成本,配置也比较简单,适用于园区规模小、接入节点不多的园区网络组建方式。(本方案中先暂时不考虑互联网接入)

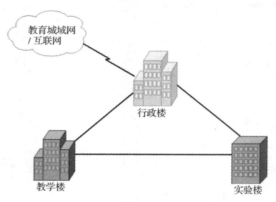

图 7-8 春晖中学园区网

根据春晖中学的现有布线情况(见图 7-8),采用单核心三层交换机 + 二层交换机方式组建校园网,其拓扑结构如下(图 7-9)。

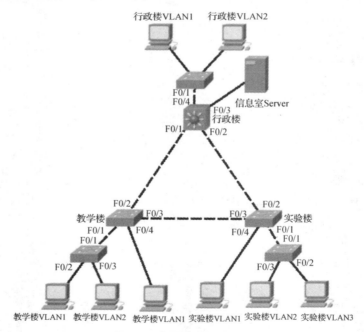

图 7-9 春晖中学拓扑结构

【操作步骤】

步骤 1:请按图 7-9 的拓扑图正确连接交换机及各部门 PC。

步骤 2:为各 PC 及服务器配置正确的 IP 地址、子网掩码和默认网关,如表 7-2 所示。

表7-2　春晖中学 IP 及 VLAN 划分

VLAN 名称	IP 网段	子网掩码	网关地址	VLAN ID
办公楼 VLAN1	10.1.1.0	255.255.255.224	10.1.1.1	VLAN10
办公楼 VLAN2	10.1.1.32	255.255.255.224	10.1.1.33	VLAN20
信息室 VLAN	10.1.1.64	255.255.255.192	10.1.1.65	VLAN30
教学楼 VLAN1	10.1.2.0	255.255.255.224	10.1.2.1	VLAN40
教学楼 VLAN2	10.1.2.32	255.255.255.224	10.1.2.33	VLAN50
实验楼 VLAN1	10.1.3.0	255.255.255.240	10.1.3.1	VLAN60
实验楼 VLAN2	10.1.3.16	255.255.255.240	10.1.3.17	VLAN70
实验楼 VLAN3	10.1.3.32	255.255.255.224	10.1.3.33	VLAN80

注:网关地址是留给 VLAN 接口的,不能分配给各 PC 和服务器。

步骤3:按拓扑结构在行政楼主交换机(本项目中的三层交换机)上①创建 VTP 服务器端;②创建各 VLAN;③创建 VLAN 虚拟接口并分配正确的 IP 地址;④将交换机级连端口设置为 Trunk 类型;⑤设置连接终端的端口为 Access 模式,并划归到正确的 VLAN 中。

行政楼交换机的配置步骤:

```
①Switch>en
  Switch#config terminal
  Switch(config)#hostname office
  office(config)#vtp mode server              //设置为 VTP 服务器
  Device mode already VTP SERVER.
  //此处提示表示已经是服务器模式了,这是默认设置
  office(config)#vtp domain chzx              //设置 VTP 域名为 chzx
  Changing VTP domain name from NULL to chzx
  office(config)#vtp password 12345           //设置 VTP 密码
  Setting device VLAN database password to 12345
  office(config)#vtp version 2                //启用 VTP 版本 2
②office(config)#vlan10                       //创建 VLAN10(行政楼 VLAN1)
  office(config-vlan)#vlan20                  //创建 VLAN20(行政楼 VLAN2)
  office(config-vlan)#vlan30                  //创建 VLAN30(信息室 VLAN)
  office(config-vlan)#vlan40                  //创建 VLAN40(教学楼 VLAN1)
  office(config-vlan)#vlan50                  //创建 VLAN50(教学楼 VLAN2)
  office(config-vlan)#vlan60                  //创建 VLAN60(实验楼 VLAN1)
  office(config-vlan)#vlan70                  //创建 VLAN70(实验楼 VLAN2)
  office(config-vlan)#vlan80                  //创建 VLAN80(实验楼 VLAN3)
  office(config-vlan)#exit
③office(config)#int vlan10                   //创建虚拟接口 VLAN10
  office(config-if)#ip address 10.1.1.1 255.255.255.224  //为 VLAN10 分配 IP 地址
  office(config)#int vlan20                   //创建虚拟接口 VLAN20
  office(config-if)#ip address 10.1.1.33 255.255.255.224 //为 VLAN20 分配 IP 地址
```

```
office(config-if)#int vlan30                              //创建虚拟接口 VLAN30
office(config-if)#ip address 10.1.1.65 255.255.255.192    //为 VLAN30 分配 IP 地址
office(config-if)#int vlan40                              //创建虚拟接口 VLAN40
office(config-if)#ip address10.1.2.1 255.255.255.224      //为 VLAN40 分配 IP 地址
office(config-if)#int vlan50                              //创建虚拟接口 VLAN50
office(config-if)#ip address 10.1.2.33 255.255.255.224    //为 VLAN50 分配 IP 地址
office(config-if)#int vlan60                              //创建虚拟接口 VLAN60
office(config-if)#ip address 10.1.3.1 255.255.255.240     //为 VLAN60 分配 IP 地址
office(config-if)#int vlan70                              //创建虚拟接口 VLAN70
office(config-if)#ip address 10.1.3.17 255.255.255.240    //为 VLAN70 分配 IP 地址
office(config-if)#int vlan80                              //创建虚拟接口 VLAN80
office(config-if)#ip address 10.1.3.33 255.255.255.224    //为 VLAN80 分配 IP 地址
④office(config)#int range f0/1,f0/2,f0/4                 //进入交换机级连端口
office(config-if-range)#switchport mode trunk             //设置为 Trunk 端口
⑤office(config-if-range)#interface f0/3                  //该接口和信息室服务器相连
office(config-if)#switchport access vlan30                //将该接口划归到 VLAN30
```

步骤4:在除了行政楼三层交换机以外的其他所有二层交换机上①修改 VTP 模式为客户端,以接收 VTP Server 的 VLAN 信息;②设置各交换机级连端口为 Trunk 端口;③各交换机连接终端的端口划归到正确的 VLAN 中。

教学楼主交换机的配置:

```
①Switch>en
Switch#config terminal
Enter configuration commands, one per line.    End with CNTL/Z.
Switch(config)#hostname Teach
Teach(config)#vtp mode client                   //设置 VTP 模式为 Client
Setting device to VTP CLIENT mode.
Teach(config)#vtp domain chzx                   //设置 VTP 域名与 Server 端一致
Changing VTP domain name from NULL to chzx
Teach(config)#vtp password 12345                //设置 VTP 密码与 Server 端一致
Setting device VLAN database password to 12345
②Teach(config)#interface range f0/1-3           //进入交换机级连端口
Teach(config-if-range)#switchport mode trunk    //设置为 Trunk 端口
③Teach(config-if)#switchport mode access        //设置为 Access 端口
Teach(config-if-range)#interface f0/4           //该端口属于教学楼 VLAN1
Teach(config-if)#switchport access vlan40       //将该端口划分到 VLAN40 中
```

提示:在设置为 VTP 客户端的交换机上的 VLAN 信息是从服务器端自动获取的,不要进行 VLAN 的手工创建工作,但是将该交换机端口划分到正确的 VLAN 的工作仍然需要手

工指定。以下为 Teach 交换机的输出:

```
Teach#show vlan brief
VLAN Name                    Status        Port
----  -----------            ----------
1     default                active        Fa0/5, Fa0/6, Fa0/7, Fa0/8
                                           Fa0/9, Fa0/10, Fa0/11, Fa0/12
                                           Fa0/13, Fa0/14, Fa0/15, Fa0/16
                                           Fa0/17, Fa0/18, Fa0/19, Fa0/20
                                           Fa0/21, Fa0/22, Fa0/23, Fa0/24
10    VLAN0010               active
20    VLAN0020               active
30    VLAN0030               active
40    VLAN0040               active        Fa0/4
50    VLAN0050               active
60    VLAN0060               active
70    VLAN0070               active
80    VLAN0080               active
1002  fddi-default           active
1003  token-ring-default     active
1004  fddinet-default        active
1005  trnet-default          active
Teach#
```

上面显示的 VLAN 10—80 不是在 Teach 交换机上手工创建的,而是通过网络从 office 交换机自动获取到的。

行政楼下连二层交换机的配置:

```
①Switch#config terminal
  Enter configuration commands, one per line. End with CNTL/Z.
  Switch(config)#hostname Office_1
  Office_1(config)#vtp mode client              //设定 VTP 模式为客户端
  Setting device to VTP CLIENT mode.
  Office_1(config)#vtp domain chzx              //设定 VTP 域名和 Server 端一致
  Domain name already set to chzx.
  Office_1(config)#vtp password 12345           //设定 VTP 密码和 Server 端一致
  Setting device VLAN database password to 12345
②Office_1(config)#interface f0/1                //该接口和 office 交换机相连
  Office_1(config-if)#switchport mode trunk     //设定为 Trunk 端口
  Office_1(config-if)#exit
```

③Office_1（config）#interface f0/2　　　　　　//该端口属于 VLAN10
　Office_1（config-if）#switchport mode access　　//设定端口类型为 Access
　Office_1（config-if）#switchport access vlan10　//将该端口划分到 VLAN10 中
　Office_1（config-if）#interface f0/3　　　　　　//该端口属于 VLAN20
　Office_1（config-if）#switchport mode access　　//设定端口类型为 Access
　Office_1（config-if）#switchport access vlan20　//该端口属于 VLAN20

注意：其他二层交换机的设置方法与此类似，在此不一一列出。

【项目总结】　在中小企业中，采用这种单核心三层交换机作为骨干网络的案例比较多，如果划分 VLAN，可参考上述的配置方式；如果不划分 VLAN（所有子网都在 Native VLAN 中），则可参考本模块第一个案例的配置方案。

4．多个三层交换机实现园区骨干路由

【需求分析】　按照春晖中学的园区布线情况，在本单元中我们采用多核心的三层交换机来构建网络骨干，在三栋楼上各放置一台三层交换机，并对更多的终端采用二层交换机接入，在交换机上进行 VLAN 划分，并实现 VLAN 间路由。这样的组网方式具有较好的伸缩性和可扩展性，适合园区规模较大，接入主机较多的情况，在三层上也更容易实现链路备份和负载分担。（本方案中先暂时不考虑互联网接入）

根据春晖中学的现有布线情况（见图 7-8），采用多核心三层交换机＋二层交换机方式组建校园网，其拓扑结构如图 7-10 所示。

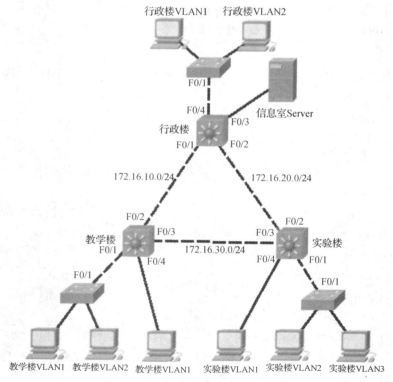

图 7-10 多核心三层交换机拓扑结构

【操作步骤】

步骤1：请按图7-10的拓扑图正确连接交换机及各部门PC。

步骤2：为各PC及服务器配置正确的IP地址相关属性——各处室的IP地址及VLAN划分方案（参见表7-2）。

步骤3：按拓扑结构在分别在三栋楼的三层交换机上①创建各自的VTP服务器端；②创建各自域内的VLAN；③创建各自域内的VLAN虚拟接口并分配正确的IP地址；④将本楼内交换机级连端口设置为Trunk类型；⑤设置连接终端的端口为Access模式，并划归到正确的VLAN中。

行政楼交换机的配置步骤：

```
①Switch > en
  Switch#config terminal
  Switch(config)#hostname office
  office(config)#vtp mode server              //设置为VTP服务器
  Device mode already VTP SERVER.
  //此处提示表示已经是服务器模式了，这是默认设置
  office(config)#vtp domain office            //设置VTP域名为office
  Changing VTP domain name from NULL to office
  office(config)#vtp password 12345           //设置VTP密码
  Setting device VLAN database password to 12345
  office(config)#vtp version 2                //启用VTP版本2
②office(config)#vlan10                       //创建VLAN10（行政楼VLAN1）
  office(config-vlan)#vlan20                 //创建VLAN20（行政楼VLAN2）
  office(config-vlan)#vlan30                 //创建VLAN30（信息室VLAN）
```

注意：此处创建的VLAN仅仅是office交换机和下联的二层交换机所管理的VLAN，因为行政楼的三层交换机与教学楼和行政楼都是通过三层交换机的路由接口连接，而VTP信息无法通过路由接口进行传递，所以教学楼和实验楼的VLAN不在此处创建，而是在各自的三层区域内创建。

```
③office(config)#int vlan10                              //创建虚拟接口VLAN10
  office(config-if)#ip address 10.1.1.1 255.255.255.224  //为VLAN10分配IP地址
  office(config)#int vlan20                              //创建虚拟接口VLAN20
  office(config-if)#ip address 10.1.1.33 255.255.255.224 //为VLAN20分配IP地址
  office(config-if)#int vlan30                           //创建虚拟接口VLAN30
  office(config-if)#ip address 10.1.1.65 255.255.255.192 //为VLAN30分配IP地址
④office(config)#interface    f0/4                       //进入交换机级连端口
  office(config-if)#switchport mode trunk                //设置为Trunk端口
⑤office(config-if-range)#interface f0/3                 //该接口和信息室服务器相连
  office(config-if)#switchport access vlan30             //将该接口划归到VLAN30
```

注意：此处与上例不同，行政楼的Fa0/1和Fa0/2接口不能设置为交换端口，这两个端

口是路由端口。教学楼和实验楼的三层交换机配置方法类似。

步骤4:在各楼三层交换机相连的所有二层交换机上①修改VTP模式为本域的客户端,以接收本区域VTP Server的VLAN信息;②设置各交换机级连端口为Trunk端口;③各交换机连接终端的端口划归到正确的VLAN中。

行政楼下连二层交换机的配置:

```
①Switch#config terminal
   Enter configuration commands, one per line.    End with CNTL/Z.
   Switch(config)#hostname Office_1
   Office_1(config)#vtp mode client              //设定VTP模式为客户端
   Setting device to VTP CLIENT mode.
   Office_1(config)#vtp domain office            //设定VTP域名和Server端一致
   Changing VTP domain name from null to office
   Office_1(config)#vtp password 12345           //设定VTP密码和Server端一致
   Setting device VLAN database password to 12345
②Office_1(config)#interface f0/1                 //该接口和office交换机相连
   Office_1(config-if)#switchport mode trunk     //设定为Trunk端口
   Office_1(config-if)#exit
③Office_1(config)#interface f0/2                 //该端口属于VLAN10
   Office_1(config-if)#switchport mode access    //设定端口类型为Access
   Office_1(config-if)#switchport access vlan10  //将该端口划分到VLAN10中
   Office_1(config-if)#interface f0/3            //该端口属于VLAN20
   Office_1(config-if)#switchport mode access    //设定端口类型为Access
   Office_1(config-if)#switchport access vlan20  //该端口属于VLAN20
```

注意:其他各楼的二层交换机的配置方法类似,在此不一一列举。经过上述配置,行政楼内部VLAN之间可以互通,但与其他楼的VLAN之间还不能通信(即便其他楼的交换机上已经完成了步骤1—4)。

步骤5:配置三楼之间的VLAN互通。

行政楼三层交换机的配置:

```
office(config)#int f0/1
office(config-if)#no switchport                  //该接口与教学楼相连,需设置为路由接口
office(config-if)#ip addr 10.1.0.1 255.255.255.0 //为该接口分配IP地址
office(config-if)#int f0/2
office(config-if)#no switchport                  //该接口与实验楼相连,需设置为路由接口
office(config-if)#ip addr 10.1.0.10 255.255.255.0 //为该接口分配IP地址
office(config-if)#exit
office(config)#router rip                        //启动RIP协议
office(config-router)#version 2
```

```
office(config-router)#network 172.16.10.0              //发布直连网络
office(config-router)#network 10.0.0.0                 //发布直连网络
```

注意：此处的配置方式与传统路由器一样，该项目中的三台三层交换机就相当于三台路由器，也可以采用静态路由或其他动态路由方式来建立路由表，从而实现园区内网络互联互通，只不过在本案例中由原来路由器发布的物理接口连接的自然子网改变为虚拟接口连接的 VLAN 子网了。

教学楼和实验楼三层交换机上的配置方式与此类似。

步骤 6：验证和测试。

```
office#show ip route                                   //显示行政楼三层交换机上的路由表
Codes: C-connected, S-static, I-IGRP, R-RIP, M-mobile, B-BGP
       D-EIGRP, EX-EIGRP external, O-OSPF, IA-OSPF inter area
       N1-OSPF NSSA external type 1, N2-OSPF NSSA external type 2
       E1-OSPF external type 1, E2-OSPF external type 2, E-EGP
       i-IS-IS, L1-IS-IS level-1, L2-IS-IS level-2, ia-IS-IS inter area
       * - candidate default, U-per-user static route, o-ODR
       P-periodic downloaded static route

Gateway of last resort is not set

     10.0.0.0/8 is variably subnetted, 11 subnets, 4 masks
C        10.1.0.0/30 is directly connected, FastEthernet0/1
R        10.1.0.4/30 [120/1] via 10.1.0.2, 00:00:11, FastEthernet0/1
                    [120/1] via 10.1.0.9, 00:00:06, FastEthernet0/2
C        10.1.0.8/30 is directly connected, FastEthernet0/2
C        10.1.1.0/27 is directly connected, Vlan10
C        10.1.1.32/27 is directly connected, Vlan20
C        10.1.1.64/26 is directly connected, Vlan30
R        10.1.2.0/27 [120/1] via 10.1.0.2, 00:00:11, FastEthernet0/1
R        10.1.2.32/27 [120/1] via 10.1.0.2, 00:00:11, FastEthernet0/1
R        10.1.3.0/28 [120/1] via 10.1.0.9, 00:00:06, FastEthernet0/2
R        10.1.3.16/28 [120/1] via 10.1.0.9, 00:00:06, FastEthernet0/2
R        10.1.3.32/27 [120/1] via 10.1.0.9, 00:00:06, FastEthernet0/2
office#
```

完成标准：园区内任意两台主机之间都可以 ping 成功。

【项目总结】 在大中型企业园区网中，采用这种多核心三层交换机作为骨干网络的案例比较多，如果划分 VLAN，可参考上述的配置方式；如果不划分 VLAN（按自然子网联网），则可参考本模块第一个案例的配置方案外加启用路由端口和路由协议的方式来实现。

提示：①三层交换机上 VLAN 划分和配置与二层交换机相同；②三层交换机路由功能因与背板紧密集成，可以简化 VLAN 间路由的配置方法，并提高转发性能；③三层交换机实现 VLAN 路由时,需要创建 VLAN 的虚拟接口并分配 IP 地址,该地址作为 VLAN 内主机的网关地址;④三层交换机充当园区骨干路由的任务时,一般启用其物理端口的路由功能进行配置。

模块 3　配置三层交换机上的流量和访问控制

一、教学目标

最终目标:用三层交换机实现网络流量和安全的访问控制。
促成目标:
1. 会在三层交换机上配置 ACL;
2. 会配置三层交换机直接接入 Internet 的方法;
3. 会配置园区三层交换机+边界路由器接入 Internet 的方法;
4. 根据实际需求定义精确的访问控制列表。

二、工作任务

1. 会在三层交换机上启用基本、扩展和命名的 ACL;
2. 会在三层交换机上配置路由引入和通告;
3. 能根据实际需求在三层交换机上正确实施访问控制列表。

三、相关实践操作

1. 准备工作
(1)工作任务:
①在模块 2 中的项目基础上将园区网络连接至互联网;
②配置三层交换机直接接入 Internet;
③配置园区三层交换机+边界路由器接入 Internet;
④启用 ACL 来加强网络的管理和可控性。
(2)本实验需要以下资源:
①三层交换机 1~3 台;
②二层交换机若干;
③PC 若干,用以连接测试。
2. 三层交换机直接接入 Internet 的方法
【**需求分析**】　从春晖中学园区布线情况判断,因为市教育局的城域网的光缆已经敷设到行政楼信息室,所以无论采用单核心还是多核心的三层交换机,整个园区网连接互联网都要通过行政楼三层交换机转发,唯一的区别是通过路由器来连接还是直接采用三层交换机连接。

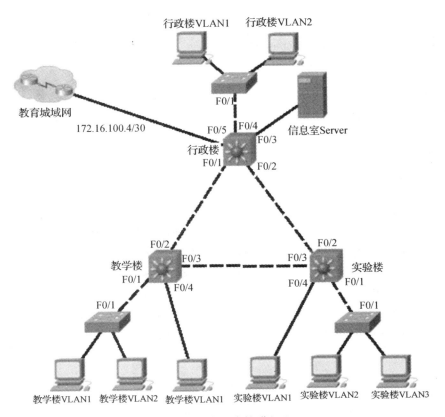

图 7-11 三层交换机直接联入 Internet

【操作步骤】

步骤 1：请按图 7-11 的拓扑图将春晖中学校园网与城域网路由器正确连接，假设城域网分配给春晖中学互联网出口路由器的 IP 地址为 172.16.100.6/30。

步骤 2：在行政楼三层交换机上与连接城域网路由器的端口设置为路由端口，启用缺省路由的方式。

```
office > en
office#conf t
Enter configuration commands, one per line.  End with CNTL/Z.
office(config)#interface f0/5                              //该接口连接至城域网路由器
office(config-if)#no switchport                            //设定为三层路由端口
office(config-if)#ip address 202.110.16.194 255.255.255.252    //设定 IP 地址
office(config-if)#exit
office(config)#ip route 0.0.0.0 0.0.0.0 202.110.16.193     //设定缺省路由
```

步骤 3：将行政楼三层交换机的缺省路由传播给园区内其他三层交换机。（采用单核心三层交换机的解决方法不需要该步骤）

```
office(config)#router rip
office(config-router)#default-information originate    //该命令将分发缺省路由
office(config-router)#
```

注意:RIP、OSPF 采用命令 default-information originate 命令通告缺省路由给区域内其他路由器(或三层交换机),EIGRP 采用命令 redistribute static 命令通告缺省路由给区域内其他路由器(或三层交换机)。

步骤4:验证和测试。

以下是教学楼三层交换机上的路由表,可看到通过 RIP 学到的缺省路由。

```
Teach#show ip route
Codes: C-connected, S-static, I-IGRP, R-RIP, M-mobile, B-BGP
       D-EIGRP, EX-EIGRP external, O-OSPF, IA-OSPF inter area
       N1-OSPF NSSA external type 1, N2-OSPF NSSA external type 2
       E1-OSPF external type 1, E2-OSPF external type 2, E-EGP
       i-IS-IS, L1-IS-IS level-1, L2-IS-IS level-2, ia-IS-IS inter area
       * - candidate default, U-per-user static route, o-ODR
       P-periodic downloaded static route

Gateway of last resort is 172.16.10.1 to network 0.0.0.0

     10.0.0.0/8 is variably subnetted, 11 subnets, 4 masks
C       10.1.0.0/30 is directly connected, FastEthernet0/2
C       10.1.0.4/30 is directly connected, FastEthernet0/3
R       10.1.0.8/30 [120/1] via 10.1.0.1, 00:00:26, FastEthernet0/2
                    [120/1] via 10.1.0.6, 00:00:24, FastEthernet0/3
R       10.1.1.0/27 [120/1] via 10.1.0.1, 00:00:26, FastEthernet0/2
R       10.1.1.32/27 [120/1] via 10.1.0.1, 00:00:26, FastEthernet0/2
R       10.1.1.64/26 [120/1] via 10.1.0.1, 00:00:26, FastEthernet0/2
C       10.1.2.0/27 is directly connected, Vlan40
C       10.1.2.32/27 is directly connected, Vlan50
R       10.1.3.0/28 [120/1] via 10.1.0.6, 00:00:24, FastEthernet0/3
R       10.1.3.16/28 [120/1] via 10.1.0.6, 00:00:24, FastEthernet0/3
R       10.1.3.32/27 [120/1] via 10.1.0.6, 00:00:24, FastEthernet0/3
R*   0.0.0.0/0 [120/1] via 10.1.0.1, 00:00:18, FastEthernet0/2
Teach#
```

完成标准:园区内各 PC 均能正常访问互联网。

【项目总结】 在将园区网连接至互联网时,如果采用三层交换机直接连接的方式,则三层交换机的接口必须和 ISP 方的接口相配套：如果采用单核心三层交换机方式组网，则只需在该三层交换机上启用缺省路由即可；如果采用多核心三层交换机方式组网，则需要在连接 ISP 的三层交换机上启用缺省路由并将该路由通告给园区内其他三层设备。

3. 配置园区三层交换机 + 边界路由器接入 Internet

【需求分析】 本项目中通过路由器来连接到城域网上，以适应城域网的连接类型并加强园区网的访问控制。在此项目中需增加一个边界路由器。

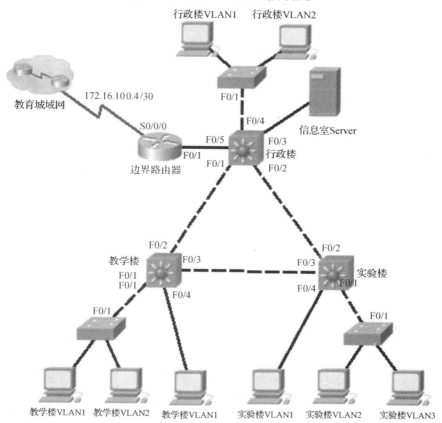

图 7-12　三层交换机 + 边界路由器联入 Internet

【操作步骤】

步骤 1：请按图 7-12 的拓扑图将春晖中学校园网与城域网路由器正确连接。

步骤 2：将行政楼三层交换机与边界路由器相连的接口设置为路由端口，与边界路由器采用动态路由协议交换信息。

```
office#config terminal
Enter configuration commands, one per line.   End with CNTL/Z.
office(config)#interface f0/5                           //该接口与边界路由器相连
office(config-if)#ip address 10.1.0.14 255.255.255.0    //设置 IP 地址
office(config-if)#exit
office(config)#router rip                               //启动动态路由协议
```

```
office(config-router)#version 2
office(config-router)#network 172.16.0.0        //发布直连网络
office(config-router)#network 192.168.8.0       //发布直连网络
```

步骤3：在边界路由器上分别启用动态路由协议和缺省路由，并将该缺省路由通告给园区内其他三层交换机。

```
Router(config)#int f0/1                         //该接口与行政楼三层交换机相连
Router(config-if)#no sh
Router(config-if)#ip address 10.1.0.13.1 255.255.255.0
Router(config-if)#int s0/0/0                    //该接口与城域网路由器相连
Router(config-if)#no shut
Router(config-if)#ip address 202.110.16.194 255.255.255.252
Router(config-if)#exit
Router(config)#ip route 0.0.0.0 0.0.0.0 202.110.16.193
Router(config)#router rip                       //启动动态路由协议
Router(config-router)#version 2
Router(config-router)#network 10.0.0.0          //发布直连网络
Router(config-router)#default-information originate   //通告缺省路由
```

步骤4：验证和测试。

以下为行政楼三层交换机上的RIP路由表：

```
office#show ip route rip
     10.0.0.0/8 is variably subnetted, 12 subnets, 4 masks
R       10.1.0.4/30 [120/1] via 10.1.0.2, 00:00:10, FastEthernet0/1
                    [120/1] via 10.1.0.9, 00:00:18, FastEthernet0/2
R       10.1.2.0/27 [120/1] via 10.1.0.2, 00:00:10, FastEthernet0/1
R       10.1.2.32/27 [120/1] via 10.1.0.2, 00:00:10, FastEthernet0/1
R       10.1.3.0/28 [120/1] via 10.1.0.9, 00:00:18, FastEthernet0/2
R       10.1.3.16/28 [120/1] via 10.1.0.9, 00:00:18, FastEthernet0/2
R       10.1.3.32/27 [120/1] via 10.1.0.9, 00:00:18, FastEthernet0/2
R*   0.0.0.0/0 [120/1] via 10.1.0.13, 00:00:18, FastEthernet0/5
office#
```

完成标准：园区内各PC均能正常连接互联网。

【项目总结】 在将园区网连接至互联网时，如果采用边界路由器连接的方式，则需要在该路由器上启用缺省路由，并且需要将该路由通告给园区内其他三层设备（与园区内其他路由器采用动态路由协议的情况下）。当三层交换机与ISP的接口类型不匹配，或需要采用NAT技术，或需要更强的路由功能或更丰富的协议支持时，园区网一般需要单独设边界路由器来连接互联网。目前，大中型园区网一般不采用将核心三层交换机直接接入互联网的方式，而多采用边界路由来连接以隔离内外网。

4. 配置三层交换机上的访问控制列表

【**需求分析**】 在完成前期的网络连通工作的基础上,部署访问控制列表以实现学校的网络管理策略:①行政楼 VLAN1 为校长主机,行政楼 VLAN2 为财务室的微机,校长可以访问财务室微机上的数据,但不允许园区内其他主机和互联网主机对其进行访问,以保证财务数据的安全且同时领导能存取以提供决策支持;②为加强信息室 Web 服务器的安全,外部主机只能访问它的 80 端口,其他端口访问均拒绝;③教学楼 VLAN1 里的主机均为各办公室内的教师用机,VLAN2 连接主机为教室内的主机,要求办公室内的主机能访问互联网,但教室内的主机只能访问校园网中的资源;④并且实验楼 VLAN2 和实验楼 VLAN3 之间进行隔离,不能互访(拓扑结构可参考图 7-12)。

【**操作步骤**】
步骤 1:在行政楼三层交换机上定义标准访问列表,基于源主机进行访问控制。

```
office(config)#access-list 1 permit host 10.1.1.2      //允许校长主机访问
office(config)#access-list 1 deny any                  //拒绝其他所有主机
office(config)#interface vlan20                        //切换到财务处 VLAN 接口
office(config-if)#ip access-group 1 out                //将 ACL 应用在出口方向
```

完成标准:校长室可 ping 通财务室主机,其他主机则 ping 不通。

步骤 2:在行政楼三层交换机上定义扩展访问列表,基于目的主机端口号进行流量过滤。

```
office(config)#ip access-list extended protect_WEB          //定义命名的扩展 ACL
office(config-ext-nacl)#permit tcp any 10.1.1.66 0.0.0.0 eq 80
    //允许访问信息室 Web 服务器的 80 端口
office(config-ext-nacl)#deny ip any 10.1.1.66 0.0.0.0
    //拒绝其他所有流量对信息室 Web 服务器的访问
office(config-ext-nacl)#permit ip any any                   //允许其他所有流量
office(config-ext-nacl)#exit
office(config)#int vlan30                                   //信息室 Web 服务器所在 VLAN
office(config-if)#ip access-group protect_WEB out
    //将定义好的 ACL 应用在接口出站方向
```

完成标准:所有主机都可访问 192.168.8.66 的 Web 网站,但是不能 ping 成功,也无法访问该服务器上的其他服务。

步骤 3:在边界路由器上定义标准访问控制列表,以防止教学楼 VLAN2 里的主机访问互联网。

```
Router(config)#hostname Border
Border(config)#access-list 1 deny 10.1.2.32 0.0.0.31
    //拒绝来自 VLAN50 的流量(即教学楼 VLAN2)
```

```
Border(config)#access-list 1 permit any          //允许其他所有流量通过
Border(config)#interface s0/0/0
Border(config-if)#ip access-group 1 out
        //将该 ACL 定义在边界路由器 S0/0/0 出站方向
```

完成标准:教学楼 VLAN2 里的主机不能访问互联网,但校内网能正常访问,其他 VLAN 能正常访问互联网。

注意:也可在教学楼三层交换机上定义扩展访问列表达到这一目标,请思考其配置方法。

步骤 4:在实验楼三层交换机上定义扩展访问列表阻断实验楼 VLAN2 和 VLAN3 之间的互访。

```
Lab(config)#access-list 100 deny ip 10.1.3.16 0.0.0.15 10.1.3.32 0.0.0.31
        //拒绝 IP 从 VLAN70(实验楼 VLAN2)到 VLAN80(实验楼 VLAN3)流量
Lab(config)#access-list 100 permit ip  any  any      //允许其他流量通过
Lab(config)#interface vlan 70                         //实验楼 VLAN2 虚拟接口
Lab(config-if)#ip access-group 100 in                 //将 ACL 应用在接口进站方向
```

完成标准:实验楼 VLAN2 和 VLAN3 之间不能互访,但可正常访问其他网络。

思考:如果要将整个实验楼里的主机都限制在校内访问,应该如何配置?

【项目总结】 访问控制列表是控制网络访问和流量控制的重要手段,在三层交换机上配置访问控制列表语句的方法和路由器是一样的,唯一的区别是在路由器上是将访问控制列表应用在路由器的物理接口上,而三层交换机上不仅可以像路由器一样将访问控制列表应用在物理的路由接口上,还可以应用在三层交换机的虚拟 VLAN 接口上。

提示:①在三层交换机上实现路由重分布的配置方法和路由器相同;②三层交换机上配置 ACL 时可以设定在物理的路由接口上,也可以设定在虚拟的 VLAN 接口上,配置 ACL 的语句与路由器相同。

常用术语

1.三层交换(Layer 3 Switching):三层交换技术简单地说就是二层交换技术+三层转发技术。它解决了局域网中网段划分之后,网段中子网必须依赖路由器进行管理的局面,解决了传统路由器低速、复杂所造成的网络瓶颈问题。

2.专用集成电路(ASIC):是指应特定用户要求和特定电子系统的需要而设计、制造的集成电路。在三层交换机中用 ASIC 实现基于硬件的三层高速转发。

3.单臂路由(Routing-on-a-stick):指通过路由器对二层交换机上的 VLAN 实现互联的技术。

4.四层交换(Layer 4 Switching):指基于硬件的、考虑了第四层参数的三层路由。

5.多层交换(Multilayer Switching):集成了第 2 层交换、第 3 层路由选择的功能及第 4

层端口信息缓存的功能。多层交换可以通过专用集成电路提供线速交换。

6. 千兆接口转换器(GBIC):GBIC 使得网络工程师可以对各个千兆以太网端口进行配置,选择使用短波长(SX)接口、长波长(LX)接口和长距离(LH)接口。转换器可以插入很多 Catalyst 交换机的模块插槽中。

7. 交换矩阵(Switch Fabric):背板式交换机上的硬件结构,用于在各个线路板卡之间实现高速的点到点连接。交换矩阵提供了能在插槽之间的各个点到点连接上同时转发数据包括的机制。

8. 路由处理器(Route Processor):又称路由引擎,三层网络设备中的系统主处理器。负责路由表和缓存,以及发送和接收路由选择协议的更新。

9. 流(Flow):特定源和目的之间的一个单向的共享相同的三层和四层 PDU 头信息的数据包序列。

习　　题

一、选择题

1. VLAN 间路由选择最可能发生在分级设计模型的哪一层?　　　　　　　(　　)
   A. 核心层　　　　　B. 汇聚层　　　　　C. 接入层　　　　　D. 物理层
2. 哪种 Catalyst 交换机最适合用作一个新建的中型园区网的核心交换机?　(　　)
   A. 2950　　　　　　B. 3550　　　　　　C. 4506　　　　　　D. 6509
3. 在所有的 VLAN 间路由选择的案例中都涉及的实体是哪两个?　　　　(　　)
   A. 交换引擎　　　　B. 路由选择协议　　C. 路由处理器　　　D. Catalyst OS
4. 第 3 层交换和传统路由器有何区别?　　　　　　　　　　　　　　　　(　　)
   A. 第 3 层交换用在 LAN 中,而路由器用在 WAN 中
   B. 第 3 层交换使用 ASIC 进行路由,而路由器基于软件进行路由
   C. 第 3 层交换不会进行路由查找,而路由器必须一直进行路由查找
   D. 第 3 层交换仅根据 MAC 地址来转发数据包,而路由器使用 IP 地址转发数据包
5. 请参见图示,路由器被配置为连接到中继上行链路。从 FastEthernet 0/1 物理接口收到了来自 VLAN1 的一个数据包,目的地址为 192.168.1.85。路由器会如何处理此数据包?
   　　　　　　　　　　　　　　　　　　　　　　　　　　　　　　　　(　　)

```
RA(config)# interface fastethernet 0/1
RA(config-if)# no shutdown
RA(config-if)# interface fastethernet 0/1.1
RA(config-subif)# encapsulation dot1q 1
RA(config-if)# ip address 192.168.1.62 255.255.255.224
RA(config-if)# interface fastethernet 0/1.2
RA(config-subif)# encapsulation dot1q 2
RA(config-subif)# ip address 192.168.1.94 255.255.255.224
RA(config-if)# interface fastethernet 0/1.3
RA(config-subif)# encapsulation dot1q 3
RA(config-subif)# ip address 192.168.1.126 255.255.255.224
RA(config-subif)# exit
```

A. 路由器将忽略该数据包,原因在于源地址和目的地址位于相同的广播域内
B. 路由器会将该数据包从接口 F0/1.1 转发出去
C. 路由器会将该数据包从接口 F0/1.2 转发出去
D. 路由器会将该数据包从接口 F0/1.3 转发出去
E. 路由器会丢弃该数据包,原因在于路由器所连接的网络中不存在该目的地址

6. VLAN 中继可以连接哪些设备?(选择两项) （   ）
   A. 交换机　　　　B. 路由器　　　　C. 集线器　　　　D. 中继器

二、判断题

1. 一般交换机默认出厂设置是所有端口均在 VLAN1001 中。（   ）
2. 三层交换机的路由功能没有路由器强大,所以包转发速率也较路由器低。（   ）
3. 现代园区网中 VLAN 间路由一般采用单臂路由的方式来处理。（   ）
4. 三层交换机比路由器接口类型丰富,适合与广域网进行连接。（   ）
5. 三层交换机端口默认为二层交换端口。（   ）
6. 在三层交换机上实现 VLAN 间路由需要在物理接口上划分子接口。（   ）
7. 和路由器一样,三层交换机只能将 ACL 应用在启用了三层的物理路由接口上。
   （   ）
8. 要启用三层交换机的路由功能,需要在全局配置模式下输入命令 ip router。（   ）
9. 一般小于 500 个节点的中小型园区网只需要在网络骨干上配置一台三层交换机。
   （   ）
10. 在级连的二层交换机不划分 VLAN 的情况下,可以把三层交换机当作传统路由器的方式来配置。（   ）

三、项目设计与实践

某大型企业园区内共敷设 2000 个信息点,从地理上划分为行政办公区(共计节点 500 个)、产品研发区(共计节点 200 个)、生产车间区(共计节点 200 个)、职工生活区(共计节点 1100 个)。预建设千兆以太网的主干,园区信息中心在行政办公区,IP 地址段 210.27.16.0/21,互联网出口为 100M 以太网。请根据以上信息完成下列工作:
①设计三层结构的园区网络(核心、汇聚、接入层)拓扑图;
②在核心和汇聚层采用三层交换机实现千兆以太网骨干,连接互联网采用边界路由器;
③规划 VLAN 划分和 IP 地址分配方案;
④设备选型表;
⑤采用动态路由协议实现 VLAN 间路由,并提供互联网访问。